인체에 관한 모든 **과학**

The **Secret Body**

인체에 관한 모든 **과학**

초판 1쇄 인쇄일 2023년 9월 8일 **초판 1쇄 발행일** 2023년 9월 15일

지은이 대니얼 M. 데이비스 | **옮긴이** 김재호
펴낸이 박재환 | **편집** 유은재 | **관리** 조영란
펴낸곳 에코리브르 | **주소** 서울시 마포구 동교로15길 34 3층(04003) | **전화** 702-2530 | **팩스** 702-2532
이메일 ecolivres@hanmail.net | **블로그** http://blog.naver.com/ecolivres
출판등록 2001년 5월 7일 제201-10-2147호
종이 세종페이퍼 | **인쇄·제본** 상지사 P&B

ISBN 978-89-6263-257-6 03470

책값은 뒤표지에 있습니다. 잘못된 책은 구입한 곳에서 바꿔드립니다.

인체에 관한
모든 과학
대니얼 M. 데이비스 지음 | 김재호 옮김
에코리브르

케이티에게

차례

저와 함께

피부 안으로 여행을 떠나요

우리는 같이 찾게 될 거예요

우리 안에 있는 범생명력*을.

—더워터보이즈

* '더 워터보이즈'는 마이크 스콧이 1983년 영국 런던에서 결성한 영국계 아일랜드 포크 록 밴드. 여기서 '범생명력'은 '판(Pan)'을 우리말로 옮긴 것이다. 마이크 스콧은 오스트레일리아의 공영 방송사인 ABC 라디오(2013년 2월 3일 자)에 출연해 '판'에 대해 설명한 바 있다. '판'은 그리스 신화에서 목축을 관장하는 반인반수의 신이다. 상반신은 사람인데, 염소의 다리와 뿔을 지니고 있다. 마이크 스콧은 우리 모두가 자신 안에 야생성을 띤 '판'을 일부 갖고 있다며, "의인화된 전형적인 생명력"이라고 설명했다. 아울러 '판'이 '모두'를 뜻하는 '범(汎)'이라는 이중적 의미가 있다고도 했다. 그래서 '판'을 '범생명력'으로 번역했다—옮긴이.

전문 과학자들에게 띄우는 편지

인간생물학은 과학의 광대한 영역이다. 인체를 탐구하는 여정, 지식 그리고 그 함의는 절대 간단하지 않다. 내가 포함하지 않았거나 너무 간략하게 언급한 연구에 대해 저자들에게 사과할 수 있을 뿐이다. 모든 발견은 많은 학생과 박사후연구원, 동료와 협력자를 포함한다. 또한 어느 수준에서 모든 과학적 성취는 공동체에 빚을 진다. 내가 이 책에서 논의한 성취와 관련해 특별히 중요한 역할을 했으나 언급하지 못한 분들에게 미안하다. 많은 과학자하고의 인터뷰와 내가 읽은 논문을 통해 나는 과학 발전이 얼마나 이뤄졌는지 설명하기 위해 노력했다. 하지만 그 어떤 기록도 단지 이야기의 일부만을 전해줄 뿐이다. 그래서 나는 또한 미리 사과하고자 한다. 마지막으로, 나는 몇몇 사람의 신분을 숨기기 위해 이 책의 의학적 이야기에서 일부 내용을 바꿨다. 하지만 그 이야기는 모두 정확하고 사실이다.

머리말

당신을 외계인이라고 상상해보자. 당신은 지구에서 무슨 일이 일어나는지 이해하기 위해 아주 특별히 강력한 망원경을 갖고 있다. 당신은 우연히 축구 경기를 목도했는데, 공을 볼 정도로 망원경이 훌륭하진 않다. 당신은 움직이는 선수들을 통해 경기장이 어디부터 어디까지인지 알 수 있다. 일부 축구 경기를 통해서 그런 걸 확인할 수 있는 것처럼 보이지만, 실제로 어떤 일이 일어나는지 정확히 이해하는 건 힘들다. 당신은 이렇게 관찰한 것을 〈지구과학 외계인 저널(Alien Journal of Earth Science)〉에 논문으로 게재할 수 있다. 몇몇 동료 외계인이 축하한다고 당신에게 이메일을 보내지만, 일부만 그러할 뿐이다.

시간이 지나면 외계인의 망원경이 좋아진다. 그리고 가끔 골문 앞에서 축구 선수 중 한 명이 넘어지는 걸 본다. 때때로 이는 경기장 관중들이 손을 흔들며 환호하는 것으로 이어진다. 여전히 말이 안 되겠지만, 이런 장면은 '지구과학에 대한 외계인 회의(Alien Congress of Earth Science)'가 열리는 동안 안건으로 상정되고, 당신의 연구 자금은 갱신된다. 그리다 당신이 훨씬 더 나이가 들면 당신과 함께 일하는 젊은 외계인이 특히 흥미로운 사실을 알아차린다. 골문 앞의 선수가 넘어질 때 관중들이 환호하는지 아닌지는 한 가지 상황에 달려 있다. 바로 네트가 바깥으로 튀어나오는지 여부다. 이는 당신의 젊은 동료가 기발한 생각을 하도록 이끈다.

다른 이들은 그 사실에 대해 아주 깊이 생각하지 않고 자신이 관찰한 것을 무시할 수도 있지만, 당신의 젊은 동료는 네트를 부풀게 하는 무엇인가가 있을지도 모른다고 궁금해한다. 바로 공이다. 하지만 공은 너무 작아서 여전히 보이지 않는다. 처음에 당신은 동료를 믿지 않다가 점점 더 그 생각에 이끌린다. 공이 있으면 다른 모든 게 이해되기 시작한다. 선수들의 움직임, 네트, 환호성, 전체적인 게임, 그러다 이윽고 다른 외계인들도 공의 존재를 인정한다. 비록 아무도 직접 볼 수는 없지만, 모든 외계인이 그곳에 공이 있다는 데 동의한다. 왜냐하면 그래야 많은 걸 설명할 수 있기 때문이다. 초강력 망원경을 발명한 당신과 동료 그리고 다른 외계인은 많은 상을 받고, 모두가 여러분의 친구가 되고 싶어 한다.

외계인의 망원경이 더욱 개선되어 결국 공이 보일 수도 있다. 하지만 똑같은 가능성으로, 그런 일이 일어나지 않을 수도 있다. 결정적인 단서에 따르면, 공이 거기 있다는 걸 알 수 있지만, 그게 직접적인 증거는 아닐지도 모른다. 어떤 수준에서는, 뭐든 절대적으로 증명할 수 있다는 건 논쟁의 여지가 있다. 내일 태양이 다시 떠오를 거라는 걸 증명할 방법은 없다. 단지 그렇게 될 거라는 막강한 증거가 그걸 말해줄 뿐이다.

외계인과 스포츠에 관한 이 이야기는 많은 발견이 어떻게 이뤄졌는지를 보여준다. 1846년에 처음 발견된 해왕성을 예로 들어보자. 천문학자들은 다른 행성, 즉 천왕성의 움직임을 주의 깊게 추적해왔고, 수학적 계산은 천왕성이—지구가 365일 공전하는 것처럼—태양 주위의 단순한 궤도를 따르지는 않는다는 걸 알려줬다. 이는 우리 눈에 보이지 않는 어떤 행성이 천왕성을 잡아당겨 천왕성의 경로에 영향을 준다면 설명 가능한 현상이었다. 영국과 프랑스 천문학자들은 만약 어떤 행성이 존재한다면, 천왕성의 움직임이 왜곡되는 현상을 설명할 수 있을 거라고 생각했다. 만약 그렇다면 그 행성은 어디에 위치해야 할까. 이윽고 망원경이 천문학자들이 예측한 장소를 정확히 가리켰고, 새로운 행성인 해왕성이 보였다. 오늘날, 이른바 암흑 물질(dark matter)의 실체와 암흑 에너지(dark energy)의 힘이 별과 은하의 움직임을 설명할 수 있을 것으로 여겨진다. 아직은 암흑 물질과 암흑 에너지에 대해 알려진 게 없지만 말이다.

거의 모든 역사를 통틀어, 우리 인체의 경이로움은 거의 감춰져 있었고 상상하는 것조차 거의 불가능했다. 인체의 구조, 가령 뼈·근육 그리고 몇 가지 주요 장기는 언제든 정밀하게 조사할 수 있었다. 하지만 피부 안쪽에 대한 약간의 탐구에도 불구하고, 우리 인체의 비밀 대부분은 비교적 최근까지 가설과 추측의 대상일 뿐이었다. 17세기 후반 현미경의 발명으로 세포를 발견하기에 이르렀다. 세포의 발견은 인간생물학에 대한 현대적 이해의 시작을 알리는 전조였다. 그리고 20세기 중반 DNA 구조의 발견은 유전자 정보가 어떻게 저장 및 복제되는지를 밝혀냄으로써 또 다른 엄청난 진전을 이뤄냈다. 그러나 가장 최근에 인체의 숨겨진 풍경을 드러내는 일련의 기술 및 과학 혁명이 일어났다. 이러한 기술과 과학 혁명은 지금까지 없었던 일이다. 이로써 몇몇 가설이 확증되고 다른 몇몇 가설은 약화되면서, 결국 이론적으로나 실질적으로나 우리를 완전히 새로운 가능성의 영역으로 이끌었다.

우리가 배우려는 것은 인체가 다른 세계들로 가득 찬 세상이라는 점이다. 모든 장기는 일종의 세포 동물원(menagerie)이고, 각각의 세포는 그 안에 가설물(scaffolds), 용기(capsules) 그리고 단선 철도(monorails) 같은 도시 경관을 갖추고 있다. 이 모든 것은 단백질, 당, 지방과 그 밖의 다른 화학 물질 같은 생물학적 건축 재료의 혼란스러운 배열로 조립되어 있다. 우리의 원재료는 특별한 게 없다. 산소, 탄소, 수소 그리고 드문드문 있는 다른 원소들이다. 하지만 이런 원재료들이 예외적인 방식으로 합쳐져서 인체를 창조한다. 인체는 의식이 있고, 자가 치유되며, 시를 쓸 수 있다. 우리는 우주에서 우리와 같은 인체를 가진 그 어떤 다른 존재도 전혀 알지 못한다. 우주에는 우리와 같은 인체가 없을지도 모른다. 인간이 어떻게 작동하는지 이해하는 것보다 더욱 계몽적이고 심오한 건 있을 수 없다. 현미경에서 복잡한 데이터 분석에 이르기까지 새로운 기구와 도구는 이전과 달리 인체의 각 층을 벗겨냄으로써 우리 몸을 이해하도록 한다.

물론 모든 과학은 우리 삶에 점점 더 많은 영향을 미치고 있지만, 인체에 대한 새로운 발견만큼 우리에게 엄청난 직접적 영향을 미치는 것은 없다. 여기엔 많은 예가 있다. 유전자 분석은 우리의 개성에 대해 새로운 이해를 제공한다. 뇌세포의 활동은 기억이 어떻게 저장되는지에 대한 단서를 준다. 우리 세포 안에서 발견된 새로운 구조는 의학에 대한 새로운 아이디어로 이어진다. 우리 혈액에서 순환하는 분자는 우리의 정신 건강에 대한 관점을 바꾼다.

이 책은 우리의 미래에 필수적인 인간생물학의 최근 돌파구를 탐구한다. 여러 최첨단 연구 분야가 중요하다고 생각할 수 있지만, 나는 의심할 여지 없이 전율을 일으키고 특히 영향력이 큰 여섯 가지, 즉 개별 세포, 배아, 인체의 기관과 시스템, 뇌, 마이크로바이옴(microbiome: 인체 내 미생물 생태계—옮긴이), 유전체에 대해 다룰 것이다. 이러한 주제 중 일부는 이전에 접했을 수도 있다. 그렇다면 나는 최근 우리의 이해와 능력을 근본적으로 변화시킨 새로운 세부 사항이 어떻게 밝혀졌는지 보여주려 한다. 하지만 들어본 적 없는 다른 주제들은 뉴스 머리기사를 장식하거나 판도를 바꿀 정도로 중요한 것들이다. 그리고 나는 각 최첨단 연구 분야에서 이뤄진 새로운 발견이 우리에게 중요한 감정과 염원은 말할 것도 없이, 우리의 일상생활을 어떻게 바꾸었는지, 또는 어떻게 변화시킬지 보여줄 것이다. 나는 각각의 설명을 이런 방식으로 모아서 우리가 우리 삶의 방식에서 엄청난 변화를 불러일으키고 있는 거대하고 전면적인 상전벽해의 여명을 마주하고 있다는 걸 알려주고 싶다. 예측할 수 있는 가까운 미래에 우리에게 가장 큰 영향을 미칠 것은 자율주행 자동차나 로봇이 아니라 새로운 인간생물학이다.

이러한 사실 이상으로, 인간생물학 연구에서 벌어지고 있는 일은 물리학에서 19세기 후반 일어난 혁명을 연상시킨다. 1887년 독일 과학자 하인리히 헤르츠(Heinrich Hertz)는 '맨눈으로 볼 수 없는 신비한 전자기파'의 생성 방법을 발견했다. 헤르츠는 빛이 전자기파의 한 유형일 뿐이며, 여기에는 X선과 라디오파 같은 우리가 볼 수 없는 다른 것들도 포함된다는 것을 보여주었다. 이런 발견은 이전에 제임스 클러크

맥스웰(James Clerk Maxwell)이 개발한 이론과 일치했다. 그 당시에는 이런 사실의 실제적인 의미가 무엇인지, 또는 그런 의미가 있는지조차 명확하지 않았다. 헤르츠는 1894년 36세의 나이로 사망했다. 그는 자신의 작업이 결국 라디오, TV 및 인터넷으로 이어질 것이라고 상상할 수 없었다. 마찬가지로, 인체에 대한 현재의 발견은 우리가 상상하는 것보다 훨씬 더 많은 방식으로 우리와 자녀, 손주들에게 영향을 미칠 것이다.

이 책은 모든 것을 발전시키고 있는 사람과 기술의 비하인드 스토리를 통해, 과학이 인체의 비밀을 **어떻게** 밝혀내는지도 담고 있다. 외계인에 대한 우화에서 보았듯이 망원경의 개선은 축구공 발견에 필수적이었다. 마찬가지로 인체에 대한 일반적 이해의 혼란과 진보는 종종 신기술의 발전으로 인해 발생한다. 새로운 과학적 도구와 기기는 휴대전화와 소셜 미디어보다 더 조용하지만 그에 못지않게 심오한 방식으로 우리의 삶에 영향을 미친다.

1665년에 로버트 훅(Robert Hooke)은 간단한 현미경을 사용해 코르크(cork) 조각 안에 있는 작은 구획들을 발견하고, 그것을 세포라고 불렀다. 오늘날의 현미경으로, 우리는 세포가 돌출부, 그물망 그리고 분자 뭉치를 뿜어내는 것을 볼 수 있다. 우리는 세포들이 어떻게 우리의 장기와 세포 조직 안에서 기어 다니는지도 볼 수 있다. 그리고 효소와 유전자가 세포 안에서 활성화하고 비활성화하는 과정을 목격한다. 오늘날의 현미경은 실제로 수십억 분의 1미터까지 인체를 드러내 보여줄 수 있는 나노현미경이다.

이러한 발견은 우리의 인체 조작 능력을 근본적으로 변화시킬 뿐만 아니라, 세포가 어떻게 작동하는지와 관련해 새로운 경이로움을 자아낸다. 내 연구실에서 우리는 면역세포가 암세포를 감지하고 죽이는 방법을 관찰하기 위해 이런 새로운 종류의 현미경을 사용하고 있다. 이러한 과정이 분자 규모로 진행되는 것을 관찰하면, 면역세포가 암세포를 인식하는 방법과 반대로 암세포가 잡히지 않으려고 노력하는 방법을 이해하는 데도 도움이 된다. 이 모든 것이 의학에 대한 새로운 아이디어를 낳는다. 현재 3000건 넘는 임상 시험이 진행 중이며, 인체의 면역세포를 활성화 또는 강화함으로써 작용하는 새로운 항암제를 테스트하고 있다. 다양한 면역세포가 코로나19 바이러스에 어떻게 반응하고, 이것이 사람마다 어떻게 다른지에 대한 우리의 이해도 이와 같은 동일한 도구와 기술에 의존한다. 실제로 코로나19의 도래로 인해 중심 무대로 이동한 과학 영역이 있다면, 그것은 바로 인간생물학이다. 면역 체계에 대한 이해에서 인간의 마음에 이르기까지 이 책에서 논의하는 모든 내용은 이 바이러스와 다음에 닥칠 바이러스에 대해 알아야 할 사항과도 관련이 있다.

그러나 새로운 현미경은 온갖 종류의 세부 사항과 기회를 보여주지만 동시에 가장 중요한 문제로 이어진다. 첫 번째 유형의 현미경이 세부 사항을 가장 잘 포착하더라도 그런 정확한 이미지를 등록하는 데는 오랜 시간이 걸린다. 그래서 분자의 움직임을 관찰하는 데는 정확도가 떨어지지만 두 번째 다른 유형의 현미경이 가장 좋다. 반면, 세 번째 유형의 현미경은 더 넓은 시야를 갖기 위해 정밀도와 움직임을 희생한다. 예를 들어, 한 세포 안에 있는 아주 작은 영역보다는 장기의 한 단면을 보는 데 적합하다. 한편, 수학적 분석 및 컴퓨터 시뮬레이션은 개별 세포 등의 유전자 활동이나 단백질 수준의 분석처럼 인체에 대해 완전히 다른 관점을 제공한다. 이런 식으로 인체를 이해하는 것은 〈모나리자〉의 왼쪽 눈이나 갈색 홍채의 한 조각을 주의 깊게 살펴봄으로써 〈모나리자〉를 감상하려는 것과 같다. 이렇게 감상하는 건 경이롭지만, 그건 〈모나리자〉 전체가 아니다. 심지어 〈모나리자〉 전체조차도 온전한 〈모나리자〉가 아니다. 〈모나리자〉의 금전적 가치, 레오나르도 다빈치의 삶, 또는 그 작품이 16세기의 다른 초상화와 어떻게 다른지를 알면 그림의 의미가 바뀐다. 〈모나리자〉를 이해하는 방법은 셀 수 없이 많고, 우리 자신을 이해하는 방법도 그렇다.

인체가 복잡하다는 것은 각 부분이 하나씩, 각각의 도구에 의해서만 드러날 수 있다는 걸 의미한다. 와인의 맛과 색에 대한 전문가가 와인 품질의 기초가 되는 화학 작용을 인식함으로써 많은 걸 얻을 수 있는 것처럼 인체에 대한 각 관점은 잠재적으로 다른 관점을 향상시킬 수 있다. 그러나 현미경에서 수학에 이르기까지 모든 과학 도구와 뇌에서 마이크로바이옴에 이르기까지 인체의 모든 측면에는 깊이 있는 전문 지식이 필요하므로 이런 일이 발생하지 않는 경향이 있다. 우리는 사일로(silo: 곡식을 쌓아두는 거대한 탑 모양의 창고로, 경제학에서는 각 부서가 서로 담을 쌓고 자신들만의 이익을 좇는 걸 의미한다. 이를 '사일로 효과'라고 부른다—옮긴이)에서 인체를 연구하는 경향이 있다. 각각의 연구 공동체는 뉘앙스를 전달하는 데 필요한 자신만의 기호와 머리 문자〔예를 들면 후천성면역결핍증을 AIDS(Acquired Immune Deficiency Syndrome)라고 부르는 것—옮긴이〕 같은 전문적 어휘로 다른 공동체로부터 격리된다. 연구 공동체는 한 가지 유형의 과학 도구 또는 한 가지 유형의 세포 같은 인체의 특정 구성 요소에 전념할 수 있다. 서로 다른 유형의 세포가 소통하는 방법은 또 다른 고유한 연구의 전문 주제다. 개별 세균같이 지구상에 있는 단순한 형태의 생명체조차도 이제 종합적으로 거의 연구되지 않는데, 인체는 이런 세균보다 분명히 훨씬 더 복잡하다. 오래전인 1890년에 〈타임스〉는 지식이 "이미 관리할 수 없을 정도로 방대해졌다"고 논평했다. 오늘날에는 그 누구도 모든 것에 대해 전문가가 아니다.

많은 책이 인체에 대한 한 가지 혹은 다른 전문 주제를 검토해왔다. 이 책에서 내가 바라는 건 보통 개별적으로 다루어지는 현대 생물학 연구의 여섯 가지 핵심 영역을 통합하는 것이다. 이로써 우리는 온전한 신체의 감각을 되찾아 새로운 과학이 보여주는 것뿐만 아니라 그게 의미하는 바를 모두 깨달을 수 있다.

이 작업은 어렵다. 지식이 너무나 방대해지면서 우리는 물리학자들이 빛을 파동이나 입자 또는 수학적 기호로 다루어야 했던 것과 같은 방식으로 우리 신체를 이해해야 한다. 마찬가지로 인체는 단어나 도표로 쉽게 표현할 수 있는 것보다 훨씬 복잡하므로 교과서에 있는 거의 모든 내용은 전체의 근사치이거나 단편에 불과하다. 예를 들어, 우리가 인체의 세포를 더 깊이 조사할수록 세포가 실제로 무엇인지 확고히 정의하는 게 더욱 어렵다. 또한 세포는 유전 물질을 교환하거나 내부 기관(innards)을 직접 공유할 수 있고, 몇몇 세포는 슈퍼세포가 되기 위해 합쳐질 수 있다. 어디에서 하나의 세포가 죽고 다른 세포가 시작되는지 정의하는 것 역시 점점 더 어려워지고 있다. 그리고 세포를 정의하기 어려우면, 단순한 규칙처럼 보였던 "모든 생명은 세포로 구성돼 있다"

라는 것 또한 덜 명확해진다. 때로는 부분에 대한 더 많은 지식이 전체에 대한 이해를 어렵게 만든다.

축구공의 발견은 외계인이 축구를 이해하는 데 단지 시작점에 불과할 뿐이다. 축구 게임에는 더 많은 것이 있다. 선수들의 다양한 기술, 그들이 사용하는 전술, 오프사이드 규칙, 오프사이드 함정, 승부차기, 리그 성적표, 녹아웃 토너먼트, 선수 이적 시장, 텔레비전 방송권 판매, 학교 운동장에서 노는 아이들이 스포츠 영웅에 의해 영향을 받는 방식, 중요한 프리미어 리그 경기 후 연쇄적으로 발생하는 교통 체증 효과 등등. 축구, 〈모나리자〉, 특히 우리 인간 등 모든 것은 아주아주 오묘하다.

그러나 우리는 모든 것을 포용하기 위해 노력해야 한다. 왜냐하면 과학 연구는 계속해서 더욱 복잡해지는 교과서 도표에 묘사된 것처럼, 신체 역학에 대한 우리 지식을 점점 더 세부적으로 끌어내는 것만은 아니기 때문이다. 이러한 지식은 또한 우리가 자신에 대해 생각하는 방식과 삶에 부여하는 이야기 전개에 막대한 영향을 미친다. 예를 들어, 한때 우리는 몸이 네 가지 체액, 즉 혈액·황담즙·흑담즙·가래의 지배를 받는다고 여겼다. 이에 따르면 질병은 한 체액과 다른 체액 사이의 불균형 때문에 발생한다. 물론 질병에 대한 진실은 이것보다 훨씬 더 환상적이다. 그러다 1860년대가 되어서야 인류의 가장 위대한 발견 중 하나, 즉 세균(germ)의 발견이 질병에 대한 우리의 현대적 이해에 길을 열어주었다. 현대를 살아가는 사람이 위에서 얘기한 네 가지 액체의 불균형으로 고통받는 것이 어떤 **느낌인지** 아는 건 불가능하지는 않더라도 매우 어렵다. 하지만 우리는 당시 사람들이 그랬다고 확신할 수 있다.

한때 우리는 내면의 목소리를 듣는 사람을 초자연적 존재나 마법 행위와 관련된 것으로 해석했다. 그리고 이제 우리는 인간의 뇌와 정신병에 대해 다른 이야기를 한다.

좀더 최근에 우리는 세균조차도 모든 질병의 원인이 아니라는 걸 발견했다. 암은 신체의 세포가 통제력을 잃고 과도하게 증식할 때 발생한다. 이 사실은 현재 우리가 알고 있는 모든 종류의 요인이 건강 악화에 이바지한다는 인식으로 이어진다. 햇빛, 방사선, 화학적 발암 물질 등에 대한 과도한 노출은 세포를 암으로 발전시킬 수 있다. 알레르기도 세균과 거의 관련이 없다. 알레르기에 대한 고민은 건강과 질병에 대한 다른 생각으로 이어졌다. 예를 들어, 어린 시절 미생물에 어느 정도 노출되는 것이 건강을 위한 면역 체계 훈련에 중요할 수 있다는 생각, 이른바 위생 가설이다. 다양한 종류의 질병과 관련한 이런 원인을 이해하면 분명 의학에 대한 새로운 아이디어를 얻을 수 있을 뿐만 아니라 우리 몸과 환경에 대해 느끼는 방식도 바뀐다. 피부의 햇빛 노출에 대한 느낌이나 농장에서 성장하는 것에 대한 생각은 상대적으로 최근에 바뀌었다. 누군가에겐 해로울 수 있고, 또 다른 누군가에겐 유익할 수 있다는 발견으로 말이다.

과학이 우리 삶에 미치는 영향은 질병과 의학을 훨씬 뛰어넘어 확장된다. 예를 들어, 진화를 이해하면 기원에 대한 우리의 생각이 엄청난 변화를 겪는다. 우리가 침팬지, 심지어 초파리와 DNA의 상당 부분을 공유한다는 사실은 지구상의 모든 생명체와 우리를 심오한 방식으로 연결시킨다. 좀더 실질적으로 호르몬에 대한 이해는 10대에 대한 우리의 태도를 형성하고, 트라우마와 박탈에 대해 아는 것은 범죄 대처

방법에 영향을 미친다. 깊은 차원에서 일어나고 있는 일에 대한 과학의 설명은 우리 삶의 거의 모든 측면을 표현해낸다.

앨리스(가명)는 다섯 살 때 어머니를 잃었다. 심장마비로 갑자기 세상을 떠난 것이다. 앨리스는 1980년대와 1990년대의 성장기에 심장마비를 피하기 위해 콜레스테롤을 낮추는 데 도움을 줄 것으로 추정되는 모든 종류의 제품을 홍보하는 광고의 폭격을 맞았다. 앨리스는 이미 자신이 젊어서 죽을지도 모른다는 불안감에 사로잡혔고, 광고도 아무런 도움을 주지 못했다.

어느 날 한 번도 가본 적 없는 병원에서 편지가 왔다. 편지엔 다른 친척의 건강 문제가 적혀 있었다. 이 친척은 최근에 심장마비를 겪었는데 다행히 살아났다고 했다. 그런데 같은 가족 내 젊은 사람들에게 두 차례의 심장마비가 발생하는 경우는 매우 드물어서 의사들은 가능한 원인을 면밀히 조사했다. 가족 내에서 발생한 두 번의 심장마비와 또 다른 의학적 이슈는 거의 확실히 유전적 변이와 관련이 있다는 게 밝혀졌다. 편지는 그 친척의 혈액 분석 결과 특정 돌연변이가 발견되었다며, 앨리스도 돌연변이 유전자를 물려받았는지 알고 싶으냐고 물었다.

결정을 내리는 건 앨리스에게 특히 어려웠다. (지금도 그렇지만) 당시의 과학적 세부 사항이 모호했기 때문이다. 앨리스 가족의 유전으로 인한 정확한 위험 수준은 명확하지 않았다. 즉, 문제의 유전자 내에서 여러 가지 다른 돌연변이들이 심장에 문제가 있는 사람들로부터 발견되었지만, 각각의 상대적 위험은 아직 명확하지 않았다. 돌연변이 중 일부는 다른 돌연변이보다 더 위험한 게 틀림없었다. 모든 불확실성에도 불구하고 앨리스는 유전자 검사를 진행했다. 지역 진료소에서 피를 뽑고 며칠 후, 결과를 확인하기 위해 전화를 걸었다. 그리고 앨리스의 삶을 구속해온 엄청난 굴레가 갑자기 사라졌다. 앨리스는 괜찮았다. 자신이 어머니의 운명을 똑같이 겪을 위험성은 거의 없었다. 검사 결과 이후, 앨리스의 인생 이야기는 순식간에 바뀌었다. 날마다 무엇을 먹어야 할지 말아야 할지 덜 걱정했다. 더욱 중요한 것은 부모 및 가족과 관계를 맺는 방식, 그리고 자녀를 갖는 문제에 대한 생각이 크게 바뀌었다는 점이다. 그때 앨리스는 이미 중년이었다. 이 모든 걸 더 일찍 알았더라면, 앨리스가 다른 삶을 살았을지 누가 알겠는가?

필연적으로 삶을 이해하는 우리의 방식을 바꾸는 새로운 과학 같은 상황이 점점 더 많이 발생할 것이다. 그러나 지금은 그중 많은 부분이 숨겨져 있다. 연구 실험실이나 과학 콘퍼런스가 열리는 호텔 바에서만 자세히 논의될 뿐이다. 나는 이 책이 그러한 과학의 가장 중요한 지점들을 대중에게 알려줄 수 있기를 바란다.

한 가지 예를 들자면—3장에서 자세히 살펴볼—세포에 대한 새로운 발견 중 하나를 생각해볼 수 있다. 표면적으로는 세포의 근본적 성질에 대한 기초 연구가 우리의 삶과 사회에 중요하거나 어려운 딜레마를 일으키지는 않을 것 같다. 하지만 내 생각은 다르다.

신경세포는 분명히 면역세포와 다르며, 이 둘은 신장세포나 심장세포와 다르다. 그러나 이러한 유형의 모든 세포, 즉 신경·면역·심장 및 신장 세포는 단지 매우 조악한 기술어(descriptor, 記述語)에 불과하다. 세포생물학의 매혹적인 새로운 영역은 미묘한 수준에서 모든 단일 세포가 고유한 특성을 갖고 있다는 아이디어를 기반으로 한다. 세포의 고유한 특성은 그 위치, 나이, 활성화 상태, 신체 내 이력 및 다른 세포와의 상호 작용에 영향을 받는다. '인간 유전체 프로젝트'만큼 야심 찬 세계적인 노력이 현재 진행 중이다. 바로 1만 명 이상의 과학자들이 37조 개의 인체 세포를 모두 식별하고 분류하는 '인간 세포 아틀라스 프로젝트'다. 개별 세포를 심층적으로 비교함으로써 단일 세포를 전례 없이 세부적으로 분류할 수 있다. 세포 내에서 유전자가 활성화했는지 혹은 세포 내 각각의 단백질이 얼마나 많이 복제되었는지 등을 분석함으로써 말이다. 이 프로젝트를 감독하는 이들 중 일부는 이런 규모의 신체 세포 조사를 통해 인간 세포의 주기율표를 만들 수 있기를 희망한다. 이것은 모든 세포의 차이를 세포의 다양성을 이해하는 하나의 도표로 만드는 방법이다. 이런 특정 목표가 실현되든 않든, 모든 과학자들은 이 프로젝트가 세포 조직과 장기의 구성 방식, 즉 신체의 다른 세포에서 어떤 세포가 유래하는지, 무엇이 잘못되어 질병에 걸리는지에 대한 더 깊은 이해로 이어질 것이라는 데 동의한다. 흥미롭게도 이 프로젝트는 이미 인체에서 이전에 알려지지 않은 세포, 즉 새로운 유형의 면역세포와 폐 내벽에 있는 새로운 세포를 발견했다.

현재 한 인간이 건강하다는 건 종종 혈구 수로 평가한다. 혈액에 존재하는 혈소판, 적혈구 또는 백혈구의 수를 간단히 계산하는 것이다. 그러나 조만간 '인간 세포 아틀라스 프로젝트' 및 관련 연구를 바탕으로 사람의 혈액세포 유형, 상태 및 이력을 매우 자세히 평가할 수 있을 것이다. 이런 과정은 백혈구에 특히 중요하다. 백혈구는 우리가 이미 알고 있는 수많은 면역세포 유형을 포괄하는 용어로 고유한 특징이 사람마다 엄청나게 다를 수 있다. 그와 동시에 병원 조직병리학 실험실에서 일상적으로 수행하는, 질병 분류를 위해 조직 생검(組織生檢: 정밀 진단을 위해 생체 조직 일부를 떼어내 현미경으로 자세히 들여다보는 방법—옮긴이)을 염색하는(staining) 150년 된 기술은 훨씬 더 심층적인 분자 수준의 정보 수집으로 대체될 가능성이 크다. 종합하면 이러한 분석은 질병 상태를 전례 없는 수준으로 진단할 수 있게끔 해준다. 다시 말해, (바라건대) 특정 약이 효과가 있을지 또는 독성 부작용을 유발할지 예측할 수 있게끔 한다.

표면적으로 이런 발전은 모두 매우 좋은 소식이지만 신체 세포의 광대한 다양성을 조사한다는 게 의미하는 바는 의학 영역을 훨씬 뛰어넘는다. 우리가 많은 사람의 신체 세포 구성과 상태에 대해 알게 되면, 필연적으로 우리의 건강을 측정하는 새로운 지표의 흐름을 확립할 수 있을 것이다. 이는 많은 게 불안해지는 지점이기도 하다. 필연적으로, 의료계에서는 이러한 세포의 유병률과 특성에 대해 '정상' 범위를 구성하는 것이 무엇인지 정의해야 하며, 이는 차례로 해당 범위를 벗어난 세포를 가진 사람을 '비정상'으로 분류하도록 이끌어야 한다. 우리는 이미 다음과 같은 사실에 익숙하다. 사람의 체중과 키를 통해 계산한 값인 체질량지수는 우리를 저체중, 정상 체중, 과체중 또는 비만으로 분류하는 데 쓰인다. 그러나 개인의 건강 상태를 정의하는 새로운 지표의 출현으로, 우리를 정상 또는 비정상으로 분류하는 완전히 새로운 방법이 등장할 것이다. 필요한 만큼 측정한다면 모든 사람이 어떤 면에서든 건강하지 않을 테고, 그렇다면 건강 보험료 추가 징수에 명백한 영향을 미칠 것이다. 더 중요한 건 이것이 우리의 심리에 상당히 중요하다는 점이다. 요컨대 이러한 범주화는 개인의 자아의식과 인간 다양성에 대한 사회의 관점 모두에 심각한 문제가 될 수 있다.

우리가 건강의 지표에 대해 무뎌질지 모르지만, 아직 우리는 그런 일이 일어날 조짐을 보지 못하고 있다. 그와 반대로 많은 사람이 예를 들어, 비만이라는 꼬리표에서 비롯된 짐으로 고통받고 있다. 어쩌다 보니 날씬하다는 것이 매력, 자기 관리, 심지어 일종의 우월감까지 내포하기에 이르렀다. 우리 각자를 다르게 만드는 요소를 점점 더 많이 발견할수록 개인의 건강에 유용한, 또는 유용하지 않은 꼬리표가 무엇인지 확인하는 게 점점 더 어려워진다. 혹은 의료 개입이 필요한 것과 그렇게 해서는 안 되는 걸 확인하는 것도 불투명해진다. 많은 질병은 이미 정의하는 데 어려움이 있다. 예를 들어, 특정 행동 기질을 보이는 사람은 조현병이나 자폐증 진단으로 이어질 수 있다. 하지만 한 사람의 행동을 평가하고 선(線)의 이쪽은 정상이고 저쪽은 비정상이라고 단정적으로 말할 수 있게끔 해주는 명확한 설명은 없다.

원자의 본질을 연구하기 시작한 물리학자들이 자신도 모르게 폭탄의 본질을 바꾼 것처럼, 인체에 관한 기초 과학 프로젝트를 수행하는 사람이라면 의도했든 아니든 사회를 변화시킬 가능성이 크다. 그렇다고 '인간 세포 아틀라스 프로젝트'를 중단해야 한다고 말하려는 게 아니다. 또는 나를 포함해 세포의 다양성과 유형을 명확히 파악하려고 노력하는 과학자들이 사회를 파괴하는 데 직접 연관되어 있다고 말하려는 것도 아니다. 오히려 인간의 몸이 어떻게 작동하는지와 관련해 새롭고 광범위한 개념이 열리고 있으므로, 그 영향력은 거대하고 잠재적으로 폭발적이며 앞으로도 계속 그러할 것이다.

이 책에서 나는 우리가 어디에 있는지 잘 살펴보기를 원한다. 즉, 그 모든 것의 화려함에 몰두하고 우리가 알고 있는 모든 걸 달성한 방법을 이해하는 동시에 이 모든 새로운 발견이 의미하는 바를 깊이 생각하길 바란다. 우리의 삶을 위해서 말이다. 나는 새로운 발견이 우리를 어디로 이끌지 추측하는 걸 두려워하지 않고, 필요한 경우 발견이 가리키는 방향으로 도전하는 걸 두려워하지 않을 것이다.

과학이 노력하는 여러 다양한 영역이 있다. 우리는 우주에서 눈부신 이미지를 수집하고, 수중 드론을 바다 깊숙이 가라앉히고, 지구의 역사와 선사 시대를 파헤치고, 재정적·사회적·정치적 시스템 같은 인간이 만들어낸 구성물의 내부 작동 원리를 파악하려 노력하고 있다. 그러나 나는 진보가 가장 빠르게 일어나고 있으며, 특히 과학적 발견이 우리 삶에 광범위하고 근본적인 결과를 가져올 가능성이 있는 분야는 바로 인체에 대한 새로운 과학이라고 생각한다. 불과 수십 년 전만 해도 그 누구도 꿈꿀 수 없었던 방식으로 이미 우리는 자신을 스스로 이해하고 조작할 수 있다. 수많은 새로운 발견이 눈앞에 펼쳐지고 있기 때문에, 언젠가는 오늘날의 공상과학 소설이 실제로 발생한 것에 비해 순진하고 단순해 보일지 모른다.

1

초고해상도 세포들

보는 것이 말하는 것보다 우선이다. 아이는 말하기 전에 보고 알아본다.

–존 버거(John Berger), 《다른 방식으로 보기(Ways of Seeing)》*

1665년 당시 30세였던 영국 과학자 로버트 훅은 세계 최초의 현미경 그림책 《마이크로그라피아(Micrographia)》를 출간했다.[1] 영국 정치인 새뮤얼 피프스(Samuel Pepys)는 이 책을 자신이 읽은 것 중 "가장 독창적인"[2] 책이라고 불렀다. 훅은 이 책에서 극적으로 확대된 다채로운 일상의 사물을 묘사한 상세한 그림을 최초로 제시했다.[3] 여기엔 예기치 않게 뭉툭한 바늘 끝, 뾰족한 면도날의 가장자리, 기괴하고 거대한 벼룩이 포함되었다. 얇은 코르크 조각을 확대한 이미지는 상자 같은 구조를 드러냈다. 훅은 수도원의 엄격하고 검소한 암자(cell: 수도자들이 기거하는 방을 뜻하기도 한다–옮긴이)가 떠올라 이것에 '세포'라는 이름을 붙였다. 3년

* 1972년에 방영된 텔레비전 연속 강의를 바탕으로 만든 책–옮긴이.

후 네덜란드 섬유 상인 안톤 판 레이우엔훅(Anton van Leeuwenhoek)이 런던을 방문하는 동안 (아마도 훅의 책을 보고) 현미경을 직접 제작했는데, 이 현미경은 훅의 제품보다 더 나은 것으로 밝혀졌다. 1676년 레이우엔훅은 물방울 속에 숨어 있는 작은 유기체를 관찰했다. 처음으로 세균을 목격한 것이다. 1년 후에는 자신의 정액을 면밀히 조사해 또 다른 중요한 발견, 즉 정자를 찾아냈다.[4]

그때부터 지금까지 현미경은 우리가 전혀 알지 못했던 세계를 발견해왔다. 따라서 더 미세한 세부 사항을 드러내기 위해 현미경을 개량하는 것은 새로운 계시로 가는 확실한 지름길이다. 그러나 1872년 독일 물리학자 에른스트 아베(Ernst Abbe)는 현미경의 강력함에 한계가 있음을 보여주었다.[5]

현미경을 얼마나 잘 만들었는지, 얼마나 완벽하게 렌즈를 정렬했는지는 중요하지 않다. 아베의 수학적 분석은 완벽하게 조립한 광학현미경도 사물을 끝없이 확대할 수 없다는 걸 보여주었다. 빛이 작은 물체 주위에서 퍼지고 구부러지는 방식, 즉 회절(回折)이라는 특징 때문이다. 현미경이 달성할 수 있는 가장 높은 해상도는 빛 파장의 절반가량, 그러니까 약 200나노미터(200×10^{-9}미터—옮긴이) 또는 사람 머리카락 너비보다 약 1000배 정도 작다.[6] 우리가 그토록 짧은 것을 상상하기는 어렵지만, 무지갯빛을 보여주는 나비 날개의 구조에서 3500만 명의 목숨을 앗아간 HIV 바이러스에 이르기까지 모든 종류의 경이롭고 중요한 것들은 이보다 작다. 다른 과학적 도구는 (비록 어렵긴 해도) 우리가 이러한 것들을 발견하도록 허용하지만, 결정적으로 살아 있는 표본에는 어떤 것도 작용하지 않는다. 예를 들어, 전자현미경은 표본을 화학 물질로 씻은 다음 진공 체임버(chamber: 상자 모양의 장치—옮긴이)에 넣어야 한다.[7] 오직 빛으로 작동하는 현미경만이 우리로 하여금 살아 있는 세포에서 일어나는 과정을 직접 볼 수 있게 해주며, 아베의 법칙은 특정 지점을 넘어서 그렇게 하는 데 있어 극복할 수 없는 장벽처럼 보였다. 그가 거주하고 일했던 독일 예나(Jena)의 아베 추모비에는 수학적 표기법으로 쓰인 그의 법칙이 문자 그대로 돌에 적혀 있다.

그러나 이제 너무나 기발한 일련의 발견과, 진실이 아니라면 우스꽝스러운 것으로 치부될 만큼 믿기 힘든 상황들로 인해 우리는 아베의 예상보다 최소 10배 작은 것을 관찰할 수 있게 되었다. 그 결과, 아주 미세한 규모의 새로운 인간해부학은 우리가 생물학의 기본 단위인 세포가 실제로 무엇인지 다시 생각해봐야 할 정도로 세계적인 르네상스를 누리고 있다.

이 놀라운 업적에 관한 이야기는 해파리에 푹 빠진 시모무라 오사무(下村脩)라는 일본 과학자로부터 시작된다.

시모무라 오사무는 1960년대에 아내 아케미(明美)와 함께 프린스턴 대학교에서 일한 "조용하고 명석한 연구원"[8]이었다. 거의 매년 여름마다 그들은 해파리를 수집하기 위해 시애틀에서 북쪽으로 약 90마일 떨어진 샌환제도(San Juan Islands)의 프라이데이(Friday) 항구를 찾아갔다.

> 우리는 오전 6시부터 8시까지 해파리를 채집한 다음, 아침을 간단히 먹은 후 정오까지 해파리에서 고리(ring: 반구형 우산 모양을 하고 있는 해파리는 우

산 가장자리를 따라 빛을 내는 기관이 고르게 분포되어 있다. 이 부분을 가위로 잘라내면 얇은 띠 형태가 되는데, 두 사람은 이것을 '고리'라고 불렀다—옮긴이)를 잘라내곤 했다. 우리는 오후 내내 추출에 몰두했다. 저녁 식사 후에는 오후 7시부터 9시까지 해파리를 다시 모았고, 그렇게 잡은 것들을 다음 날을 위해 수족관에 보관했다.[9]

자녀인 쓰토무(努)와 사치(幸)가 해파리 작업을 도왔지만, 아이들은 대개 부모만큼 일찍 일어나지 않았다.[10] 지역 주민들은 때때로 그 가족이 그물과 양동이로 무엇을 하고 있는지, 왜 그렇게 많은 해파리를 퍼내는지 궁금해했다. 주민들은 종종 "해파리들을 어떻게 요리하나요?"라고 묻기도 했다.

1955년 이 해파리들이 우산 모양의 몸체 가장자리에서 녹색빛을 내는 게 관찰되었다.[11] 시모무라는 해파리들이 빛을 내게끔 하는 생물학적 과정을 알고 싶었다. 적어도 처음에는 자신의 연구 작업과 관련해 현실적인 적용을 염두에 두지 않았다. 단순히 일부 동물이 빛을 내는 방식에 매료되었을 뿐이다. 반딧불이, 벌레, 심해어를 포함한 모든 종류의 생명체는 빛을 사용해 짝을 유인하고 포식자에게 경고한다. 우리가 거의 이해하지 못하는 방식으로 의사소통을 하면서 말이다. 생명체는 계속해서 자신만의 색깔로 우리를 놀라게 한다. 날다람쥐는 최근 자외선 빛 아래에서 분홍색으로 빛나는 것이 발견되었는데, 그 누구도 어떻게 혹은 왜 그런지 모른다.[12] 시모무라는 이러한 일이 어떻게 일어나는지 기본 원리를 이해하고 싶었다.[13]

시모무라의 성공은 부분적으로 문제 해결에 대한 그 특유한 접근 방식 덕분이었다. 적절한 방법을 찾기 위해 책과 과학 논문을 뒤지기보다 남다른 재치로 처음부터 자신만의 절차를 고안해냈다. 예를 들어, 실험용품점에서 구할 수 있는 필터 중 하나를 사용하는 대신, 필터로 가장 잘 활용할 수 있는 직물의 종류를 생각해냈다. 딸 사치는 아버지가 실험실에서 재활용할 만한 물건을 찾기 위해 철물점을 자주 돌아다녔다고 회상한다. 그는 손잡이가 길고 망이 짧은 그물을 만들 때 치실을 활용하기도 했다. 가족은 해파리를 채집하는 데 그 그물을 사용했다. 해파리 절단기는 주스 믹서기로 만들었다.[14] 시모무라는 중요한 정신으로서, 젊은 과학자는 배우는 방법을 배워야 하며 자신만의 절차를 발명하는 것이 그렇게 하는 강력한 방법이라고 강조하곤 했다.

과학에 대한 이러한 접근 방식은 그의 성장 과정에서 비롯되었다. 시모무라의 가족은 집을 여러 번 옮겼고, 육군 대위인 그의 아버지는 집에서 멀리 떨어져 지냈다. 시모무라의 학교 교육은 군사 훈련 때문에 자주 중단되었고 나중엔 그마저 아예 없었다. 열여섯 살 때 공장에서 일을 하고 있는데, 나가사키에 원자폭탄이 떨어졌다. 공장은 나가사키에서 불과 15킬로미터 떨어진 곳에 있었다. 시모무라는 B-29 비행기 두 대가 매달린 사람 없는 낙하산을 떨어뜨리는 걸 목격했는데, "강력한 빛의 섬광이 작은 창을 통해 우리를 강타했다"고 자서전에서 회상했다. 섬광이 터지고 40초쯤 되었을 때 큰 소리가 들리는가 싶더니 갑자기 기압이 변하는 걸 느꼈다.[15] 그날 공장에서 집으로 가는 길에 검은 비가 내렸다. 할머니는 그가 들어가자마자 목욕을 시켜주었고, 이 덕분에 아마도 방사선 중독을 면했을 것이다.[16] 제2차 세계대전 동안 일본에서 성장한 것이 시모무라를 강하고 독립적이며 재간이 풍부해지도록

가르쳤다.[17]

시모무라는 해파리 세포의 추출물을 비교해 광학 활성을 보이는 걸 찾음으로써 결국, 해파리 세포를 빛나게 만드는 두 가지 유형의 단백질 분자를 확인할 수 있었다. 하나는 칼슘이 있는 상태에서 푸른빛을 방출하고, 다른 하나는 푸른빛을 흡수하면 녹색빛을 방출한다.[18] 이 두 번째 단백질은 나중에 녹색 형광 단백질(green fluorescent protein), 즉 GFP로 명명되며 현미경 관찰에서 상당히 중요한 역할을 했다.[19]

몇 년 후인 1989년 4월 25일 화요일 정오, 시카고 태생의 마틴 챌피(Martin Chalfie)가 뉴욕 컬럼비아 대학교에서 일할 때 우연히 시모무라의 연구를 언급하는 강연에 참석했다. 여기서 GFP 이야기의 새로운 장이 열렸다.[20] 챌피는 즉시 이 녹색으로 빛나는 단백질을 다른 동물, 특히 그가 연구하던 작은 벌레의 세포 내부에서 어떻게 사용할 수 있을지에 대한 환상을 갖기 시작했다. 특정 유형의 세포 또는 심지어 세포 내 특정 분자의 위치를 강조하기 위해서 말이다.[21] 구글과 위키피디아 이전 시대였기에, 그는 GFP에 대한 모든 것을 알아보기 위해 사람들에게 전화를 걸면서 다음 날을 보냈다.[22]

챌피가 연락한 사람 중에는 당시 우즈홀 해양연구소(Woods Hole Oceanographic Institution)의 더글러스 프래셔(Douglas Prasher)도 있었다. 프래셔는 GFP의 생산 신호(instruction) 전달 유전자를 알아내기 위해 작업하고 있었다. 프래셔는 챌피에게 자신이 분리해낸 유전자를 보내기로 했지만, 곧 연락이 끊기고 말았다. 시간이 흘러 챌피는 안식년을 맞이했다. 챌피에게 연락할 수 없었기 때문에 프래셔는 그가 과학계를 완전히 떠났다고 생각했다. 한편 챌피는 프래셔로부터 소식이 없자 그가 유전자를 분리하지 못한 것이라고 생각했다. 그리고 1992년에야 챌피는 우연히 프래셔가 유전자를 분리했다고 밝힌 과학 논문을 발견했다.[23]

챌피는 다시 연락을 취했고, 프래셔는 그에게 유전자를 보내주었다. 챌피의 실험실에서, 연구진들은 해파리 유전자를 실제로 세균이나 벌레가 녹색으로 빛나도록 재배치할 수 있다는 걸 깨달았다.[24] 이 사실을 처음 확인한 사람은 26세의 박사과정 학생 기아 유스커천(Ghia Euskirchen)이었다. 세균의 녹색빛은 너무 희미해서 챌피의 실험실 현미경으로는 감지할 수 없었다. 기아 유스커천은 운이 좋게도 다른 실험에서 현미경을 다시 확인했고, 그 실험이 효과를 보았다.

유전자의 기초 화학은 지구상의 모든 생명체가 동일하기 때문에 종끼리 유전자를 전달할 수 있다는 사실은 이미 잘 확립되어 있었다. 하지만 유기체를 녹색으로 빛나게 하는 데 단 하나의 유전자만 필요하다는 것은 매우 중요한 일종의 계시였다. 즉, GFP가 특정 해파리에서만 발견되는 다른 단백질 모음들과 협력할 때에만 작동하는 사례가 분명했다. 챌피의 연구실은 1993년 10월호 〈선충 연구 소식지(Worm Breeder's Gazette)〉에 이 결과를 처음 소개했다. 이 책은 많이 읽히지는 않는데, 특히 새로운 기술의 패러다임 변화와 관련해 흔히 찾는 잡지는 아니다.[25] 연구팀은 "우리는 GFP를 어떻게 사용할 수 있는지에 대해 많은 아이디어를 가지고 있으며, 이로 인해 다른 사람들이 더 많은 아이디어를 갖게 되리라 생각한다"고 썼다. "만약 당신이 〔GFP 유전자를〕 얻는 데 관심이 있다면 알려주세요. ……우리는 당신이 무슨 일을 하는지에 관심이 있지만, 그게 필수 사항은 아닙니다." 곧이어 1994년 2월, 연구팀은 저명한 저널 〈사이언스〉에 그들의 연구를 발표했다.[26]

마침내 녹색 해파리 단백질은 효모에서 인간에 이르기까지 모든 종류의 생명체를 연구하는 일련의 실험에 쓰였지만, 챌피가 대학 연구실에서 처음 이에 관해 이야기했을 때 그 잠재력을 이해한 사람은 거의 없었다. 챌피는 그 이유를 새로운 것에 대해 처음 들었을 때 그 중요성을 완전히 깨닫기 어렵기 때문이라고 생각했다.[27] 그러나 이 연구를 매우 일찍부터 높이 평가한 사람이 있었는데, 바로 챌피의 아내 툴레 헤이즐리그(Tulle Hazelrigg)였다. 컬럼비아 대학 교수이기도 한 헤이즐리그는 의심할 여지 없이 여러 번 녹색 해파리 단백질에 대해 들은 적이 있었을 것이다. GFP를 유용한 장치로 전환하는 주요 단계를 수행한 곳은 헤이즐리그의 연구실이었다. 헤이즐리그의 연구팀은 GFP를 암호화한 2개의 유전자를 함께 융합해 GFP를 다른 단백질에 부착했다. 이로써 과학자들은 GFP가 부착된 해당 단백질을 '표지'하고, 세포 내부의 위치를 감지할 수 있었다. 이로써 챌피의 상상이 실현되었다. 그 어떤 특정 유형의 단백질도 GFP로 표지 및 관찰할 수 있으므로, 녹색으로 빛나는 해파리 단백질은 생물을 아주 작은 규모로 관찰하는 도구가 되었다.[28] 〈디스커버〉는 이를 "생물학적 레이저 포인터"[29]라고 이름 붙였다.

2008년 시모무라와 챌피는 GFP의 밝기를 개선하고 여러 색상으로 빛날 수 있는 다른 단백질을 개발한 샌디에이고 캘리포니아 대학교의 로저 첸(Roger Tsien)과 함께 노벨 화학상을 수상했다. 노벨상은 최대 3명까지만 공동 수상자를 허용하므로, 노벨위원회는 프래셔를 제외했다. 이 소식을 들었을 때 프래셔는 앨라배마주 헌츠빌에 있는 도요타 자동차 대리점에서 일하고 있었다. 우즈홀 해양연구소에서 연구 자금을 조달하기 위해 고군분투했던 그는 잠깐 동안 미국 농무부에서 일한 후,

헌츠빌에 있는 나사(NASA)에서 계약직으로 일하기도 했다. 그 후 정치가들이 나사의 우선순위를 바꾸자 그의 프로젝트도 중단되었다. 1년 동안 실업과 몇 차례 우울증에 시달린 후, 그는 도시로 이사하는 대신 자신의 딸이 같은 고등학교에 계속 다닐 수 있도록 자동차 대리점에 취직했다.[30] 결국 노벨상 공동 수상자들은 각각 수십만 달러의 상금을 받았지만, 프래셔는 시간당 10달러를 버는 데 그쳤다.

챌피와 첸은 프래셔와 그의 아내에게 연락해 스톡홀름에서 열리는 시상식에 참석하도록 비용을 지불했다.[31] 그리고 챌피와 첸 모두 노벨상 수상 연설에서 프래셔의 공헌을 언급했다. 3년 넘게 프래셔는 이전의 시모무라와 마찬가지로 해파리 수만 마리를 채집했다.[32] 그리고 마침내 GFP 유전자를 분리해냈는데, 이는 의심할 여지 없이 그걸 하나의 도구로 사용하기 위한 결정적 단계였다. 하지만 그는 다른 사람들의 노벨상 수상을 원망하지 않았다. "내가 사기를 당했거나 소외감을 느낀다고요? 아니, 전혀 그렇지 않습니다. 나는 자금이 부족했고, 그들은 단백질을 어떻게 사용할 수 있는지 보여주었죠. 그게 핵심입니다."[33]

해파리 연구가 어떻게 생물학의 많은 분야에 매우 가치 있는 무언가를 가져다줄지 아마 아무도 몰랐을 것이다. 과학적 돌파구는 온갖 종류의 신비한 방식으로 이뤄진다. 인생 말년에 시모무라는 1990년경 이후 자신이 해파리를 수집하던 해역에서 해파리 개체 수가 희박해졌다고 언급했다. 아마도 오염, 특히 1989년 알래스카에서 유출된 엑손 밸디즈(Exxon Valdez) 원유 때문일 것이다.[34] 만약 30년 전이나 그보다 앞서 해파리가 그곳에서 사라졌다면, 시모무라는 GFP를 결코 발견하지 못했을 것이다.

만약 시모무라가 GFP를 발견하지 못했다면 미시간주에서 은퇴한 중년의 과학자는 친구의 거실에서 획기적인 새로운 종류의 현미경을 결코 만들지 못했을 것이다.

미시간주 앤아버(Ann Arbor)에서 태어난 에릭 베치그(Eric Betzig)는 항상 무언가 변혁적인 일을 하도록 이끌려왔다. "나는 아폴로 우주선과 〈스타트렉〉을 보면서 자랐고, 항상 워프 항법(warp drive)을 만들어내고 싶었다."[35] 그는 코넬 대학교에서 박사 학위를 마친 후, 트랜지스터와 레이저를 발명 및 개발하고 활기찬 분위기로 유명한 벨 연구소에서 일했다.[36] 이곳에서 베치그는 6년 동안 현미경 개선 작업을 하다가 결국 지치고 말았다. 베치그가 작업한 현미경 유형은 그에게 기술적으로 막다른 골목처럼 보였다. 그는 자신의 분야에 있는 다른 사람들이 옳지 않은 결론을 향해 뛰어들고 있다고 생각했다. 어쨌든 베치그는 끊임없는 고된 연구에 지쳐 있었다. 또한 벨 연구소에 자금을 지원하는 전화 회사 AT&T가 기초 과학에 그렇게나 많은 돈을 지출하는 게 점점 어려워지고 있다는 걸 감지할 수 있었다. 1994년 번아웃에 환멸까지 느낀 베치그는 회사를 그만두었다.

베치그는 딸과 함께 집에서 지냈다. 하지만 자신의 일상생활에서 과학을 완전히 제거할 수는 없었다. 어느 날 딸을 유모차에 태우고 산책하던 중 그는 새로운 유형의 현미경에 대한 아이디어가 떠올랐다. 베치그는 그 아이디어를 발표했지만, 거기에서 그쳤을 뿐 자신이 생각한 도구를 만들려고 시도하지 않았다.[37] 그러다 1996년 아버지가 운영하는 잘나가는 공작기계 회사에 취직했다. 그는 비즈니스 환경에서 새로운 장비를 설계하는 것이 얼마나 어려운지 이곳에서 깨달았다. 새로운 기계는 특정 작업을 수행하면서 동시에 비용 효율적이고 안전하며 신뢰할 수 있고 철저한 문서화를 통해 만들어야 했다. 베치그는 아무런 제약 없이 탐구하는 과학이 그리웠다. 그는 자신이 훌륭한 사업가는 아니라고 느꼈다. 그래서 2002년 회사를 그만두었다. 어린 자녀 둘을 둔 42세의 가장은 직업도 없고, 어떤 일을 할지 전망도 없었기에 노벨상을 받기 위해 여정을 떠난 사람처럼 보이지 않았다.

직장에 대한 계획도 없이 베치그는 벨 연구소 시절 친구인 해럴드 헤스(Harald Hess)와 재회했다. 둘은 국립공원에서 만나 삶의 의미와 죽기 전 세상에 끼치고 싶은 영향력에 관해 이야기를 나눴다. 베치그는 그때 일을 다음과 같이 회상했다. "우리가 깨달은 건 우리 둘 다 정상적인 학문 체계에 잘 맞지는 않지만, 과학을 정말 사랑하고 호기심을 추구하는 능력을 사랑한다는 것이었다."[38] 최신 기술을 따라잡기로 마음먹은 베치그는 자신이 공부하며 읽은 내용에 흥분했다. "아, 젠장, 현미경 관찰을 다시 해야겠구나."[39]

베치그는 "턱이 일주일 동안 떡 벌어져 있을 정도로"[40] 자신이 발견한 것에 자극을 받았다. 그건 개별 단백질 분자를 GFP로 표지함으로써 이제는 살아 있는 세포 내에서 그걸 추적하는 방식이었다. 이는 그가 7년 전에 생각했던 것과 같은 방식으로서 현미경이 살아 있는 세포와 함께 작동할 수 있게 하는 데 있어 잃어버린 연결점(missing link)이었다. 그래서 그는 오랜 친구 헤스와 함께 그 방법을 설계하기 시작했다. 그들은 헤스의 집 거실에서 작업을 수행했다. 베치그는 이것이 헤스가 결혼하지 않았기 때문에 가능한 일이었다고 회상했다. 둘은 헤스가 벨 연구소에 있을 때부터 보관해두었던 장비를 사용하고, 각자의 돈으로 2만 5000달러짜리 다른 부품도 구입했다. 베치그는 2년 동안 실직한 상태였고 현미경이 작동한다는 보장도 없었지만, 그의 아내는 남편이 그 일을 **해야 한다**는 걸 이해했다.[41] "그건 집착이었다. ……그리고 일생에 단 한 번뿐인 기회였다."[42] 헤스는 그만큼의 돈을 욕실 수리에 쓸 수 있었지만, 그 연구가 훨씬 더 흥미로웠다고 말했다.

거실 카펫 위 플라스틱 매트에 놓인 베치그와 헤스의 장비는 종이 상자 위에 있는 컴퓨터에 연결되었다.[43] 그들은 벨 연구소 시절의 강렬한 직업 윤리에 다시 불을 지피며 밤낮으로 일했다. 헤스가 연구하는 동안 베치그는 종종 소파에서 잠이 들었다. 과학의 정상적인 기반 시설 바깥에서 그들은 마음을 다잡으며 극도로 집중했다. 베치그와 헤스의 목표는 아베의 법칙을 깨고, 물리학의 기본 법칙을 극복할 현미경을 만드는 것이었다.

그들의 계획에서 핵심은 푸른빛에 담기면 "활성화할 수 있는"[44] 녹색 발광 해파리 단백질의 최신 버전을 발명하는 일이었다. 베치그와 헤스의 장대한 아이디어는 다음과 같았다. 요컨대 세포 전체가 녹색으로 빛나도록 세포를 푸른빛에 계속 담그는 대신, 낮은 수준의 푸른빛을 세포에 매우 짧게 깜박이게 함으로써 GFP 분자 중 일부만 활성화시켜 동시에 빛을 발하도록 하는 것이었다. 무슨 일이 있든지 매번 빛을 내기 위해 만든 몇 안 되는 분자들이 서로 충분히 멀리 떨어져 있어 각각의 분자가 고립된 빛의 점으로 보일 터였다. 아베의 법칙에 따르면 빛나는 분자의 이미지는 흐려지겠지만, 그 각각의 정확한 위치는 빛이 나는 곳 중심에 있다고 유추할 수 있었다. 반복된 노출과 매번 무작위로 활성화한 분자의 여러 다른 선택을 통해, 점차 GFP로 표지된 모든 분자의 좌표를 발견할 수 있었다. 컴퓨터 소프트웨어를 사용해 단일 이미지로 재조립하면, 세포 내에 표지된 모든 분자 이미지는 그렇지 않은 분자를 통해 얻을 수 있었던 이미지보다 훨씬 더 높은 해상도를 나타낼 수 있다.[45]

헤스의 거실에서 작업은 빠르게 진행되었고, 그들은 곧 현미경의 시제품(prototype)을 완성했다. 그러나 살아 있는 세포로 현미경을 테스트하려면 생물학자의 도움이 필요했다. 베치그는 미국 국립보건원(NIH)에서 다른 주제로 강연을 할 예정이었는데, 그를 도와줄 제니퍼 리핀콧-슈워츠(Jennifer Lippincott-Schwartz)라는 과학자가 그곳에서 일한다는 걸 알고 있었다. 리핀콧-슈워츠의 연구 경력은 세포 연구를 위한 새로운 종류의 현미경 사용에 기반을 두었고, 그녀의 연구팀 과학자 중 한 명인 조지 패터슨(George Patterson)은 헤스와 베치그의 기술이 의존하는 GFP 버전을 개발한 터였다.[46] 베치그의 강연이 있던 날 아침, 리핀콧-슈워츠는 누군가로부터 베치그가 세미나에 참석해달라고 요청했다는 전화를 받았다. 리핀콧-슈워츠는 계획에 없었지만 그렇게 하기로 했는데, 베치그의 강연이 현미경에 관한 얘기인 것처럼 들렸기 때문이다. 그녀는 패터슨에게 함께 가자고 부탁했다. 리핀콧-슈워츠는 세미나 장소로 걸어가면서 패터슨에게 말했다. "그는 아주 좋은 남자 같아."[47]

베치그가 강연을 시작하고 5분 만에 리핀콧-슈워츠는 그가 단지 좋은 사람이 아니라 "완전히 다른 수준의 과학자"[48]라는 걸 깨달았다. 강연이 끝난 후 점심을 먹으며, 베치그는 그들에게 새 현미경을 내밀었다. 리핀콧-슈워츠와 패터슨은 베치그와 헤스를 10년 넘게 과학 논문을 발표하지 않은 2명의 괴짜로 쉽게 치부할 수도 있었다. 하지만 베치그의 자신감과 카리스마를 보고 신뢰한 리핀콧-슈워츠와 패터슨은 열광했다. 두 사람의 허락을 받은 베치그와 헤스는 포장해온 현미경을 국립보건원의 한 연구실에서 재조립했다. 베치그는 그때의 국립보건원 연구실이 헤스의 거실보다 훨씬 덜 편안했다고 회상했다. 현미경은 효과가 있었다. 그들은 전례 없는 정확도로 살아 있는 세포에서 분자의 정확한 위치를 찾아낼 수 있다는 걸 빠르게 알아차렸다.[49]

베치그와 헤스가 기기를 만들기 시작한 순간부터 작동을 증명하고 노벨상을 받기에 충분한 데이터를 얻는 데까지 6개월이 걸렸다. "우리는 이 아이디어가 무르익으면서 널리 알려질 것이기 때문에 빨리 작업해내야 한다는 걸 알고 있었다"[50]고 베치그는 회상했다. 그들이 서둘렀던 건 옳았다. 중국에서 영재 특별 프로그램 교육을 받은 하버드 대학교의 장샤오웨이(莊小威)가 매우 유사한 형태의 현미경을 개발했다. 해파리 단백질 대신 화학 염료를 표식(label)으로 사용한 것을 제외하고는 말이다.[51] 장은 분리된 DNA 가닥을 따라 염료를 관찰해 현미경이 얼마나 잘 작동하는지 보여주었다. 그녀의 작업은 베치그와 헤스의 연구 결과보다 하루 전에 공식 출판되었다.[52] 미국 메인(Maine) 대학교의 세 번째 연구팀도 유사한 현미경을 개발했다.[53]

독일 괴팅겐의 막스플랑크 생물물리화학연구소에서 일하는 슈테판 헬(Stefan Hell)도 아베의 법칙을 깨는 새로운 종류의 현미경을 개발했지만, 그 방법은 완전히 달랐다. 루마니아에서 태어나고 자란 헬은 15세 때인 1978년 가족과 함께 독일로 이주했다. 외동아들인 헬은 많은 시간을 책과 함께 보냈고 TV에서 SF 스릴러를 즐겼으며, 어렸을 때부터 과학자가 되고 싶었다. 그는 훗날 자신이 공산주의 국가 루마니아에서 자랄 때, 선견지명을 증명할 감정이 뿌리를 내렸다고 썼다. "공개적으로 주장되고 지속해서 반복되는 것들이 반드시 진실이라고는 할 수 없다."[54]

헬은 이론물리학 분야에서 일하는 것에 매료되었으나, 독일로 이주한 후 부모님이 어려움을 겪고 있었기 때문에 좀 더 현실적인 직업을 가져야 한다고 생각했다. 헬의 아버지 직업은 불안정했고, 어머니는 중병 진단을 받았다. 그래서 헬은 박사 학위 연구를 위해, 컴퓨터 칩 생산에 도움이 되는 현미경을 개발하는 작은 신생 회사에서 일했다. 일은 헬이 원한 것처럼 실용적이었으나 지루하기도 했다. 그는 현미경의 물리학이 곧 19세기의 물리학이라고 생각했다. 헬은 생계를 꾸려야 할 필요성과 과학적으로 도전적인 일을 하고자 하는 열망 사이에 갇혀 있었다. 탈출구를 모색하는 동안 헬은 현미경 관찰에서 여전히 중요한 무언가가 남아 있지 않을까 궁금했다. 그리고 아베의 법칙으로 눈을 돌려 그게 정말 반박할 수 없는 것인지 의문을 품기 시작했다.

현미경을 한계 지우는 핵심 문제는 렌즈가 빛의 파장 때문에 특정 지점 이상으로 빛을 집중시킬 수 없다는 점이다. 만약 2개의 분자가 빛이 초점을 맞춘 지점 안에 있으면 둘 다 조명을 받게 돼 현미경으로 그 분자들을 구별할 방법이 없다. 헬은 어떤 것도 직접 문제를 해결할 수 없다는 걸 알고 있었지만, 헬기가 비행할 때 중력의 기본 물리학을 바꾸지 않고 양력(lift: 비행기가 날 때 아래에서 위로 작용하는 압력—옮긴이)을 얻기 위해서 빠르게 회전하는 날개(blades)를 사용해 기본 물리학을 비껴가는 것처럼, 문제를 회피할 수 있는 모종의 묘책이 있을 것으로 생각했다. 그는 수년 동안 그 문제에 대해 생각했고, 효과적인 무언가를 찾기 위해 수많은 교과서와 과학 논문을 연구한 터였다.[55] 결국 헬은 기발한 아이디어를 냈다. 표본에 비치는 광선의 크기를 줄이는 대신 아마도 빛이 감지되는 영역을 변경할 수 있을 거라는 생각이었다.

그가 핀란드 투르쿠(Turku) 대학교의 연구실에서 일하는 동안 양자광학 책에서 읽은 내용이 그에게 필요한 중요한 단서를 제공했다. 즉, 녹색으로 빛나는 해파리 단백질처럼 형광 능력이 있는 분자도 특정 주파수의 빛을 비추어 형광 방출을 **방지**할 수 있다는 것이었다. 여기서부터 헬의 기발한 아이디어가 이어졌다. 그는 정확히 동일한 위치에서 샘플을 쏘도록 정렬한 2개의 레이저 빔을 사용해 현미경을 만들려고 했다. 두 번째 레이저 빔은 두 가지 중요한 특성을 갖고 있었다. 즉, 형광 분자를 **비활성화**하도록 조정하고, 일반적인 광선 대신 도넛이나 고리 모양의 점이 생기는 일종의 튜브였다.[56] 그래서 첫 번째 레이저가 세포의 한 지점에 조명을 비추고 그 안의 분자를 **활성화**하면, 두 번째 레이저가 그 지점의 바깥쪽 가장자리 주변의 분자들을 **비활성화**한다. 요컨대 형광빛이 아베의 법칙을 따랐을 때보다 작은 중앙 과녁에서만 방출된다는 얘기다.[57] (저자가 지금까지 계속 설명해왔듯이, 기존의 광학현미경은 아무리 고품질이라도 형광 부분이 이미지화할 때 해상도가 항상 빛의 파장에 의해 제한된다. 현미경의 해상도는 회절 현상 때문에 빛의 파장의 절반 정도인 약 200나노미터가 한계였다. 그런데 헬의 아이디어를 이용하면, 이번 장의 제목처럼 초고해상도를 얻어낼 수 있다. 아베의 법칙을 따라 일반적으로 분자가 활성화하면 낮은 해상도의 어떤 이미지를 얻는다고 해보자. 그런데 헬의 아이디어를 이용해 바깥쪽 가장자리가 비활성화하면 높은 해상도의 이미지를 얻을 수 있다. 좀더 쉽게 비유하면 이렇다. 평상시 분화구를 먼 하늘에서 관찰하면 흐릿하게 보이지만, 분화구 가운데에서 용암이 솟구치는 경우에는 더욱 뚜렷하게 보인다. 그런데 용암이 솟구칠 때 그 지점의 가장자리를 비활성화하면 가운데 영역만 훨씬 더 뚜렷하게 보인다. 자세한 내용은 다음 영상을 참조하기 바란다. https://www.youtube.com/watch?v=HEiag2c8bDA—옮긴이.)

1994년 헬은 '유도 방출 감쇄(Stimulated Emission Depletion, STED) 현미경'이라는 이름으로 이 아이디어를 처음 발표했다.[58] 1999년에는 그의 연구팀이 현미경을 만들고 그걸 작동하는 모습을 보여주었다.[59] 세계에서 가장 권위 있는 과학 저널인 〈네이처〉와 〈사이언스〉는 이런 결과가 어떤 새로운 생물학도 밝혀내지 못했고, 따라서 관심이 제한적일 것이라는 이유로 헬의 논문 출판을 거부했다.[60] 너무나 잘못된 결정을 내린 것이다.

2014년 베치그와 헬은 GFP의 특성을 연구하고 단일 분자를 광학적으로 감지한 최초의 인물인 스탠퍼드 대학교의 윌리엄 머너(William Moerner)와 함께 노벨상을 받았다.[61] 하지만 또다시 노벨상은 최대 3명에게만 수여할 수 있기에 베치그의 친구 헤스는 제외되었다.[62] 노벨상 수상 연설에서 베치그는 "이 상을 받아 좋으면서도 동시에 슬픈 것 중 하나는 헤스가 내 옆에 없다는 것입니다"[63]라고 말했다. 2019년 베치그는 나에게 헤스가 천사 같다고 말했다. "그는 내가 수상한 걸 기뻐했는데, 그 반대였다면 내가 그렇게 관대할 수 있었는지 모르겠습니다."[64]

그들이 수상한 분야는 노벨 화학상이었는데, 이들 선구자 중 그 누구도 화학자가 아니었다는 점을 생각하면 놀라운 일이다. (당신이 원한다면) 화학이라고 할 수 있는 분자의 속성은 이 새로운 현미경이 작동하는 방식의 기초를 이룬다. 하지만 여기서 실제로 승리는 물리학, 화학 및 생물학을 포함하며 컴퓨터과학, 수학 및 전자공학은 말할 것도 없이 모두 중요했다. 2015년 베치그는 〈뉴욕타임스〉에 이렇게 말했다.

> 알다시피 나는 이름 붙이기(labels)에 익숙하지 않아요. 나는 물리학을 전공했지만, 나를 물리학자로 생각하지는 않아요. 나는 노벨 화학상을 받았지만, 화학을 전혀 모릅니다. 나는 항상 생물학자들과 함께 일하지만 내가 가진 모든 생물학은 피부 깊숙이 있을 뿐이에요. 나를 특징짓는 한 가지 방식이 있다면 그건 발명가입니다.[65]

나 자신도 물리학 박사 학위를 취득하고, 현재 인간생물학 분야에서 일하고 있다. 이름 붙이기가 때론 유용하지 않다는 베치그의 의견에 동의한다. 그러나 베치그가 언급한 다른 내용은 내가 특히 영감을 받고 자주 생각하는 것이다. 많은 노벨상 수상 강연은 그 과정에서 도움을 준 모든 사람에게 감사를 표하는 것으로 끝난다. 베치그도 똑같이 했다. 특히 헤스에게 감사를 표하며 그는 계속해서 다음과 같이 말했다.

> 마지막으로 말하고 싶은 건 위험을 감수하는 것입니다. 사람들은 항상 위험을 감수하라는 권고를 받죠. 그건 괜찮아요. 하지만 위험을 감수하고 보상을 받은 사람들에게서 그런 말을 듣게 됩니다. 대부분은 실패하지 않는 한 위험하지 않습니다. 그래서 제가 정말로 하고 싶은 것은 위험을 무릅쓰

고 시도했지만 결국은 실패한, 자신의 재산·경력·명성을 걸고 도박을 한 모든 미지의 사람들에게 제 소감을 바치는 것입니다. 저는 그저 그들의 투쟁 그 자체가 보상이고, 세상을 더 나은 곳으로 만들기 위해 당신이 모든 걸 바쳤다는 사실을 깨닫는 데서 얻는 만족감을 기억해야 한다고 말하고 싶을 뿐입니다.[66]

나는 환경에 유동성이 없도록 온도를 정교하게 제어한 어두운 방에 앉아 있다. 기계가 큰 탁자 2개를 차지하고 있다. 현미경 본체는 특히 면적이 넓은 탁자에 놓여 있는데, 그 이유는 현미경을 실내의 진동으로부터 보호하기 위한 공압(空壓) 시스템을 갖추고 있기 때문이다. 나노(nano) 규모에서 자연을 목격하려면 나노 규모에서 사물이 안정적으로 유지되어야 한다. 탁자 옆에 쌓여 있는 몇 개의 금속 상자에는 가정용 레이저와 광학 섬유를 따라 현미경으로 빛을 공급하는 전자 제어 장치가 들어 있다. 내가 보는 것이 내 앞에 있는 큰 컴퓨터 화면에도 나타나기 때문에 현미경의 쌍안 접안렌즈를 내려다볼 필요는 거의 없다. 인접한 화면은 각각 다른 깊이, 핀홀(pinhole) 크기 등 많은 것을 캡처하기 위해 대물렌즈가 움직이는 거리, 샘플 스캔 횟수, 레이저의 샘플 스캔 속도, 픽셀 크기, 광 검출기의 감도, 레이저의 전력을 조정하는 슬라이더(slider)와 드롭다운 메뉴(drop-down menu: 사용자가 선택할 수 있는 값의 목록—옮긴이)를 보여준다. 소프트웨어는 직관적이라고 광고하지만, 익숙해지려면 시간이 걸린다. 당신은 일렉트로닉 뮤지션이 완벽한 소리를 얻기 위해 오디오 샘플러나 신시사이저를 사용하는 것처럼, 모든 걸 완벽하게 조정하도록 다양한 요소의 위치를 변경해서 하드웨어와도 결합해야 한다. 이전에 초고해상도 현미경을 사용해본 적 없는 사람에게 그런 경험은 초현실적이다. 들판이나 숲속에서 혹은 오솔길을 따라 걸으면 자연과 가까워지지만, 공기의 움직임이 거의 없는 어두컴컴한 방에서 우리는 자연의 깊은 비밀을 목격한다.

내 연구실에서 얻은 초고해상도 이미지는 케디악-히가시증후군(Chediak-Higashi syndrome: 피부가 창백해지고 머리색은 밝거나 흰색을 띠게 되는 유전성 질환—옮긴이)이라는 희귀 유전병 환자를 치료하는 새로운 아이디어로 이어졌다. 이 증후군이 있는 소아는 일반적으로 쉽게 치료할 수 있는 감염병과 싸울 수 없으며 종종 젊은 나이에 사망한다. 정상적인 상황에서 면역세포는 독성 효소를 분비해 암세포나 바이러스에 감염된 세포를 비롯해 비정상적인 세포를 죽인다. 이런 효소는 각각 지방 분자의 얇은 층으로 둘러싸인 작은 액체 방울 안에서 면역세포 내부에 저장되는데, 이를 용해성 과립(lytic granule)이라고 부른다. 면역세포가 암세포나 바이러스에 감염된 세포처럼 질병에 걸린 세포를 만나면 그 면역세포 표면에서 돌출한 수용체 단백질이 질병에 걸린 세포의 외부 코팅에 있는 분자를 감지해 이를 위협으로 식별한다. 그러면 면역세포가 병든 세포에 비해 평평하게 변해 단단한 표면 접촉을 형성한다. 일단 세포가 제 위치에 있으면, 독성 효소를 포함한 용해성 과립은 병든 세포 옆에 있는 면역세포의 가장자리로 모이는 데 약 1분이 걸리고, 거기서 잠시 멈춘다. 그런 다음—아직 그 과정이 완전히 밝혀진 것은 아니지만—이러한 용해성 과립 중 일부가 면역세포 바깥쪽 가장자리와 융합해서(용해성 과립의 코팅과 전체 세포 표면은 유사한 지방 분자로 구성되어 있다), 용해성 과립의 내용물인 치명적인 효소가 면역세포에서 병든 세포로 배출된다. 그러면 몇 분 안에 병든 세포가 눈에 띄게 부풀어 오르고 기포가 생긴다. 이를 직접 보는 건 쉽지 않은데, 병든 세포의 단백질과 유전물질이 잘게 잘려 분해된다. 죽은 세포의 잔해는 다른 종류의 면역세포에 의해 삼켜지고, 그곳에서 죽은 세포는 더 분해된다. 우리가 무덤에 묻혔을 때 우리의 분자들이 지구상의 유기체에 의해 재사용될 수 있는 것과 같은 방식으로 그것들의 화학적 성분도 재사용된다.

그러나 케디악-히가시증후군이 있는 소아한테는 이 과정이 작동하지 않는다. 우리는 베세즈다(Bethesda)에 있는 미국 '국립 알레르기 및 전염병 연구소'의 폴란드 과학자 콘라트 크셰프스키(Konrad Krzewski)와 협력해 실험실 접시에 있는 면역세포에서 케디악-히가시증후군을 유발하는 것으로 알려진 유전자를 의도적으로 돌연변이시키고 초고해상도 현미경으로 검사해보았다. 우리는 이 유전적 돌연변이가 면역세포를 어떻게 변화시켰는지 이해하고, 이 증후군을 앓는 어린이가 특정 유형의 감염에 특히 취약한 이유를 설명해내길 바랐다.

우리는 유전적으로 변형된 이 면역세포 내부에 평소보다 약 2배 더 큰 독성 효소 주머니가 있음을 발견했다. 우리는 유전적으로 변형된 면역세포가 구조적 그물코—테니스 라켓의 줄과 비슷함—를 통과하기에는 너무 커서 세포 표면의 기저를 이루고, 세포에 모양을 부여함으로써 병든 세포에 대한 공격을 시작할 수 없다는 것도 발견했다.[67] 이러한 발견은 실제로 이 증후군을 앓는 아이들이 면역세포가 적절한 공격을 쉽게 시작할 수 없으므로 일부 유형의 감염을 잘 견뎌내지 못하는 이유의 일부를 설명해준다.

결국 이러한 발견은 우리로 하여금 그물코 어는 방법을 찾는 것—

라켓 끈 사이의 구멍 크기를 늘리는 것—이 병든 세포를 죽이기 위해 변형된 면역세포의 능력을 회복시킬지도 모른다고 생각하게 만들었다.[68] 나는 정확히 이 일을 할 수 있는, 특정 유형의 암 환자를 치료하는 데 쓰이는 약을 알고 있었다. 그 약이 내 아버지를 살아 있도록 해주었기 때문이다. 또한 그 약은 세계 최악의 의료 비극 중 하나를 초래하기도 했다.

입덧 있는 임산부를 돕기 위해 탈리도마이드(thalidomide)를 사용한 결과, 수천 명의 아기들이 팔다리가 완전히 발달하지 않은 채 여러 기형을 갖고 태어났다. 그중 대략 절반은 젊은 나이에 사망했다. 그 약물로 인해 얼마나 많은 임산부가 유산을 했는지 아무도 모른다. 임산부를 돕기 위해 그 약을 처방한 의사 중 인정 많고 양심적인 이들은 그 사실을 깨닫고 '탈리도마이드 아이들'을 돌봐주었다.[69] 그러나 탈리도마이드는 나병과 암을 포함한 여러 질병에 긍정적인 영향을 미치는 것으로도 밝혀졌다. 미국 제약 회사 셀진(Celgene)은 화학 구조에서 질소 원자 하나를 산소 원자 한 개로 전환해 보다 안전한 탈리도마이드 유도체를 만들었다. 이 약은 레블리미드(Revlimid)라는 이름으로 팔렸다. 다발성골수종(골수에 있는 형질세포가 계속 증식하면서 발생하는 혈액암—옮긴이)을 앓고 있는 내 아버지는 여러 해 동안 이 약을 먹었다. 탈리도마이드와 그 유도체는 신체에 많은 영향을 끼쳤는데, 그게 어떻게 작동하는지는 완전히 이해할 수 없었다. 하지만 우리가 내 연구실에서 발견한 것처럼 약의 작용 중 한 가지는 면역세포의 구조적 그물망을 열어 면역세포가 암세포를 더 쉽게 죽이도록 하는 것이다.[70]

크셰프스키와 나는 2013년 9월, 독일 하이델베르그에서 열린 과학

회의 중간에 호텔 바에서 만나 케디악-히가시증후군에 대해 처음 이야기를 나눴다. 과학 회의에서 가장 가치 있는 미팅은 대개 비공식적인 만남이다. 그는 질병을 직접 연구했고, 내 연구실은 초고해상도 현미경을 사용해 면역세포가 질병 관련 세포를 죽이는 걸 관찰하는 전문 지식을 가지고 있었다. 처음에는 뚜렷한 계획이 없었지만 우리는 힘을 합쳐야 할 것 같았다. 당시 내 연구실에는 폴란드 출신 연구원 아니아 오슈미아나(Ania Oszmiana)가 있었는데, 그녀도 그 과학 회의에 참석한 터였다. 오슈미아나와 크셰프스키가 언어와 문화를 공유했다는 사실이 아마도 일을 진행하는 데 도움을 주었을 것이다. 과학자들 사이의 관계는 적어도 좋은 아이디어만큼 중요하다. 결국 이런 관계가 내 아버지께서 암 치료를 위해 복용하던 약이 케디악-히가시증후군을 앓는 아이들에게도 도움을 줄 수 있는지 테스트하도록 이끌었다. 우리가 일련의 명확한 실험에 착수했을 때, 아니아 오슈미아나는 주로 초고해상도 현미경을 이용한 다른 연구들을 바탕으로 박사 학위를 취득했다. 그리고 오스트레일리아에서 일하기 위해 내 연구실을 떠났다. 이후 실험은 우리 연구팀의 에티오피아 학생 메지다 사이드(Mezida Saeed)가 수행했다.[71]

증후군을 앓는 아이들에게 직접 약물을 투여하는 것은 선택 사항이 아니었고, 게다가 우리는 그들이 어떻게 지내는지 살펴보기 위해 의도적으로 바이러스를 감염시킬 수도 없었다. 대신 우리는 혈액에서 면역세포를 분리하고 탈리도마이드 유도체를 추가하면 페트리 접시에서 병든 세포를 죽이는 능력을 복원할 수 있는지 시험했다. 대답은 어느 정도 그런 것으로 밝혀졌다. 이러한 결과는 의학적 돌파구가 아니다. 왜냐하면 우리는 동물이나 인간에 대한 실험을 시도하지 않았고, 예를 들어 약물이 원치 않는 부작용을 일으킬 수도 있기 때문이다. 하지만 이는 과학적으로 유용한 진보였다. 즉, 질병을 이해하고, 어떤 종류의 접근법이 치료 효과가 있을지 알게 된 것이다. 그리고 이 모든 건 초고해상도 현미경을 통해 이뤄졌다.

내 생각에는 초고해상도 현미경을 사용하는 데는 두 가지 방법이 있다. 가장 일반적으로, 첫 번째는 내가 방금 설명한 방식이다. 우리가 이미 중요하다는 걸 알고 있는 과정을 조사함으로써 결정적인 새로운 세부 사항을 밝혀내는 것이다. 이 경우에는 어떻게 독성 단백질이 면역세포에서 나와 병든 세포를 죽이는지 밝혀냈다. 그러나 초고해상도 현미경을 사용하는 두 번째 방법은 1665년 훅이 현미경을 사용한 방식과 더 유사하다. 즉, 특별한 것을 보려는 데서 벗어나 자연을 탐험하는 것이다. 단순히 세포나 세포의 조합을 관찰하기 위해 초고해상도 현미경을 사용함으로써 완전히 새로운 것이 드러날 수도 있다. 아마도 세포의 새로운 부분을 발견하거나 두 세포가 상호 작용하는 예기치 않은 방식을 목격할 것이다. 이미 알려진 메커니즘의 세부 사항을 파헤치는 것과 개방형 탐색의 두 가지 접근 방식은 모두 필수적이다. 그러나 가장 마법 같은 발견의 감흥을 주는 것은 두 번째 접근 방식이다.

제니퍼 리핀콧-슈워츠와 그녀의 실험실 연구팀은 베치그와 헤스의 현미경을 헤스의 거실에서 그녀의 실험실로 옮긴 후, 현미경을 사용한 최초의 세포생물학자들 반열에 올랐다. 리핀콧-슈워츠는 새로운 기술을 사용해 세포를 이해하는 데 일생을 바쳤으며, 처음으로 예상치 못한 것을 볼 때 흔히 일어나는 일에 대해 매우 익숙했다. 이런 경우에 사람들은 당신을 믿지 못한다. 철학과 심리학 학위를 취득한 리핀콧-슈워츠는 사람들이 왜 그런 식으로 반응하는지, 즉 누군가의 세계관과 과학사회학적 관점을 바꾸게끔 하는 게 무엇인지에 관해 많은 생각을 했다. 과학계가 새로운 것에 동의하는 데 시간이 걸린다는 걸 이해함으로써 그녀는 비판에 직면해 인내할 힘을 얻을 수 있었다.[72]

초고해상도 현미경이 만들어지기 전인 1998년 한 저명한 과학 회의에서 리핀콧-슈워츠는 그 자체로 신기한 영상 한 편을 소개했다. 몇 초 간격으로 포착한 일련의 현미경 이미지로 구성된 영상은 단백질 분자들이 어떻게 세포 내 한 특정 장소에서 다른 곳으로 이동하는지 보여주었다.[73] 지금까지는 간접적인 증거에 기초해 소포라고 알려진 작은 주머니나 물방울이 이 단백질을 운반해 이곳저곳으로 옮긴다고 생각했는데, 리핀콧-슈워츠의 영상은 별도의 직접적인 증거를 제시했다. 요컨대 대롱 모양의 관형 구조가 단백질을 운반했고, 작은 소포들은 보이지 않았다. 그런데 그녀의 영상을 액면 그대로 받아들이지 않고 관객 중 한 사람이 물었다. "작은 소포는 어디에 있나요?" 또 다른 누군가는 그녀의 현미경이 소포를 감지할 수 없기 때문에 그것들이 보이지 않는 것이라고 주장했다. 말할 필요도 없이 리핀콧-슈워츠가 옳다는 것이 증명되었음에도—많은 방법을 동원했지만 눈에 보이는 소포는 없었다—과학 공동체가 생각을 바꾸는 데는 시간이 좀 걸렸다. 획기적인 연구를 계속하는 데 필요한 추진력에 관해 묻자, 리핀콧-슈워츠는 "특별한 의미가 없는 일은 좋아하지 않는다"[74]고 말했다.

2016년 리핀콧-슈워츠의 연구팀은 초고해상도 현미경을 사용해 세포 내부에서 단백질을 만들고 처리하는 정교한 구조, 즉 소포체(endoplasmic reticulum, ER)를 관찰했다.[75] 세포의 많은 부분을 채우는 소포체 구조는 세포막의 판들(sheets)과 관들(tubes)로 구성된 것으로 알려졌다. 그러나 고등학교 교과서에서 볼 수 있는 이러한 견해도 사실은 옳지 않은 것으로 드러났다. 리핀콧-슈워츠의 연구팀은 이른바 세포막의 '판'도 실제로는 관형 구조이기 때문에 너무 조밀하게 채워져 일반 현미경으로는 평평한 세포막 판처럼 보일 수 있음을 밝혀냈다. 이게 사실일 거라는 주장은 지금까지 일체 없었다. 전혀 예상치 못한 발견이었다. 초고해상도 현미경은 우리에게 새로운 도전을 안겨주었다. 요컨대 이러한 결과가 무엇을 의미하는지 이해하는 것이다. 촘촘한 관형 구조는 세포가 움직일 때 중요할 수도 있는 유연성을 증가시킬지 모른다. 또는 촘촘한 관형 구조가 더 큰 표면적을 제공할수록, 반응을 더욱 잘 저장하거나 촉진할 수 있다. 아직은 모르지만 말이다.

비슷한 방식으로, 우리의 신경세포를 다른 세포와 연결하는 길고 가느다란 돌기인 축삭돌기 내부에서 또 다른 새로운 구조가 발견되었다. 베치그와 같은 시기에 초고해상도 현미경을 개발한 장샤오웨이는 그 새로운 기술을 사용해 축삭돌기 표면을 둘러싸고 있는 일련의 단백질 고리를 발견했다.[76] 고리는 서로 너무 가까워서 일반 현미경으로 볼 수 없기 때문에 그때까지 관찰되지 않았다.[77] '막 관련 주기 골격(the membrane-associated periodic skeleton)'이라는 이름이 붙은 이 구조는 이제 광범위한 동물들의 뉴런을 포함해, 그 이후 조사된 모든 유형의 뉴런으로부터 돌출된 축삭돌기에서 볼 수 있다.[78] 아무도 막 관련 주기 골격의 존재를 예측하지 못했고, 이제 우리는 다시 한번 그게 무엇을 위한 것인지 이해해야 한다. 아마도 막 관련 주기 골격은 사람이 평생을 살아가는 데 필수적인 힘을 축삭돌기에 부여할 것이다. 또는 우리가 아직 이해하지 못하는 방식으로 축삭돌기의 가닥을 따라 전기 충격을 전달하는 역할을 할 수도 있다.[79]

이 새로운 현미경으로 세포를 탐색하는 것은 당신이 새롭게 처방받은 안경을 착용하는 순간과 비슷하다. 당신이 거기에 있는지 몰랐던 상세한 것들이 드러난다. 이 기술은 여전히 매우 새롭기 때문에 엄청난 발견이 계속 이뤄지고 있다. 새로운 현미경과 그 밖에 다른 기술이 함께 축적한 증거들이 주는 가장 감명 깊은 발견 중 하나는 세포가 다른 세포와의 통신 수단으로 유전 물질과 단백질의 작은 봉투를 보낸다는 점이다. 1983년으로 거슬러 올라가면, 막으로 둘러싸인 소포들은 세포에서 폐기되는 것으로 알려졌다.[80] 그러나 처음에 대부분의 과학자는 그런 소포가 세포에 더는 필요하지 않게 된 생물학적 성분을 운반하는 작은 쓰레기봉투라고 생각했다. 하지만 1996년 소포에 바이러스 감염 같은 문제의 소지를 면역세포에 경고하는 능력이 있다는 게 밝혀졌다.[81] 그 후 2007년 스웨덴 예테보리 대학교에 기반을 둔 연구팀은 소포도 유전 물질을 운반한다는 걸 보여주었다.[82] 이는 세포가 단백질과 유전 물질의 다발 형태로 정교하고 복잡한 메시지를 다른 세포에 보낼 수 있다는 의미다. 이러한 도구와 정보는 아마도 우리의 장기와 세포 조직에 통합된 세포 공동체를 구축하는 데 유용하게 쓰일 수 있을 것이다.[83] 철학적으로, 이러한 세포 간 복잡한 통합은 세포가 무엇인지에 관한 중심 교리에 대한 도전으로 간주할 수 있다. 한 세포가 다른 세포에 대해 지니는 개별성은 만약 세포의 구성 요소를 물리적으로 공유할 수 있다면 덜 분명해질 테니 말이다.

쉽게 대답할 수 없는 이 논쟁은 제쳐두고, 우리는 이제 세포가 방출할 수 있는 적어도 두 가지 유형의 소포가 있다는 걸 알고 있다. 그 중 한 유형인 미세소포는 세포 표면에서 새싹처럼 형성되는 반면, 다른 유형인 엑소좀(exosome)은 세포 내부에서 조립된다. 그러나 이 두 유형은 단지 광범위한 기술적 용어일 뿐이다. 몸 안에는 실제로 많은 다른 종류의 면역세포와 신경세포가 있음에도, 우리가 단지 면역세포와 신경세포로 지칭하는 것과 같은 방식으로, 이 두 범주 안에 많은 다른 종류의 소포들이 있다는 것은 의심의 여지가 없다. 세포에서 방출된 작은 소포들의 집합체(menagerie)와 그것들이 몸 안에서 하는 일은 여전히 연구 중에 있다. 소포의 일부는 오래 생존하고 혈액을 순환시켜 멀리 있는 장기나 세포 조직에 영향을 미치고, 다른 일부는 분해되어 내용물을 국부적으로 방출할 수 있다. 적어도 특별한 상황에서는 소포가 사람들 사이를 이동할 수도 있다.

놀랍게도, 인간의 모유에는 거의 2000가지에 달하는 다양한 단백질을 캡슐화하는 소포가 있다.[84] 이 단백질 중 일부는 다른 실험 상황에서 연구한 결과, 세포 성장을 조절하고 면역 체계에 영향을 미치는 것으로 밝혀졌다. 이런 사실은 모유의 소포들이 아기의 내장과 면역 체계 발달에 도움을 줄 수 있다는 생각으로 이어진다. 하지만 그렇다고 모유를 수유할지 혹은 분유를 먹일지 결정하기 전에, 이는 단지 아이디어일 뿐이며 직접 테스트하는 건 극히 어렵다는 점을 유의하는 것이 중요하다. 요컨대 우리는 소포에 대한 지식의 최첨단에 있지만 아직 모르는 게 많다.

또한 소포는 질병에서도 어떤 역할을 할 수 있다. 예를 들어, 소포가 동맥에 지방 침착물(플라크)을 축적해 심장마비나 뇌졸중 같은, 생명을 위협하는 문제를 일으킬 수 있다는 증거가 있다.[85] 다른 유형의 소포는 암이 신체로 퍼지는 데 결정적 역할을 할 수도 있다. 예를 들어, 사람의 유방에 있는 원발성 종양의 소포는 혈류로 들어가 폐나 간 같은 신체의 다른 곳에 정착할 수 있으며, 거기서 자체의 화물(cargo)을 내리고 암이 진입할 수 있도록 준비한다.[86] 따라서 새로운 의약품이 소포의 발생·이동 또는 활동을 차단할 수 있다고 생각할 수도 있다. 그러나 단기적으로는 소포가 질병 진단에 유용할 가능성이 가장 크다. 가령 혈액 샘플에서 분리한 사람의 소포 내용물은 건강 상태를 나타내거나 환자가 앓고 있는 암의 유형을 평가하는 데 등에 쓰일 수 있다. 궁극적으로 소포는 약물 전달 시스템으로 직접 이용될 수도 있다. 예를 들어, 소포를 유전자 편집 도구를 세포에 전달하도록 구성할 수도 있다. 이 주제에 대해서는 다시 논의할 것이다.

흔히 세포를 생명의 기본 구성 성분이라고 부른다. 하지만 이런 개념은 세포 이미지를 마치 레고 블록처럼 생각하게끔 만든다. 초고해상도 현미경과 기타 기술 덕분에 우리는 여러 가지 발견을 해냈다. 만약 세포가 레고 블록과 같다면, 세포는 크기와 모양을 바꿀 수 있고, 이동 및 증식하며 손상된 다른 레고 블록을 죽일 수 있고, 멀리 떨어진 곳에 레고 블록의 성질을 바꾸는 작은 정보 꾸러미를 보낼 수 있을 것이다. 생명에 영향을 끼치는 것은 세포가 아니라 소포이기에 레고—또는 우리가 만든 다른 모든 것—는 생명에 아무런 영향을 미치지 않는다고 해도 과언이 아니다.

새뮤얼 피프스가 새벽 2시까지 깨어 훅의 《마이크로그라피아》를 읽은 것처럼 나는 이 장에서 설명하는, 세포에 대한 새로운 관점을 좋아한다. 그러한 관점들은 초고해상도 현미경 및 기타 도구의 개발 없이 우리가 상상했을 그 어떤 것도 훨씬 뛰어넘어, 인간이 무엇인지에 대한 복잡성을 드러낸다. 이러한 세부 사항은 마술적이고 겸손하다. 그러나 또한 개인적으로 내 몸 안에서 내가 자각하지 못하는 동안 얼마나 많은 일이 일어나고 있는지 깨닫는 것이 실존적으로 나를 불안하게 만든다. 이 장에서 설명한 발견들은 그러한 느낌을 완전히 새로운 차원으로 끌어올린다.

이 새로운 세계, 즉 인체의 나노 규모 해부학은 대기업이나 정부 전략에 의해서가 아니라, 전 세계 수천 명의 과학자, 즉 원대한 비전을 가진 소수의 반란자들에 의해 열렸고, 우리를 그 어느 때보다도 더 선명하게 볼 수 있는 새로운 기구로 이끌었다. 기술은 계속 향상된다. 우리가 더 많이 더 잘 볼 수 있도록 다른 새로운 현미경이 지금도 만들어지고 있다. 이로써 우리 삶에 영향을 미칠 새롭고 놀라운 것들이 발견될 테고, 특히 완전히 새로운 범주의 의학이 탄생할 것이다. 반란을 꾀하는 과학자들이 심은 나무는 앞으로 수십 년 동안 열매를 맺을 것이다.

2

인간의 시작

나의 출생은 전 세계적 반향을 불러일으켰고, 온갖 도덕적·종교적 논쟁을 초래했다.
—루이즈 브라운(Louise Brown),
《세계 최초의 시험관 아기로서 내 인생(My Life as the World's First Test-Tube Baby)》

2006년 유전자 검사를 받은 마그달레나 제르니츠카-고에트스(Magdalena Zernicka-Goetz: 폴란드계 영국 발달생물학자—옮긴이)는 장차 태어날 자신의 아기가 심각한 장애를 가질 수도 있다는 것을 알았다. 바로 2번 염색체의 추가 사본 때문이었다. 이 염색체는 인간 유전체의 약 8퍼센트를 차지한다. 너무 많은 유전자 추가 사본은 임신 후반에 유산 가능성이 커지는 것을 포함해 아기의 건강과 발달에 많은 영향을 미칠 수 있다. 결정적으로, 유전자 검사는 아기의 모든 세포가 2번 염색체 추가 사본을 가질 가능성이 있는 건 아님을 보여주었다. 태아의 태반에서 채취한 세포의 약 4분의 1이 이상 소견을 보였다. 그녀는 "여성으로서 나는 희망을 믿고 싶었다"고 회상한다. "과학자로서 이 분야에서 일하며 얻은 본능이 그렇게 말해주었다."[1]

폴란드 바르샤바에서 태어나고 자란 제르니츠카-고에트스는 한때 아버지 뒤를 이어 신경과학자가 되는 게 꿈이었다. 그러나 19세 때 폴란드에서 가장 유명한 과학자 중 한 명인 안제이 타르코프스키(Andrzej Tarkowski)의 강의를 들으면서 인생이 바뀌었다.[2] 그는 "슬라이드 없이 강의실 앞에 앉아 배아 조작법에 관한 이야기를 하고 있었다. ……〔그리고 그것은〕 마법 같았다".[3] 그때부터 제르니츠카-고에트스는 배아가 어떻게 발달하는지 이해하는 걸 포부로 삼았다. 인간의 기원만큼 중요하면서 우리와 관련된 생물학적 시스템은 거의 없다. 과학적으로 배아 연구의 특별한 우아함은 다음과 같다. 배아 이외에 그 어떤 다른 살아 있는 세포 조직을 보더라도, 각 세포가 현재 상태에 도달하기 위해 걸어온 여정, 즉 세포의 복잡성이 어떻게 이어져왔는지 그 역사를 파악하기는 어렵다. 하지만 배아 연구는 바로 그 시작점에서부터 출발한다.

바르샤바에서 박사 학위를 취득하고 타르코프스키와 함께 배아 연구를 한 후, 1995년 제르니츠카-고에트스는 케임브리지 대학교로 옮겼다.[4] 케임브리지 대학교에서 그녀는 1981년 과학적 발견으로 이미 유명했던 마틴 에번스(Martin Evans: 영국의 생물학자로 줄기세포 연구의 대가—옮긴이), 동료 매슈 코프먼(Matthew Kaufman)과 함께 실험용 쥐 배아로부터 세포를 추출해 페트리 접시에서 배양하는 방법을 연구했다.[5] 논리적으로도 초기 배아에는 모든 다른 종류의 세포가 될 수 있는 세포가 포함되어 있다고 말할 수 있다. 그렇지 않으면 배아가 우리 몸 전체를 이룰 방법이 없을 것이다. 그러나 명확하지는 않아도, 에번스와 코프먼이 보여줬듯이, 이러한 종류의 배아 줄기세포를 페트리 접시에서 분리·성장 및 조작할 수 있을 터였다.[6] 이런 사실은 배아 줄기세포가 손상된 조직을 대체하거나 복원하는 걸 돕는 데 의학적으로 사용될 수 있다는 생각으로 이어졌다.[7] 이러한 가능성을 인지한 그들은 서둘러 결과를 발표함으로써 아무도 그 과정에 대해 상업적 권리를 얻을 수 없도록 했다.[8]

케임브리지 대학교에 도착한 제르니츠카-고에트스는 배아에서 추출한 세포가 어떻게 페트리 접시의 다른 세포가 될 수 있는지 연구하는 게 매우 중요하긴 해도, 이러한 실험에서 놓친 것은 실제 배아 내에서 세포가 어떻게 움직이는지, 그리고 배아에서 세포의 위치가 어떻게 세포의 행동과 운명에 영향을 미치는지에 대한 생각이라는 걸 깨달았다. 그녀가 해결하고자 하는 기본적인 질문은 다음과 같았다. 배아에서 세포의 위치가 그 세포가 무엇이 될지를 결정할까, 아니면 배아세포가 세포의 전문성을 채택하고 나서 정확한 위치로 이동하는 걸까? 이를 알아내기 위해서는 살아 있는 배아에서 세포의 움직임을 관찰하고 어떤 세포가 또 다른 세포에서 유래했는지 추적하는 방법이 필요했다. 우리가 1장에서 살펴보았듯이, 그 질문에 답할 수 있는 도구는 해파리에서 나온 녹색 형광 단백질의 형태로 이용할 수 있었다.

제르니츠카-고에트스는 녹색 해파리 단백질을 암호화하는 유전 물질을 2세포기의 실험용 쥐 배아세포 중 한 세포에 주입하고, 이 세포를 현미경 아래에서 비추면 녹색으로 빛날 수 있게 했다.[9] 배아가 발달함에 따라 이 첫 번째 주입 세포에서 파생한 모든 세포는 동일한 유전 물질의 사본을 얻고, 또한 녹색으로 빛날 터였다.[10] 나중에 다른 실험을 통해, 그녀는 동시에 다른 배아세포를 보기 위해 화학적 착색을 사용하기도 했다. 각 세포의 움직임을 주의 깊게 추적하고 어떤 세포가 어떤 세포로부터 배아로 발달하는지 확인함으로써 그녀는 예상하지 못했던 믿기 힘든 사실을 발견했다.[11]

파리, 벌레, 개구리를 포함한 많은 유기체에서 수정란은 매우 빠르게 조직화하기 때문에 수정란이 분열할 때 2개의 딸세포는 이미 서로 달라진다. 이 2개의 딸세포가 4개의 세포로 분열할 때, 각각의 세포는 또다시 약간 달라지고, 그래서 각각의 세포는 그들이 무엇이 될지 이미 특정한 정보를 가지고 있다. 이런 결과는 우리와 여타 포유동물의 배아가 처음 며칠 동안은 동일한 세포로서 구별하기 어려운 덩어리였다가, 나중에야 배아세포가 더욱 구체적인 정체성을 채택하기 시작한다는 전통적인 견해와 상반되었다. 이러한 표준적인 견해는 배아의 초기 세포가 완전히 변할 수 있고, 그 어떤 다른 유형의 세포로도 될 수 있어야 가능하다. 이를 뒷받침하기 위해 제르니츠카-고에트스의 박사 학위 멘토인 타르코프스키는 2세포기 실험용 쥐 배아세포 중 한 세포가 죽더라도, 나머지 단일 세포가 여전히 건강한 아기 쥐로 이어질 수 있다는 걸 보여주었다. 이는 아기를 만드는 데 필요한 모든 정보가 여전히 배아의 절반에 존재한다는 걸 의미했다.[12]

제르니츠카-고에트스에게 충격적이었던 건 그녀의 실험이 4세포기 배아가 사실은 동일하지 않다는 걸 보여주었다는 점이다. 각각 오전 6시에 시작해 약 20시간 동안 지속된 일련의 실험에서 그녀는 개별 세포가 미래의 성격을 형성할 유전 프로그램을 이미 '활성화'한 것처럼 보인다는 걸 발견했다.[13] 2개의 세포는 쥐 몸을 구성하는 모든 세포를 생성하고, 다른 세포 하나는 태반(어머니의 영양분이 아기의 혈류로 전달되는 기관)의 모든 세포를 생성하고, 또 다른 세포 하나는 난황낭(태반이 발달할 때까지 배아에 영양을 공급한다)이 되었다.[14] 처음에는 아무도 이 결과를 믿지 않았으며, 제르니츠카-고에트스도 회의적이어서 과장 없이 다음과 같이 말했다. "사실 〔이러한 결과는〕 나를 상당히 고통스럽게 했다. 이 모델은 전통적인 해석과 내가 믿고 있는 것, 내 박사 학위 멘토의 주장에 반하는 것이었고, 사실 나 자신을 의심하게 만들었다."[15]

이때까지 그녀는 케임브리지 대학교에서 자신의 연구팀을 이끌었고 여러 가지 방법으로 실험을 반복했다. "수년 동안 우리는 그러한 결과가 나왔다는 걸 믿을 수 없었다. ……〔그러나〕 우리는 수천 개의 세포를 이미지화하고 이런 상세한 방식으로 그것들을 추적했다."[16] 분명히 말해서, 현재 모든 게 해결된 것은 아니다. 포유류 배아의 발달은 복잡한 진행 과정이며, 세포가 언제 어느 정도까지 전문화되는지는 여전히 논쟁거리로 남아 있다.[17] 그러나 궁극적으로 어떤 유전자가 활성화하고 비활성화하는지에 대한 분석은 제르니츠카-고에트스와 그녀의 연구팀이 현미경으로 본 것, 즉 4세포기 배아의 세포는 각각 서로 다르다는 걸 뒷받침하는 데 도움을 주었다.[18]

이 모든 논란과 걱정 그리고 자기 회의 속에서 유전자 검사 결과, 그녀는 자신의 임신에 문제가 있다는 걸 알았다.

계획에 없던 두 번째 임신이었다. 임신 소식에 흥분했지만, 그녀는 유전자 검사를 받으라는 의사의 충고를 귀담아들었다. 왜냐하면 선천적 결함은 마흔이 넘은 여성에게서 발생할 가능성이 더 높았기 때문이다. 그녀는 마흔두 살이었다. 그래서 임신 2개월에 '융모막 융모 샘플링(CVS)' 검사를 받았다. 이 검사에는 초음파 스캔이 유도하는 주사기로 태반에서 세포의 작은 샘플을 채취하는 것도 포함되었다. (일부 세포에서

2번 염색체의 추가 사본을 나타내는) 결과를 받은 후, 그녀는 며칠 동안 머리를 쥐어짜며 과학 문헌을 뒤적여 그게 자신과 태아에게 어떤 의미가 있는지 이해하려고 노력했다.

CVS 검사에서 세포는 아기한테서 직접 가져오지 않고 태반에서 채취하므로, 제르니츠카-고에트스는 자신의 검사 결과를 설명하는 방법은 세 가지가 있다고 추론했다. 그녀가 사실이길 바라는 최선의 시나리오는 이랬다. 즉, 이상이 태반에만 국한되어 있고, 이상이 있는 세포로부터 그 장기가 발달하며 언젠가는 이상이 발생하더라도, 아기는 완전히 멀쩡할 거라는 것이었다. 그러나 검사한 세포의 약 4분의 1이 비정상적이라는 점을 고려할 때, 문제가 태반에만 국한될 것 같지는 않았다. 그녀가 가장 두려워한 또 다른 가능성은 문제가 아기한테 발생해서 아기의 세포 전체 또는 대부분이 비정상적일 수도 있다는 점이었다. 이렇게 되면 유산을 하거나 아기가 여러 가지 증상을 가지고 태어날 수 있다. 세 번째 가능성은 태반의 상황이 아기의 상황을 정확하게 반영할 수 있다는 것이었다. 다시 말해, **일부** 배아세포에 문제가 있다는 뜻이다. 많은 여성이 정확히 이 시나리오에 직면해 매우 어려운 결정을 내려야 한다는 사실에도 불구하고, 일부 결함 있는 세포를 포함한 배아가 발달하는 동안 어떤 일이 일어날지는 실제로 아무도 알지 못한다.

'체외 인공수정(IVF)' 클리닉에서 일하는 의사들과 이야기하던 중 제르니츠카-고에트스는 의사들의 경험상 초기 인간 배아에 정상 세포와 비정상 세포가 혼합되어 있는 것은 드문 일이 아니라는 사실을 알고 충격을 받았다.[19] 그녀는 자신의 연구팀에 이른바 모자이크 배아(정상 세포와 비정상 세포를 동시에 포함하고 있는 배아—옮긴이)에 어떤 일이 일어나는지 연구하도록 지시했다. 과학적 조사와 배 속 아기의 발달이 함께 진행될 터였다.

인간 배아의 고의적 기형 발생은 법적으로 허용되지 않기 때문에 제르니츠카-고에트스는 연구를 수행하기 위해 다시 실험용 쥐 배아로 눈을 돌렸다. 그녀는 실험실 팀과 함께 일부 세포가 비정상인 8세포기 배아와 비교해 건강한 8세포기 배아에서 어떤 일이 일어나는지 조사했다.[20] 자신이 발견한 것에 그녀는 조금도 과장 없이 다시 한번 놀랐다. 현미경으로 이러한 배아의 발달을 관찰함으로써 새끼를 정상적으로 형성하기 위해 계속 이어지는 배아의 일부에 위치한 비정상적인 세포가 배아 발달과 함께 죽는다는 걸 발견한 것이다.[21] 한편, 건강한 세포는 상실된 배아의 일부를 보상하고 대체했다. 근처에 있는 일부 건강한 세포는 죽은 세포의 잔재를 삼켜서 존재를 완전히 삭제하는 것처럼 보였다.

일부 비정상적인 세포를 포함한 이런 배아를 대리모 쥐에 이식했을 때 종종 건강한 새끼 쥐가 태어났다. 절반 정도의 세포에 결함이 있어도 배아는 스스로를 고칠 수 있고, 새끼는 대개 건강하게 태어났다. 배아의 3분의 2가 비정상인 경우에도 여전히 10마리 중 4마리가 완전히 건강하게 태어났다. 이런 결과는 적어도 쥐의 경우 배아에 충분한 유연성이 있음을 의미하며, **일부** 비정상적인 세포의 존재가 필연적으로 아기의 건강 문제를 예고하는 건 아니었다.

제르니츠카-고에트스의 개인적 이야기는 그녀 연구실의 과학보다 빠르게 전개되었다. 첫 번째 검사 결과가 나오고 한 달 후, 양수천자(임산부의 양수로 태아에게 질병이 있는지 알아보는 진단—옮긴이)에 의한 두 번째 유전자 분석은 아기가 완전히 정상이라는 것을 나타냈다. 그리고 1월의 어느 날 아침, 아들 시몬이 건강하게 태어났다. 연구실의 결과는 아직 나오지 않았다. 그 실험 결과를 그녀가 이용할 수 있었다고 해도, 실험은 쥐를 대상으로 했고 비정상적인 배아를 부자연스럽게 만들어냈기 때문에 이 두 가지 사실이 실험 결과를 의학적 조언으로 바꾸기 어렵게 만들었을 것이다. 지금도 그 과정의 일부 측면은 불분명하고, 이런 상황에서 여성의 결정은 여전히 매우 어렵다. 본질적으로 제르니츠카-고에트스는 모든 게 잘되어 운이 좋았다. 그러나 이러한 일련의 연구가 계속되면, 특히 인간 배아의 발달에서 결함 있는 세포에 일어나는 일이 더 예측 가능해진다면, 태어나지 못했을 아이들이 태어날 수 있을지도 모른다.

제르니츠카-고에트스는 임신 검사에서 나온 걱정스러운 결과가 없었다면, 결함 있는 세포가 있는 배아에 어떤 일이 일어날지에 대한 연구를 시작하지 않았을 것이라고 말한다. 2019년 나는 당시 12세이던 시몬에게 이 중요한 실험의 원동력이 무엇이라고 생각하는지 물었다. 시몬은 그 실험이 훌륭하다고 말했지만, 별로 개의치 않는 것 같았다. 내 생각에 그는 엄마의 과학을 나에게 말한 것보다 더 좋게 여기는 듯했다.

배아 및 세포 발달과 관련한 이러한 성과는 제르니츠카-고에트스의 첫 번째 과학적 업적이었으나, 그녀의 가장 위대한 업적은 아직 달성되지 않았다. 제르니츠카-고에트스와 그녀의 연구팀은 곧 실험실에서 배아가 살 수 있는 시간을 연장하는 실험을 수행했고, 우리로 하여금 한 개인은 무엇이며 언제부터 시작되느냐는 문제에 직면하게 만들었다. 그리고 더 큰 그림은 배아에 대한 우리의 이해가 다른 몇몇 획기적인 기술, 가장 분명하게는 유전자가위(CRISPR: 규칙적인 간격으로 군집돼 나타나는 짧은 회문 구조의 반복 서열. 앞뒤가 똑같은 서열이 일정한 간격을 두고 반복되는 구조의 군집체로서 세균의 적응 면역 기작이다—옮긴이)와 결합해 어떤 사람이 태어나는지에 전례 없는 수준으로 영향을 줄 수 있다는 것이다. 이는 이미 수십 년에 걸쳐 많이 논의된 문제다. 그러나 오늘날 다른 점은 많은 문제가 더는 추상적 가능성이 아니라는 것이다. 지난 몇 년간 한때 공상과학 소설의 영역이었던 게 현실이 되었다. 그리고 이미 일부 사람들은 허용 가능하다고 생각되는 것의 경계를 허물고 있다.

난자세포는 인간 세포 중 가장 크지만, 이 책에서 사용하는 마침표보다 여전히 약간 작을 뿐이다. 난자세포는 난소에서 나온 후 정자세포를 만나지 않으면 약 24시간 안에 죽는다. 그러나 정자를 만나면 모든 것이 시작된다. 하루 정도 지나면 수정란이 2개의 세포로 나뉘고, 그 후 며칠이 지나면 4개의 세포로 분열된다. 그런 다음 호르몬이 자궁 내막을 자극해 짧은 시간 동안 배아를 수용하는데, 이를 '착상 창문(implantation window)' 시기라고 한다. 수정 후 6일이 지나면 약 250개의 세포로 구성된, 공식적으로 배반포(blastocyst, 胚盤胞)라고 일컫는 아주 작은 배아가 자궁 내막에 부착되어 기본 조직으로 파고들기 시작한다. 임신 실패는 대개 이 시점에 발생한다.[22]

이 순간이 결정적 시기라는 것은 놀라운 일이 아니다. 배아가 성공적으로 어미와 연결되는 일은 놀라울 정도로 복잡하다. 배아가 자궁 내벽으로 이동하면서, 배아의 세포는 모체의 혈관 벽 일부를 파괴한다.

혈액은 배아에서 나오는 나무 같은 구조(태반은 작은 막대기처럼 길쭉하게 생겼다—옮긴이)를 둘러싸기 위해 작은 웅덩이로 새어 나온다. 이것이 태반의 시작 단계인데, 태반은 발달 중인 아기를 위해 영양분과 산소를 수집하고 노폐물을 제거하기 위해 형성된 임시 기관이다. 아기의 혈액은 결코 어머니의 혈액과 직접 접촉하지 않지만, 물질(영양분이나 노폐물 등—옮긴이)은 아기의 혈액과 어머니의 혈액을 분리하는 얇은 막을 가로질러 앞뒤로 통과한다. 태반의 구성은 매우 특별하다. 인간의 세포 중 혈관벽을 부수고 혈류를 재건할 수 있는 것으로 알려진 것은 암세포가 유일하다.

태반이 형성되기 시작할 때, 태아 자체는 양귀비 씨앗만큼 큰 속이 빈 세포 뭉치다. 태반은 구조화되어 있지만, 신체와는 거리가 멀다. 수정 후 약 15일 만에 명확한 모습으로 위, 아래, 앞, 뒤, 왼쪽, 오른쪽이 발달한다. 18일이 지나면 2개의 작은 관이 나타난다. 며칠 후 이 2개의 관이 합쳐지고, 22일이 지나면 마치 마법처럼 한 개의 관이 뛰기 시작한다.[23] 아기의 첫 번째 장기인 심장인데, 발달 중인 신체에 영양분을 공급하는 데 필요하다.

물론 이 모든 것은 보이지 않고 숨겨져 있다. 우리가 임신 여부를 가장 확실하게 알 수 있는 것은 수정 후 약 8일 만에 호르몬의 존재를 감지하는 검사인데, 그보다 며칠 후에는 더 분명하게 알 수 있다. 생후 3주 된 태아는 초음파 검사로 감지할 수 있지만, 배아 형성 첫날은 세세하게 살펴본다 할지라도 발견하기가 매우 어렵다. 역사적으로, 배아의 초기 발달에 대한 지식은 동물을 연구함으로써 얻었다. 예를 들어, 발달 중인 심장에 대한 최초의 현미경 사진은 1600년대 후반 이탈리아

생물학자 마르첼로 말피기(Marcello Malpighi)가 병아리 배아를 찍은 것이다.[24] 좀더 최근에 인간 배아의 해부학은 수술과 낙태를 통해 수집한 태아 조직으로 이뤄졌으며, 그중 가장 큰 규모는 교토 컬렉션으로 약 4만 5000개의 표본(대부분 1962~1974년에 수집했다)을 보유하고 있다.[25] 더욱 최근에 우리 삶의 처음 며칠 동안 일어나는 일에 대한 자세한 지식은 체외수정 후 더는 배아가 필요하지 않은 여성이 기증한 것을 연구함으로써 알려졌다.

체외수정은 의심할 여지 없이 인류의 가장 혁신적인 과학적 업적 중 하나다. 체외수정은 불임 치료에 도움을 줄 뿐만 아니라 우리 아이들의 유전적 유산을 선택하고, 심지어 편집할 수 있는 무수한 새로운 가능성을 통해 복잡한 여정을 시작한다. 1959년 중국계 미국인 과학자 장밍제(張明覺)는 포유류에서 체외수정을 처음으로 실현했다. 검은 토끼의 수정란을 흰 토끼로 옮겨 흰 토끼가 검은 새끼를 낳도록 한 것이다. 1973년에는 오스트레일리아에서 체외수정에 의한 인간의 첫 임신을 보고했지만 결국 유산되었다.[26] 체외수정의 성공적인 임신은 5년 후 영국에서 이루어졌다.

이 매우 중요한 업적은 로버트 에드워즈(Robert Edwards), 패트릭 스텝토(Patrick Steptoe), 진 퍼디(Jean Purdy), 레슬리 브라운(Lesley Brown)과 존 브라운(John Brown) 등 5명이 달성했다. 에드워즈와 스텝토는 1968년 런던에서 열린 과학 회의에서 만나 불임 문제를 해결하기로 결심했다. “경쟁력 있는 노동 계급 가정의 둘째 아들”[27]라고 자기 자신을 묘사한 에드워즈는 케임브리지 대학교에서 생식을 연구하는 세계 최고의 과학자 중 한 명이었다. 런던에서 자신이 원하던 컨설턴트 직위를 얻지 못한 스텝토는 잉글랜드 북부 올덤(Oldham)에 있는 인간생식센터의 소장이었다.[28] 퍼디는 에드워즈의 실험실 운영을 도왔고, 실질적으로 세계 최초의 체외수정 간호사가 되었다. 슬프게도 그녀는 1985년 35세의 나이에 암으로 사망했다. 에드워즈가 항상 퍼디를 옹호했음에도 불구하고 체외수정 개발에서 그녀의 역할은 종종 간과되곤 했다.[29] 레슬리 브라운과 존 브라운은 브리스톨(Bristol)에서 온 커플로 아기를 갖고 싶었지만 그럴 수 없었던 것 같다. 10년 동안의 노력이 실패하자 레슬리는 우울증에 빠졌다.[30] 물론 앞서 언급한 5명 외에 여섯 번째 인물도 결정적이었다. 루이즈 브라운은 1978년 7월 25일 태어난 세계 최초의 '시험관' 아기였다.[31]

스텝토는 브라운의 탄생이 인류의 달 착륙보다 더 중요한 사건이 될 것이라 예측했는데, 분명 그의 말이 맞았다. 그러나 시험관 아기를 만들어내는 과정에서 그걸 시도한다는 생각은 굉장한 논란거리였다. DNA의 이중나선 모양을 공동 발견한 노벨상 수상자 제임스 왓슨(James Watson)은 체외수정을 임신에 사용하는 것은 너무 큰 위험이라고 생각했다. 그는 미국 의회 소위원회에서 "정치적으로나 도덕적으로나 전 세계적으로 지옥이 열릴 것"[32]이라고 말했다. 또 다른 노벨상 수상자이자 헤모글로빈 연구자로 케임브리지 대학교의 가장 유명한 과학자 중 한 명인 맥스 퍼루츠(Max Perutz)는 언론에 비정상적인 아기가 태어난다면 그 죄책감이 엄청날 것이라고 말했다. "시험관 아이가 대규모로 탄생할지도 모른다는 생각은 새로운 탈리도마이드 재앙이다. 끔찍하다."[33] 에드워즈와 스텝토는 특히 영국 정부의 자금 지원 기관인 의학연구위원회(Medical Research Council)의 직접적 영향을 받았는데, 이곳은 임신을 위해 체외수정을 사용하겠다는 초기 제안을 지지하지 않았다. 위원회는 불임이 상대적으로 중요하지 않다고 보았고, 에드워즈와 스텝토는 또한 이 주제에 대해 너무 많은 언론의 관심을 얻으려 한다는 비난을 받았다. 오늘날의 관점에서도 놀랍다. 과학자들이 보통 대중 앞에서 자신의 연구를 공표하도록 권장하는 상황에서 말이다. 위원회가 조언을 구했던 한 과학자는 다음과 같은 견해를 피력했다.

> 에드워즈 박사는 대중의 태도를 바꿀 수 있도록 라디오와 텔레비전, 언론을 통해 자신의 연구를 홍보할 필요성을 느끼고 있죠. 나는 정보가 부족한 일반 대중이 체외수정 연구를 평가하고 적절한 관점에서 볼 수 있다고는 생각하지 않습니다. 에드워즈 박사가 언론에서 행한 이러한 홍보는 수많은 과학계 동료들에게 반감을 샀습니다. 저도 그중 한 명입니다.[34]

분명히 에드워즈와 스텝토는 과학에 대한 공개 토론을 이끌고, 현재까지 800만 명 넘는 아기를 낳을 수 있는 기술을 개발한 선구자였다. 체외수정으로 태어난 많은 사람이 나중에 부모가 될 것이라는 점을 고려하면, 2100년까지 전 인류의 약 1~3퍼센트가 생식 기술 덕분에 삶을 살 수 있을 것으로 추산된다.[35] 그러한 엄청난 업적에 비해 체외수정 개발로 노벨상을 받기까지 32년이 걸렸다는 것은 놀랍고도 실망스러운 일이다. 그동안 스텝토와 퍼디는 사망했고, 유일한 수상자인 에드워즈는 85세로 너무 허약해서 시상식에 참석할 수 없었다.

체외수정을 이용한 임신의 경우 배아를 실험실 접시에서 2~6일 동안 배양한 후 자궁으로 이식한다. 사용하지 않은 배아는 향후 임신 시도를 위해 냉동하거나 부모의 동의를 받아 연구에 사용할 수 있다. 배아는 연구를 위해 더 오래 배양할 수 있지만, 최근까지도 일주일 이상 생존할 수 없었다. 제르니츠카-고에트스가 이전에 해온 것보다 훨씬 더 오랫동안 배아를 배양하는 방법을 발견하기 전까지는 그런 한계가 있었다.[36] 이 돌파구는 과학적으로 변혁적이었지만, 앞으로 살펴볼 것처럼 인간 배아 연구의 법적 한계에 대해 다양한 사람들의 열정과 감정에 다시 불을 붙였다.

인간 배아가 실험실 접시에서 생존할 수 있는 기간(14일)의 제한은 1979년 미국 윤리자문위원회에서 처음 제안되었으며, 1984년 워녹 보고서(Warnock Report)로 알려진 영국 정부 보고서에서 승인을 받았다. 이 보고서 이름은 위원회 위원장인 도덕철학자 메리 워녹(Mary Warnock)의 이름을 따서 붙인 것이다.[37] 영국, 에스파냐, 오스트레일리아를 포함한 몇몇 국가는 14일 이상 인간 배아를 키우는 걸 형사 범죄로 규정했다.[38] 워녹 위원회는 그 당시 확립되지 않은 기술에 대한 여러 가지 이해 상충과 씨름하는 데 2년을 보냈다.[39] 워녹은 회고록에서 "분쟁은 전반적으로 교양 있는 수준이었지만, 1984년 여름이 되자 다들 신경이 날카로워졌다"[40]라고 회상했다.

위원회의 성공은 적어도 부분적으로는 보통 묻는 말과 미묘하게 다른 질문에 답하는 것이었다. 언론이 항상 가지고 있는 것처럼 핵심적인 문제는 "생명은 언제 시작되는가?"라는 질문에 대한 답을 찾는 데 있었다. 워녹 위원회는 이 질문이 언뜻 보이는 것처럼 사실의 문제가 아니라 결정을 내려야 할 문제라는 견해를 취했다. 그리고 실험실의 살아 있는 인간 배아는 전에는 존재하지 않았던 것이기에, 정말로 중요한 새로운 질문은 다음과 같은 것이라고 추론했다. 자궁 밖의 살아 있는 인간 배아인 이 새로운 실체를 어떻게 보아야 하는가? 다시 말해서 그들의 초점은 실험용 접시에 담긴 인간 배아는 언제 보호가 필요한지 결정하는 데 있었다.

모든 사람의 의견이 일치할 수는 없지만, 위원회는 인간 배아가 실험실에서 살 수 있는 기간을 제한하는 데 합의했다.[41] 그들이 결정한 14일 규칙은 여러 면에서 정당화되었다. 14일 된 인간 배아에는 감정이나 생각의 전제 조건인 신경계의 징후가 없다. 또한 많은 배아가 처음 2주 동안 자연적으로 손실된다. 더욱이 15일째에는 원반 모양의 배아에 원시선(原始線: 수정된 배아에서 어느 부분이 머리와 다리, 등과 배가 되는지를 구분하는 구획으로 생명과 비생명을 판가름한다—옮긴이)이라고 부르는 홈이 나타난다. 이는 배아가 더 분열되어 쌍둥이로 발전할 수 없는 것과 아주 비슷하다. 틀림없이 이 순간 이전의 배아는 한 생명으로 간주할 수 없다. 만약 생명이라고 한다면, 어떻게 여전히 분열해 두 생명이 될 수 있을까? 이러한 논리에 따라 15일째 되는 날의 원시선 존재는 고유한 한 인간이 탄생하는 순간으로 볼 수 있다.

14일 제한에 반대하는 주장 중 하나는 배아가 생기고 훨씬 나중이 되어서야 아마도 고통을 경험할 수 있다는 것이다. 척수에서 통증을 감지하는 뇌 부분으로 신호를 전달하는 뉴런은 태아가 23~24주가 될 때까지 발달하지 않는다. 그리고 인간 배아가 15일째 별개의 개체가 된다는 생각에 반대하는 주장은 연구에 쓰인 배아는 어쨌든 사람이 될 운명이 결코 아니라고 한다.

한편, 1869년 교황 비오 9세가 선언한 바와 같이, 로마 가톨릭교회는 난자가 정자에 의해 수정되는 순간 사람이 창조된다고 생각한다. 흥미롭게도 가톨릭교회의 이러한 입장은 과학 기술의 직접적인 영향을 받은 것이다.[42] 17세기 초에는 현미경으로 정자의 윤곽을 찾아낼 수 있었다. 당시 일부 과학자들은 정자 머릿속에 작은 인간이 존재해야 한다는 이론을 세웠다. 물론 매우 잘못된 이 견해는 남성이 다음 세대를 창조한 공로를 인정받을 수 있는 반면, 여성은 단지 사람의 몸에 영양을 공급하고 그 크기를 확대하는 역할만 할 뿐이라는 것을 암시했다.[43] 가톨릭 신학자들은, 인간은 반드시 수태에서 시작되어야 한다는 걸 암시하기 위해 정자 안에 이미 형성된 인간의 신체가 있다는 이론을 받아들였다.

대략적으로, 힌두교 또한 생명은 수태에서 시작되지만 어떤 상황에서는 배아의 파괴를 허용한다. 유대교는 배아의 상태가 시간이 지남에 따라 늘어난다고 생각하며, 영혼은 40일 만에 그 안에 들어갈 수 있다고 말한다. 많은 이슬람 학자들이 이런 견해에 동의하지만, 이슬람 세계연맹(Muslim World League)은 수정 후 120일 후에야 영혼 불어넣기가 일어나는 것으로 간주한다. 종교적 관점에 관한 아주 짤막한 이런 설명으로 보건대 배아 과학에 대한 글로벌 규칙을 공식화하는 데 있어 세계의 다양한 가치를 수용하는 것은 너무나 어렵다. 현재의 14일 제한을 연장하길 원하는 사람은 광범위한 공개 토론이 강력하게 억눌려 있는 모든 종류의 감정에 불을 붙이고, 제한을 연장하기보다 줄어드는 걸 포함한 그 어떤 가능한 결과로도 이어질 수 있기에 망설일지 모른다.[44]

워녹의 권고 사항이 채택되었을 때, 어떤 과학적 연구도 실제로 14일 제한의 규제를 받지 않았다. 자궁 밖에서 이렇게 오랫동안 배아를 보존하는 것이 기술적으로 불가능했기 때문이다. 따라서 이러한 구속은 주로 과학이 도덕적으로 통제되고 있다는 인식을 유지하는 역할을 했다. 그러나 제르니츠카-고에트스와 다른 연구팀들에 의한 돌파구로 인해 논쟁에 다시 불이 붙었다.[45]

제르니츠카-고에트스는 임신 첫 주 후에 배아한테 일어나는 일을 연구하는 게 매우 어렵다는 사실에 이끌렸다. "나는 무슨 일이 일어나고 있는지 〔알기 위해〕 이 '블랙박스(배아—옮긴이)' 안을 들여다보고 싶었다."[46] 그녀의 연구팀은 쥐 배아로 시작했다. 이전에 달성한 것보다 배아를 더 오래 생존시킬 수 있는 호르몬, 영양소 및 성장 인자의 수많은 조건을 매일 테스트했다. 며칠이 몇 달이 되었다. 그들은 세포 보관 배양액을 바꿨을 뿐만 아니라, 예를 들어 배아를 일반적인 딱딱한 플라스틱 접시보다 부드러운 젤에 놓을 때 더 잘 생존할 수 있는지 실험했다. 하지만 이는 문제가 되지 않는 것으로 나타났다. 결국, 그들은 다른 사람들이 전에 확인한 것보다 더 오래 실험용 쥐의 배아가 실험용 접시에서 사는 것을 목격했다. 보통은 배아가 이식되는 데 걸리는 시간보다 며칠 더 오래 살았다. 그러나 이 성공은 오래가지 못했다. 그 방법이 신뢰할 수 없는 것으로 판명되었기 때문이다. 그 방법은 한 번은 성공하고 다음번엔 그렇지 않은 것 같았다. 모든 걸 조정하는 반복적인 프로세스는 절차가 견고해질 때까지 몇 달 동안 계속되었다.[47] 마침내 그 실험법은 성공했다. 그다음 단계는 명백했다. 실험용 쥐 배아에 대한 실험법을 인간 배아에서 테스트하는 것이었다.

2013년 5월 어느 날, 그들은 체외수정 클리닉에서 기증받은 2개의 인간 배아를 배양했고,[48] 놀랍게도 그중 하나가 성장하기 시작했다. 이 인간 배아가 8일이 지나도록 계속 살아 있을 때, 제르니츠카-고에트스와 연구팀은 그들이 이제 막 목격하려는 일이 실제 자궁에서 일어나는 것과 같은지 알 방법이 없다는 걸 깨달았다. 이 시기 이후 실험용 접시에서 살아 있는 인간 배아를 아무도 본 적이 없었기 때문이다. 11일째에 배아는 자가 조직화하기 시작했으며, 교과서에 나온 것과 유사해 보였다. 교과서의 설명은 수술을 통해 채취한 샘플에 대한 초기 연구를 바탕으로 한 것이었다.

12일 차에 그들은 프로젝트를 종료했고, 영국에서 법으로 시행된 워녹 권고안의 국제 협약 때문에 이후의 모든 실험은 13일 차를 넘지 않았다. 비슷한 시기에 이란 출신 과학자 알리 브리반루(Ali Brivanlou)가 이끄는 뉴욕의 한 연구팀이 제르니츠카-고에트스와 협력해 비슷한 성과를 달성했다.[49] 브리반루는 자신의 연구팀 중 한 명을 제르니츠카-고에트스의 연구실에 보내 실험용 쥐 배아를 살아 있는 상태로 유지하는 방법을 배우도록 한 다음, 그의 실험실에서 인간 배아를 위한 연구 방법을 수정했다.[50] 브리반루는 배아 제한 기간인 14일의 마감일이 다가옴에 따라, 그 배아를 죽여야 할지 말지 결정하기 위해 연구팀과 논의했던 순간을 생생하게 기억한다. 미국에서는 인간 배아에 대한 14일 제한이 법이 아니라 가이드라인이어서 계속 연구하는 게 불법은 아니었지만, 브리반루는 실험을 중단하기로 했다. 이름을 밝히지 않았지만, 그는 연구팀 중에 눈물을 흘린 사람이 있었다고 내게 말했다.[51]

이 두 연구실 팀의 성과는 〈사이언스〉 독자들로부터 2016년 획기적인 연구로 선정되었다. 그들의 작업이 인간 발달의 초기 단계인 생명의 시작을 연구하는 새로운 방법을 열었기 때문이다. 브리반루는 배아를 실험실 배양 접시 바닥에 '이식'한 것처럼 보이는 그러한 성과 자체가 중요하고 감동적이었다고 말했다. (그는 실험실 조건에서 매우 오랫동안 생존할 수 있다는 것이 예상치 못한 발견이기 때문에 매우 놀랐다.[52]) 이는 배아가 이식 후 얼마 동안은 자급자족할 수 있으며, 처음에는 어머니의 세포 조직으로부터 어떤 것도 거의 필요하지 않다는 뜻이다.

그러나 13일이 되자 적어도 제르니츠카-고에트스의 연구실에서는 배아에게 배양물 이외에 다른 것이 필요하다는 징후가 나타났다. 아마도 모체 세포 조직이나 인간이 만든 복잡한 물질을 포함함으로써 배아는 더 오래 생존할 수 있을 것이다. 인큐베이터에서 복제 인간을 성장시키는 데 사용되는, 올더스 헉슬리의 《멋진 신세계》(1932)에 나오는 가상의 부화장이 실현될 가능성은 거의 없지만 인간 배아가 자궁 밖에서 얼마나 오래 살 수 있는지는 아무도 모른다.

브리반루는 최대 21일 동안 인간 배아를 키워보고 싶어 한다.[53] 그리고 배아 발달 모습을 관찰하면서 배울 게 정말 많다고 말한다. 새로운 인간 생명이 시작되면서 무수한 구조물의 출현과 소멸을 이해하는 것부터 인간의 발달이 잘못되었을 때 어떤 일이 발생하는지 알아내는 것까지 말이다. 인간 배아에 대한 14일 제한을 피하기 위해 브리반루와 또 다른 연구자들은 이른바 합성 또는 인공 배아도 연구하고 있다. 본질적으로 합성 혹은 인공 배아는 실제 배아의 기본 구조를 발달시키기 위해 처리된 줄기세포 덩어리이며, 그것들이 신체로 성장할 가능성은 전혀 없다. 적어도 현재까지는 인공 배아가 중요한 윤리적 문제를 제기하지 않는다. 그러나 실제 인간 배아의 성장과 관련해 브리반루는 일방적으로 추진하는 것이 옳지 않다는 걸 알고 있다. 인간 배아 연구는 도덕적·문화적·정치적으로 논쟁의 여지가 있으며, 사회는 생각할 수 있는 모든 의견을 포괄하게 마련이다. 합의가 이루어지더라도 깨지기 십상이다.

그럼에도 불구하고 인간 배아를 얼마나 오랫동안 배양해야 할지 결정하는 것은 우리가 현재 직면한 문제 중 가장 시급하거나 어려운 문제가 결코 아니다. 체외수정의 최근 발전은 훨씬 더 복잡한 다른 딜레마를 전면에 드러냈다.

섹스 없이 아기를 만드는 것은 1978년 루이즈 브라운이 태어났을 때보다 오늘날 훨씬 더 정교한 과정이다. 관련 과학에 대한 우리의 이해는 극적으로 발전했고, 이제는 개입과 결정을 내릴 수 있는 기회가 많이 생겨나면서 부모와 사회에 수많은 어려운 문제를 제기하고 있다.

체외수정 과정은 매일매일 주사하는 것으로 시작한다. 약 2주 동안 여성은 난자가 성숙하도록 호르몬 주입을 받는다. 주사는 자연적으로 발생하는 것보다 많은 양의 호르몬을 투여해 여러 개의 난자를 한 번에 성숙하게 만든다. 초음파에 의해 유도되는 바늘이 질을 통과해 여성의 난자를 회수한다. 여성을 마취제로 진정시키는 동안, 약 20분에 걸쳐 12개 정도의 난자를 수집할 때까지 바늘 끝으로 가볍게 흡입해 부드럽게 뽑아낸다. 난자는 일반적으로 난구세포(卵丘細胞)라고 부르는 다른 작은 세포들에 둘러싸여 있다. 실험실에서 수집한 난자는 현미경으로 검사해 등급을 매긴다. 난구세포가 많은지, 샘플이 건강해 보이는지를 고려해 (본질적으로) 외관에 따라 등급을 매기는 것이다. 신선한 정액은 일반적으로 집이나 병원에서 당일 채취한다.

난자한테 접근하기 전에 종종 정자를 세척한다. 이러한 과정은 1990년대 중반에 HIV가 아버지의 정액을 통해 어머니나 아이에게 유전될 수 있다는 게 밝혀졌을 때 처음 이루어졌다. 오늘날 이 과정은 감염원을 제거할 뿐만 아니라, 정액의 일부 성분이 체외에서 작용할 때 수정을 억제할 수 있으므로 사용된다. 표면적으로는 아주 작은 정자를 씻는 게 쉽지 않을 것 같지만, 여기엔 여러 가지 방법이 있다. 일반적으로 정액은 원심분리기—세탁기와 비슷하지만 훨씬 빠르게 회전하는 장치—로 들어가기 전에 항생제와 단백질 보충제가 포함된 용액으로 희석해 정자가 튜브(생물학 실험에서 사용하는 원심관 튜브로 눈금이 새겨져 있어 부피를 측정할 수 있다—옮긴이) 바닥에 농축되도록 한다. 이어 액체는 흡입되고 정자는 새로운 용액에서 재현탁(현탁은 물질이 액체에 섞이면서 떠 있는 현상—옮긴이)된다. 짜잔, 세척 끝!

캘리포니아에 있는 한 체외수정 클리닉에서는 정자 세척 메뉴를 제공한다. 메뉴는 기본부터 프리미엄까지 있다. 방금 설명한 과정은 기본에 해당한다. 당연히 더 비싼 프리미엄 세척을 위해 정자는 밀도 기울기(특정 공간에서 밀도의 변화를 뜻하며, 비중을 구분하는 척도—옮긴이)를 만드는 액체의 층을 포함한 시험관에서 원심 분리된다. 프리미엄 메뉴는 죽은 정자를 튜브 상단에 모아 버릴 수 있으므로 건강한 정자를 정화하는 데 유용하다. 적용 가격에 따른 또 다른 옵션은 배양액으로 가득 찬 튜브에 정액을 남겨두는 것이다. 약 한 시간쯤 지나면, 스스로 튜브 위를 헤엄치는 정자가 들어 있는 액체의 상단 부분이 추출되고, 바닥에는 죽은 정자나 움직이지 않는 정자가 남는다.

정자를 세척한 후에는 두 가지 방법 중 하나로 수정을 시도한다. 수천 개의 정자를 실험실 접시에 담긴 난자와 섞어 (우연히 수정될 것이라는 희망을 갖고) 몇 시간 동안 인큐베이터에 놔둘 수 있다. 또는 현미경과 바늘을 사용해 단일 정자를 난자세포에 직접 삽입할 수 있다. 이를 세포질 내 정자 주입이라고 하며, 정자가 스스로 난자를 찾아 들어가는 수고를 덜어준다.

다음 단계는 수정란이 자랄 시간을 주는 것이다. 다시 말하지만, 여기에도 무수한 선택지가 있다. 성공적인 임신을 위해 수정된 인간 난자를 배양하는 가장 좋은 방법은 1000건이 넘는 과학 논문의 주제이기도 하다.[54] 체외수정 관련 소규모 산업은 인간 배아 성장에 최적인 배양액을 마케팅하는 방식으로 성장해왔다. 거기에는 각각 다양한 양의 포도당, 아미노산, 비타민, 항생제 또는 성장 인자가 포함된다.[55] 다른 변수들도 있다. 이산화탄소와 산소의 수준, 온도 및 습도는 수정란을 보관하는 인큐베이터에서 모두 조정할 수 있다. 움직임도 도움을 줄 수 있으므로 발달 중인 배아를 부드럽게 흔들리는 플랫폼에 보관하는 경우가 있다.[56] 이 모든 것이 거의 확실하게 배아의 성장과 임신 가능성에 영향을 미치지만, 무엇이 정말로 최적인지는 아무도 모르며, 각 클리닉마다 자체 설정한 방식이 있다.

임신으로 이어질 가능성이 있는 배아의 등급을 매기기 위해 배아학자는 현미경으로 배아를 관찰한다. 예를 들어, 매끄럽고 둥글게 보이는 세포를 찾고, 모든 세포가 분열하고 있는지 확인한다. 과학 서적에서 말하는 팽창 또는 '수포(水疱)'는 명확하지 않은 이유로 하나 또는 그 이상의 배아 세포에서 돌출될 수 있으며, 이러한 일이 많이 발생하면 배아는 낮은 등급을 받는다. 배아가 수백 개의 세포로 자라면, 발생학자는 배반포의 올바른 구조를 얻었는지 평가할 수 있다. 이러한 판단은 과학만큼이나 예술이다. 배아학자는 최선의 결정을 내리지만, 실제로 어떤 것이 성공적인 임신으로 이어질 가능성이 가장 큰지는 육안으로 결정하기 어렵다.

2019년에는 배아의 질을 평가하는 배아학자의 능력을 인공지능의 능력과 비교했다.[57] 배아의 질에 대한 개별 배아학자의 평가가 인공지능보다 대략 얼마나 자주 대다수 배아학자의 평가와 일치하는지를 알아보기 위함이었다. 구글이 개발한 이미지 인식 시스템을 기반으로 한 이 소프트웨어는 다른 배아들에서도 기대할 수 있는 두 그룹을 구분하는 패턴을 찾기 위해 이미 불량 혹은 양품으로 분류된 1만 2000장의 배아 사진을 공급받았다. 소프트웨어는 모든 방법을 동원해 이미지를 분석함으로써 모양과 질감의 미묘하고 복잡한 차이점을 찾아내는 걸 배웠다. 발생학자가 이를 통해 배아의 질 평가 방법을 아는 것은 어렵거나 불가능한 일이다.

따라서 이 미니 카스파로프(G. K. Kasparov: 소련 출신의 체스 세계 챔피언—옮긴이) 대 딥블루(Deep Blue) 결투의 결과는 적어도 인공지능한테 더 일관성이 있다는 의미에서 인공지능이 이겼다. 개별 발생학자들의 점수는 각기 아주 달랐지만, 소프트웨어는 사실상 항상 대다수의 결정과 일치했다. 물론 이런 것이 여성의 임신 가능성을 극대화하는 데 인공지능이 도움을 줄 수 있다는 걸 증명하지는 않는다. 특히 대다수 인간의 결정이 항상 옳지 않았을지도 모르고, 이것이 실제 임상 시험으로 설정되어 있지도 않기 때문이다. 그러나 인공지능이 일관성 있고 대다수의 결정과 일치한다는 점은 인공지능이 도움이 될 수 있음을 시사한다. 예를 들어, 향후 업그레이드를 통해 소프트웨어는 특정 염색체에 이상이 있는 배아를 골라냄으로써 배아를 보다 정확하게 분류할 수 있을 것이다.[58]

배아의 건강을 좀더 정확하게 평가하기 위해 생체 검사를 할 수도 있다. 성인 신체에서 뼈·간·신장 또는 다른 세포 조직의 샘플을 채취하는 것과 달리, 배아에서 생체 검사는 외과 의사가 아니라 배아학자가 필요하다.. 현미경 아래의 피펫(pipette: 액체의 정확한 양을 옮기는 데 쓰는 기구로 시약 같은 것을 빨아올린다—옮긴이)과 미세한 바늘을 사용해 살아 있는 샘플 중 가장 손상되기 쉬운 것으로도 작업할 수 있는 배아학자 말이다. 이러한 생체 검사를 통해 배아의 유전자를 면밀히 조사할 수 있는데, 이 과정을 '착상 전 유전자 진단법(pre-implantation genetic diagnosis, PGD)'이라고 한다.

배아에서 생체 검사를 하기 위한 첫 번째 단계는 배아를 둘러싸고 있는 두껍고 투명한 막을 뚫는 것이다. 이 과정은 바늘, 레이저 빛의 펄스(pulse) 또는 농축된 산(acid)의 소량 분출과 같은 여러 가지 방법으로 수행할 수 있는데, 각각 장단점이 있다. 예를 들어, 레이저는 사용하기 쉽지만 배아 주변의 액체를 가열해 (안전하다는 데이터가 있음에도 불구하고) 문제가 될 수 있다.[59] 어떤 방법을 사용하든 배아를 정확히 뚫어야 한다. 구멍이 너무 작으면 세포를 쉽게 빼낼 수 없다. 구멍이 너무 크면 세포가 스스로 빠져나와 유실될 수 있다. 배아세포가 서로 단단히 붙어 있는 정도를 줄이기 위해 때로 칼슘과 마그네슘 이온을 뺀 배양액을 첨가하기도 한다. 그런 다음 현미경 아래 고정된 배아에서 피펫으로 하나 또는 몇 개의 세포를 부드럽게 빨아들인다. 그러나 또 다른 대안도 있다. 피펫을 사용해 배아의 외막을 밀어내는 것인데, 이렇게 하면 압력으로 인해 세포가 배출될 수 있다. 어느 방법이든 채취한 세포나 배아 자체가 그 과정에서 손상되어 버려야 할 경우도 있다. 그러나 지나치게 조심하는 것도 좋은 생각은 아니다. 왜냐하면 생체 검사는 배아를 얻는 속도도 중요하기 때문이다. 살아 있는 배아는 인큐베이터에서 오랫동안 나와 있으면 안 된다. 생체 검사를 분석하는 동안 배아는 냉동되고 각각의 잠재적인 생명이 일시 정지하는 반면, 과학은 배아 중 어느 것이 태어날지 결정한다.

인간 생식에 대한 그 어떤 수준의 개입에도 반대하는 사람들을 제외하고는, 부모가 체외수정 이후에 배아를 선별할 기회를 허용하는 것에 반대하는 사람은 거의 없을 것이다. 예를 들어, 헌팅턴병의 경우와 같이 점진적으로 진행되는 근육 운동 퇴행(progressive motor)과 정신적 어려움을 분명히 초래할 수 있는 단일 유전자 변이를 피하기 위해서 말이다. 그러나 각각의 예비 부모에게는 관련된 선택 중 어느 것도 쉬운 일이 아니다. 그들의 결정은 배아의 도덕적 상태에 대한 입장과 사용되지 않는 배아를 어떻게 할지를 요구한다. 배아는 파괴, 동결 또는 연구에 쓰일 수 있다. 착상 전 유전자 진단법의 비용도 문제다. 대부분의 미국 건강보험 회사는 그 비용을 지급하지 않는다.

반드시 문제를 일으키지 않을 유전적 변이의 배아를 선별하는 걸 고려할 때 상황은 훨씬 더 복잡해진다. 오늘날 영국에서는 400가지 넘는 조건을 검사할 수 있다.[60] 이 중 다수는 어느 정도 위험을 수반하는 유전적 변이인데, 그 정확한 수준이 종종 명확하지 않다.[61] 특정 유전적 변이는 말년에만 문제를 일으키는데, 그때쯤이면 다른 치료법을 사용할 수도 있을 것이다. 이뿐만 아니라 대부분 유전적 변이의 영향은 복잡하다. 예를 들어, 특정 자가 면역 질환의 위험 증가와 관련 있는 유전자 변이체는 HIV와 더 잘 싸울 수 있는 능력하고도 상관관계가 있다.[62] 말할 필요도 없이 이상적인 유전적 유산이란 없다. 즉, 인간의 다양성은 근본적으로 중요하다. 이식할 배아를 선택하기 위해 '착상 전 유전자 진단법'을 사용하는 문제는 우리 시대의 가장 중요하고 어려운 문제 중 하나인 유전적 장애란 실제로 무엇인가에 대한 답을 찾도록 강요한다.

폴라 가필드(Paula Garfield: 영국의 연극 감독이자 배우—옮긴이)는 청각 장애를 유전적으로 선별할 수 있을지도 모른다는 생각에 대해 걱정한다. 둘 다 청각 장애인인 가필드와 토마토 리치(Tomato Lichy) 부부는 청각 장애인이 된 첫아이가 태어났을 때 설렘을 느꼈다. 앤드루 솔로몬(Andrew Solomon)이 어린이와 정체성에 관한 책 《나무 저 너머엔(Far from the Tree)》에서 쓴 것처럼 "일반적인 문화는 청각 장애 어린이를 흔히 무언가가 **결핍된** 어린이라고 생각한다. 그들은 청각이 **부족하다**. 청각 장애인 문화는 그들에게 무언가가 있다고 느낀다. 그들은 아름다운 문화에 속해 있다".[63] 사회는 인간의 다양성을 포용하는 게 매우 중요하다는 가필드의 말에 그 누가 동의하지 않겠는가? 2019년 그녀가 나에게 말했다.

> 부모에게 아기/자녀가 청각 장애인이라는 소식을 전하는 것은 의사와 청력학자들이에요. 그들은 일반적으로 "당신의 아기/자녀가 청각 장애인이라는 말을 해서 정말 죄송합니다"로 시작하죠. "정말 죄송합니다"라는 말을

듣자마자 부모는 즉시 청각 장애를 부정적인 것, 즉 나쁜 소식으로 생각해요. 저는 그 메시지가 더욱 중립적이어야 한다고 봐요. "당신의 아기/자녀는 청각 장애인이지만 걱정하지 마세요. 당신이 이용할 수 있는 지원과 서비스가 많이 있습니다." 이렇게 말이에요.[64]

가필드와 리치는 2008년 여러 신문에서 대서특필됐는데, 체외수정을 위해 배아를 선별하는 데 신중할 필요가 있다고 주장했기 때문이다. "우리는 청각 장애의 의학적 측면보다는 우리가 사용하는 언어와 우리가 살고 있는 공동체에 자부심을 느낀다"[65]고 리치는 언론에 말했다. 당시 일부 헤드라인에서 암시했듯, 그들은 고의로 청각 장애 아기를 갖고 싶어 하지는 않았다. 오히려 아이를 갖기 위해 체외수정을 거쳐야 한다면, 단지 아이가 청각 장애인일 것이라는 이유만으로 배아가 버려져선 안 된다는 걸 강조하고 싶었다. 가필드는 이 점을 강조하기 위해 "우리는 소셜 미디어에서 엄청난 반발을 받았고, 〔그리고〕 이는 내 정신 건강과 행복은 물론 가족과 인간관계에도 부정적 영향을 미쳤다"[66]라고 말한다.

우리 중 많은 사람이 청각 장애를 근절하기 위해 노력해야 한다는 편견을 가지고 있다. 예를 들어, 감염으로 인한 청력 상실을 우리가 모두 예방해야 한다는 데 동의한다. 그러나 옥스퍼드 대학교의 철학자 줄리언 사불레스쿠(Julian Savulescu)가 주장한 것처럼, 체외수정을 위한 배아 선택과 관련해 태어날 때부터 청각 장애인이 되는 것은 해롭지 않다.

그 아이가 그렇지 않았을 때(즉, 다른 배아를 선택했을 때)보다 더 나빠졌나요? 아닙니다—다른 (특색을 가진) 아이가 존재했을 거예요. 청각 장애 아이는 자신의 삶이 너무 힘들어서 살 가치가 없도록 강요받는 경우에만 피해를 봅니다. 청각 장애는 그렇게 나쁘지 않아요.[67]

가필드가 말했듯이 "체외수정과 배아 선택 초기의 주안점은 생명을 위협하거나 조기 사망을 유발할 수 있는 질병을 선별하는 데 있다. 청각 장애는 생명을 위협하는 상태가 아니며, 청각 장애로 죽을 수는 없다".[68]

2002년 레즈비언 청각 장애인 부부 샤론 듀셰스노(Sharon Duchesneau)와 캔디스 매컬로(Candace McCullough)는 가족 중 5대에 걸쳐 청각 장애가 있는 정자 기증자를 선택했다.[69] 사실상 의도적으로 청각 장애 아기를 낳기로 선택한 것이다. 과학이 이 아기를 낳는 데 도움을 주었다는 사실이 논란이 되는 이유다. 일상생활에서는 누구든지 그들이 함께 낳을 아이들의 삶이 어떨지에 대한 관점에서 성적 파트너를 자유롭게 선택할 수 있다. 그러나 우리가 어떤 유전자를 선택 혹은 비선택하도록 허용해야 하는가 하는 문제는 무엇이, 언제, 어떻게 가능한지에 대한 과학과 얽혀 있다. 간단한 규칙은 작동하지 않는다. 예를 들어, 우리는 배아와 관련해 어떤 선택도 받아들일 수 없다고 말할 수 없다. 왜냐하면 다른 상황에서는 우리가 오랫동안 선택을 허용해왔고, 훨씬 후의 발달 과정 동안에도 그래왔기 때문이다. 가령, 임신 중 다운증후군 검사는 일반적이며 우리는 부모가 다운증후군 자녀를 낳을지 여부를 자유롭게 선택할 수 있도록 한다.

내게는 답이 없으며, 내 의견이 당신의 것보다 중요하지 않다. 중요한 점은 새로운 과학이 우리의 잉태 방식과 우리 아이들의 운명에 전례 없이 많은 선택지를 열어주고 있다는 것이다. 우리의 행동은 각 국가의 법률과 규정에 맞아야 하지만, 그렇더라도 다른 규칙이 있는 (또는 규칙을 덜 엄격하게 적용하는) 장소로 여행하는 것은 가능하다.

우리는 아이들이 먹는 음식, 그들이 다니는 학교, 그들이 갖는 취미, 그리고 그들이 사귀는 친구들에게 영향을 미치면서 모든 종류의 방식으로 아이들을 책임진다. 그러나 기본적인 유전자 구성을 선택하는 것은 완전히 다른 수준의 영향이다. 우리가 내리는 결정은 우리 종의 본성을 바꾸지 않을 것이다. 이 말은 전 지구적 의미에서 인류를 공학적으로 만드는 것이 아니라는 뜻이다. 그러나 기본적인 유전자 구성을 선택하는 것은 우리 자신의 삶과 우리 아이들의 삶에서 중요한 결정을 내리도록 이끄는 새로운 과학에 관한 것이다. 한때 모든 걸 우연에 맡겼던 곳에서 과학의 진보는 우리에게 선택권을 가져다주었다.

2018년 논란의 여지가 있는 배아 조작의 돌파구가 국제적 소란을 일으켰고, 그러한 선택이 얼마나 중요한지 분명히 깨우쳐주었다.

2018년 11월 당시 중국 선전에 있는 남방과기대학(Southern University of Science and Technology)의 과학자 허젠쿠이(贺建奎)는 유전자가위—세균(bacteria)과 고세균(archaea)의 DNA 서열을 기반으로 하는 유전자 편집 기술—를 사용해 이란성 쌍둥이의 유전자를 편집했다고 주장했다.

허젠쿠이가 이미 유전체 편집 인간 배아를 만들기 위해 현지 허가를 받았다는 소문이 돌았는데, 이는 그가 이전에 실험용 쥐와 원숭이 배아 편집 데이터를 제시했던 것을 생각하면 실현 가능성이 있어 보였다.[70] 이러한 이유로 그는 홍콩 대학교에서 열린 '제2차 인간 유전체 편집에 관한 국제 정상 회의'에서 강연을 하도록 초청받았다. 회의가 시작되기 이틀 전인 11월 25일 늦은 오후, 주최 측은 그가 유전자가위 기술의 선구자 중 한 명인 제니퍼 다우드나(Jennifer Doudna)에게 2명의 유전체 편집 아기가 태어났다는 사실을 알리기 위해 이메일을 보냈다는 알림을 받았다.[71]

다우드나는 유전자가위(CRISPR)—세균의 유전자 서열에서 관찰되는—에 대해 거의 아무도 들어본 적이 없을 때부터 연구를 해온 터였다. 그녀의 어린 시절에 하와이 대학교의 문학 교수였던 아버지가 많은 책을 집으로 가져왔다. 그중 하나인 제임스 왓슨의 《이중나선》은 과학자가 되는 데 영감을 주었다. 그 책이 사실에 대한 교과서적인 설명 뒤에 숨겨진 인간의 노력을 보여주었기 때문이다.[72] 화학을 공부한 후, 다우드나는 1994년 예일 대학교에 자신의 연구실을 차렸고, 2002년에는 캘리포니아 버클리 대학교로 옮겼다. 그곳에서 그녀는 유전자가위를 처음 접했다. 2006년 버클리 대학교의 교수 질리언 밴필드(Jillian Banfield)로부터 갑자기 전화가 왔다. 밴필드는 적절한 경험을 가진 현지인으로서 유전자가위 연구를 도와줄 다우드나를 구글 검색을 통해 찾은 터였다. 다우드나는 곧 그 주제에 매료되었다. 2005년 두 사람이 흥분한 이유는 세 가지 출판물에서 세균 유전체의 유전자가위 부분이 세균을 공격하는 것으로 알려진 바이러스와 일치하는 서열을 포함하고 있다고 보고했기 때문이다.[73] 그건 유전자가위가 세균이 바이러스와 싸우는 데 도움을 주면서 면역 방어에 관여할 수 있음을 암시하는 것이었다. 유전자가위의 이해와 관련한 그들의 역할 때문에, 다우드나와 프랑스 과학자 에마뉘엘 샤르팡티에(Emmanuelle Charpentier)는 2020년에 노벨상을 받았다. 샤르팡티에는 "너무 똑똑해서 무인도에서도 연구실을 시작할 수 있었을 것"[74]이라고 알려진 사람이었다.

물론 이 짤막한 설명은 적어도 9개국의 연구소에서 20년에 걸쳐 해결됐고 그 자체로 책 한 권을 쉽게 채울 수 있는 유전자가위의 모든 이야기를 과소평가한 것이다.[75] 이 이야기는 미생물의 이상한 유전적 서열을 이해하고자 하는 상대적으로 모호한 연구에서 위대한 의학적 의미의 발견이 어떻게 시작되었는지를 보여주는 또 다른 예다. 우리가 현재 가지고 있는 그림은 미생물이 실제로 유전자가위 시스템을 사용해 침입하는 바이러스를 공격한다는 것이다. 이런 경우는 세균에서 자연 발생하는 효소에 의해 파괴되는 동안 바이러스 유전자를 표지함으로써 작동한다. 이는 그 자체로 매혹적이지만, 이 기초 과학이 중요한 의학적 돌파구로 여겨지는 이유는 유전자가위 시스템이 또한 우리가 선택하는 어떤 방법으로든 인간 세포를 포함한 동물 세포의 유전체를 편집하기 위해 다시 쓰일 수 있기 때문이다. 실제로 유전자가위는 거의 모든 생물학 실험실에서 세포 내부의 유전자를 비활성화하거나 편집할 수 있는 방법을 제공한다. 여기에는 배아의 유전적 구성을 선별하는 것이 아니라 조작하는 방법이 포함된다.

2015년 유전자가위를 사용한 인간 배아의 유전자 편집이 처음 보고되었다.[76] 그 연구에서 중국 과학자 황쥔주(黃軍就)는 어쨌든 그래도 결함 있는 인간 배아에서 유전자가위를 테스트했다. 왜냐하면 그런 결함이 있는 배아는 여분의 염색체 세트를 포함하고 있으므로 이 작업으로 아기가 생길 수는 없다는 걸 확신했기 때문이다. 밝혀진 것처럼 그 실험은 그가 편집하려 했던 유전자가 아닌 다른 유전자에서 돌연변이가 발생했기 때문에 기대했던 것만큼 성공적이지 못했다. 황쥔주의 연구에 대한 과학계의 반응은 엇갈렸지만 한 가지는 분명해 보였다. 만약 유전자가위를 유전자 편집 배아의 수단으로 사용한다면, 최소한 유전자가위가 향상되어야만 했다.

많은 과학자가 인간 배아의 유전체를 조작하는 데 유전자가위의 사용을 중단하라고 요구했다. 사실, 한동안 유전자 편집 인간 배아에 대한 전 세계적 유예가 있었지만, 실제로 그걸 막을 수 있는 것은 거의 없었고 틀림없이 앞으로도 그럴 것이다. 2018년 11월 허젠쿠이가 갑자기 과학적 합의를 무시하기로 결정했다는 것이 명백해졌다.

허젠쿠이가 홍콩 대학교에서 열린 정상 회의에 참석하기 며칠 전 〈MIT 테크놀로지 리뷰〉의 한 기자는 중국임상시험등록부(Chinese clinical trial registry)에서 그의 연구에 대한 몇 가지 정보를 찾아냈다.[77] 11월 25일 〈MIT 테크놀로지 리뷰〉는 그들이 그때까지 알고 있는 것을 보도했다.[78] 그날 저녁, 허젠쿠이가 제작한 5개의 비디오가 온라인에 공개되었다. 그 비디오에서 허젠쿠이는 자신의 작업을 설명하고 '룰루(Lulu)'와 '나나(Nana)'라고 불리는 유전자 편집 쌍둥이가 태어났음을 사실상 확인해주었다.[79]

언론이 자신을 찾을까 봐 두려워한 허젠쿠이는 회의에 참석한 다른 모든 연사들이 묵고 있던 호텔을 떠나 비밀 장소로 옮겼다. 홍콩 대학교는 나중에야 허젠쿠이의 행방을 알게 되었고, 그를 찾아 아무도 모르는 방으로 데려갔다. 그곳에서 허젠쿠이는 회의 대표단과 약 160명의 언론인을 만나기 위해 강당으로 나갈 때까지 기다렸다. 연단에서 그는 자신의 연구 결과를 과학 관련 청중에게 먼저 발표하지 않고 유출한 것에 대해 즉시 사과했다. 허젠쿠이는 또한 자신의 대학교에 감사를 표했지만, 대학교 관계자들은 그가 무슨 말을 하는지 모르겠다고 반응했다.

약 20분 동안 허젠쿠이는 준비된 연설을 했다. 인간 배아로 한 일을 설명하기 전에 쥐와 원숭이 배아로 진행한 예비 연구에 관해 이야기했다. 그는 인간 배아에서 CCR 5(백혈구 표면에 있는 유전자로, HIV의 침투 경로인 단백질 수용체—옮긴이)라는 유전자를 비활성화하기로 결정했다고 말했다. 이 유전자는 북유럽인의 약 1퍼센트에서 자연적으로 비활성화되어 있으며, 많은 HIV 변종에 의한 감염으로부터 이들을 보호한다. (대부분의 바이러스 변종은 CCR 5에 의해 암호화된 단백질을 사용해 인간 세포에 침투하기 때문이다.) 그는 이것이 자기 작업의 배경이 된 근거라고 했다. 즉, 아이들이 HIV에 면역이 있게끔 만들겠다는 것이었다.

유전자 편집 아기의 아버지는 HIV 양성이고, 어머니는 그렇지 않았다. HIV 양성인 아버지가 있다는 것이 아기가 HIV로 태어날 확률에 큰 영향을 미치지는 않지만, 그는 이 두 아기가 평생 HIV에 면역이 있기를 바랐다. 허젠쿠이는 아기가 평생 HIV에 저항력을 갖는 것이 HIV 양성에 대해 심각한 낙인을 찍는 중국에서 특히 중요하다고 말했다. 그는 표적을 벗어난 유전적 영향이 없는지 확인하려고 시도했으며, 2개의 배아가 독립적으로 편집 및 이식되어 이란성 쌍둥이로 이어진다는 점을 분명히 했다.

준비된 연설을 마친 그는 런던 프랜시스 크릭 연구소(Francis Crick Institute: 생체의학을 연구하는 유럽 최대의 연구소—옮긴이)의 로빈 러벨-배지(Robin Lovell-Badge)와 스탠퍼드 대학교의 매슈 포르테우스(Matthew Porteus)라는 두 과학자와 함께 무대에 섰고, 그들은 학술적이지만 조심스럽게 질문을 했다. 이 문답을 통해 우리는 여덟 커플이 허젠쿠이의 임상 프로그램에 등록했고, 그중 한 커플은 중간에 그만두었으며, 총 31쌍의 배아를 연구했다는 걸 알게 되었다. 다음으로 데이비드 볼티모어(David Baltimore)가 무대에 올랐다. 80세의 노벨상 수상자(1975년 RNA형 암바이러스 연구로 노벨 생리학·의학상을 받았다—옮긴이)다운 진지함을 지닌 그는 허젠쿠이의 작업이 그 어떤 수준의 투명성도 갖추지 않았으며, "우리는 그 일이 벌어진 후에야 알게 되었다"고 말했다. 그리고 한 사람을 HIV 감염으로부터 보호하는 것보다 더 긴급한 의학적 요구가 있다고 언급했다. 허젠쿠이와 몇 미터 떨어진 곳에서 그의 연구가 무책임하다고 선언한 것이다.

허젠쿠이의 주장은 아직 공식적으로 입증되지 않았지만, 그가 자신이 한 일에 대해 진실을 말했을 가능성은 확실히 있다.[80] 그의 연구는 모든 종류의 과학, 학술, 의료 단체와 수많은 정부 기관으로부터 재빠르게 통렬한 비판을 받았다. 왜냐하면 허젠쿠이는 인간 배아 실험에 대한 모든 사람의 윤리적 지침을 벗어나 행동했고, 그 과정이 위험했기 때문이다. 이뿐만 아니라 허젠쿠이가 두 아기를 통해 실제로 만들어낸 돌연변이는 자신이 바라던 것과 정확히 일치하지 않았다. 그는 자연 발생하는 것으로 알려진 CCR 5 유전자에서 특정 돌연변이를 만들려 했지만 (분명치 않은 이유로) 2개의 이식된 배아는 결국 CCR 5 유전자에서 약간 다른 돌연변이를 갖게 되었다. 이러한 돌연변이의 효과는 확실하지 않다. 돌연변이의 효과는 어느 정도 HIV 저항성을 부여할 수 있지만, 이 유전자가 중요한 것으로 알려진 면역 체계나 신체의 다른 부위에서 또 다른 결과를 초래할 수도 있다. 예를 들어, CCR 5가 인간의 뇌에서 어떤 역할을 할 수 있다는 증거가 있다.[81]

그럼에도 불구하고 그는 초기 버전의 일부 이야기가 암시하는 것처럼 광인이나 '카우보이 과학자'로 치부될 수 없으며, 모든 과학자가 그의 연구를 비난한 것은 아니다. 미국에서 학습한 허젠쿠이는 2012년 중국 정부가 운영하는 권위 있는 프로그램을 통해 중국으로 돌아왔다. 스탠퍼드 대학교에서 박사후연구원 허젠쿠이를 지도했던 스티븐 퀘이크(Stephen Quake)는 〈뉴욕타임스〉에 허젠쿠이가 "밝고 야심찬 사람"[82]이라고 말했다. 유전자가위 기술을 개발하는 데 한 역할을 맡은 하버드 대학교의 조지 처치(George Church)는 "허젠쿠이의 배아 실험으로 태어난 아이들이 정상적이고 건강하기만 하다면, 유전자가위 분야와 가족을 위해 괜찮을 것이다"[83]라고 말했다. 많은 과학자는 허젠쿠이의 연구에 투명성이 없는 데 대해 특히 비판적이었지만, 그는 체외수정으로 HIV 감염자가 아기를 낳는 걸 금지하는 중국 규칙을 피하려고 어느 정도 비밀을 유지하면서 일해야 했을 수도 있다.[84]

체외수정의 개척자이자 노벨상 수상자인 로버트 에드워즈는 허젠쿠이의 영웅이다.[85] 에드워즈는 패트릭 스텝토, 진 퍼디 등과 함께 비판에 직면해서도 새로운 의료 절차를 수행했는데, 당시는 임신을 위해 체외수정을 사용하는 것은 큰 위험이 따르는 일이었다. 그러나 체외수정은 효과가 있었고 진정 혁명적인 것으로 판명되었다. 에드워즈와 그의 동료들은 윤리적으로 행동하려고 노력했지만, 그때는 체외수정에 대한 절차와 지침이 지금처럼 잘 정의되지 않았다.[86] 루이즈 브라운의 어머니는 임신 6개월이 될 때까지 체외수정이 얼마나 선구적인 일인지 깨닫지 못했고, 신문에서 그녀에 대해 논의하는 것을 보았다.[87] 체외수정 자체를 너무 빨리 시험했는지 아닌지는 논쟁의 여지가 있다. 아마도 유일한 대답은 체외수정이 효과가 있었다는 것일 테다. 그러나 대개는 임신을 위해 인간 배아를 유전적으로 편집하는 건 너무 멀리 나아간, 혹은 적어도 너무 이른 단계였다고 간주한다.

홍콩 대학교에서의 회의 후 허젠쿠이는 대중의 시야에서 사라졌다. 허젠쿠이의 연구 프로그램은 중단되었으며, 적어도 한 번은 대학 구내에서 경비들이 지키는 아파트에 억류되었다는 증거가 있다.[88] 많은 중국 과학자를 포함해 120명 넘는 과학자들이 이 특별한 판도라의 상자가 열리자 즉각적인 법적 조치와 국제적 논의를 촉구하는 공개서한을 돌렸다. 2019년 3월 세계보건기구(WHO)는 이 문제를 논의하기 위해 위원회를 구성했다. 한동안 중국 정부가 허젠쿠이에 대해 공식적으로 형사 고발을 할 것인지 불분명했지만, 결국 그렇게 했다는 게 분명해졌다. 2019년 12월 법원은 허젠쿠이에게 300만 위안(약 5억 6000만 원—옮긴이)의 벌금을 부과했고, 2020년 1월에는 징역 3년을 선고했다.[89] 허젠쿠이의 동료 2명은 그보다 적은 벌금과 형을 선고받았다.

몇몇 국립 의학 아카데미들은 이 문제를 계속 토론하고 있다. 체외수정에 대한 규칙과 지침이 발표될 테지만, 인간 배아의 유전자 편집은 예를 들어 핵무기 확산보다 통제하기가 훨씬 더 어렵다. 유전자 편집은 그 어떤 쉬운 방법으로도 감시, 보호 또는 중단시킬 수 없기 때문이다. 우리는 적어도 앞으로 한 세기 동안 이 기술의 사용을 둘러싸고 씨름할 것이다.

이 모든 일에서 파생되는 것은 자녀를 갖는 우리의 방식에 엄청난 변화가 일어날 거라는 점이다. 이 새로운 과학의 사용을 관리하는 규칙은 국가와 문화마다 다를 게 거의 확실하고, 시행하기도 어렵다. 우리는 각자 스스로 결정을 내려야 한다. 우리가 하는 일에 의해 우리의 삶과 아이들의 삶이 크게 영향을 받는다. 일이 너무나 빨리 진행되고 있어 100년 후에 이를테면 지금 출현하는 새로운 과학 때문에 얼마나 많은 아이가 태어날지 알 수 없다. 그리고 이것은 아직 시작에 불과하다.

3

치유를 위한 힘

마르코 폴로는 돌 하나하나로 다리를 묘사한다. "그렇다면 다리를 지탱하는 건 어떤 돌인가?" 쿠빌라이 칸이 묻는다. "이 다리는 돌 하나하나에 의해 지탱되지 않습니다. 그 돌들이 형성하는 아치(arch)의 선(line)에 의해 지탱됩니다"라고 마르코는 대답한다. 쿠빌라이 칸은 묵묵히 생각에 잠겨 있다. 그러고 나서 이렇게 덧붙인다. "왜 나에게 돌에 대해 말하는가? 내게 중요한 것은 오직 아치뿐이다." 폴로는 대답한다. "돌 없이는 아치도 없습니다."

–이탈로 칼비노(Italo Calvino), 《보이지 않는 도시들(Invisible Cities)》

레너드 '렌'(Leonard 'Len')과 리어노어 '리'(Leonore 'Lee') 허젠버그(Herzenberg)는 1953년 여름에 결혼했다. 그는 21세, 그녀는 18세 때였다. "부모님은 우리가 너무 어리고, 너무 순수하고, 너무 가난하고, 너무 미쳤다고 생각했다"[1]고 리는 회상했다. 그러나 2013년 렌이 사망할 때까지 50년 넘게 그들은 함께 획기적인 연구를 주도했다.

그들이 과학적 여정을 시작했을 때, 실험실에서는 필요한 모든 것을 구입하기보다는 자체 장비를 만드는 게 일반적이었다. 도구와 기술의 개발이 과학적 돌파구를 위한 중요한 첫 단계로 널리 인식되던 시대였다. 렌과 리의 주요 업적은 오늘날 거의 모든 생물학 연구소와 병원에서 인체의 세포를 세고 분류하고 분석하는 데 쓰이는 과학 기구를 개발한 것이었다.

1959년 렌은 스탠퍼드 대학교에 새로운 연구소를 세우기 위해 채용되었고, 경력 초기 단계에 있던 리도 그와 함께 갔다. 리는 다른 부서에서 일자리를 찾거나 학업을 마칠 계획이었다. 그러나 스탠퍼드 대학교에 도착한 직후, 렌에게 도움이 필요하다는 게 분명해 둘은 함께 일하기 시작했다. 처음에는 렌이 연구를 주도했다. 하지만 시간이 흐르면서 둘이 함께할 때뿐만 아니라 그들 각자도 뛰어나다는 게 밝혀졌다.

렌과 리는 서로를 사랑했고, 과학도 사랑했다. 당시 DNA의 이중 나선 모양이 발견되었는데, 그들에겐 특히 유전학이 흥미로웠다. 하지만 그들은 또한 "정말 많은 일을 해내는 것"[2]을 즐겼다. 면역 체계의 복잡성이 드러나기 시작할 때 그들은 스탠퍼드 대학교의 면역 체계 연구에도 참여했다. 서로 다른 유형의 많은 면역세포가 발견되었다. 일부 면역세포는 특히 세균을 삼키는 데 탁월했고, 다른 면역세포는 바이러스에 감염된 세포를 죽일 수 있었다. 하지만 당시 우리의 이해는 혼란스러웠다. 어떤 종류의 면역세포가 무엇을 하는지 명확하지 않은 반면, 다른 면역세포들은 아직 발견되지도 않은 때였다. 렌이 직면한 작업 중 하나는 수많은 변종을 포함한 샘플에서 각 종류의 세포가 몇 개씩인지 세는 것이었다. 세포들을 서로 구별하기 위해 렌은 각각의 세포 종류가 특정한 색을 띠도록 하는 기술을 사용했고, 세포들을 효과적으로 '표식(labelling)'해서 눈으로 셀 수 있게끔 했다. 그러나 현미경으로 세포를 하나하나 세는 것은 매우 힘든 일이었다. 리는 "렌은 눈이 매우 나쁘고 …… 〔그리고〕 그는 현미경을 싫어했다"[3]고 회상한다. 렌은 표식된 세포를 셀 수 있는 기계가 있다면 작업이 훨씬 더 쉬우리라는 걸 깨달았다.

렌은 엔지니어가 아니라 생물학자였지만 브루클린에서 이민자 2세의 아들로 성장하면서 자신에게 필요한 대담함과 결단력을 길렀다. 렌이 어릴 때 그의 아버지는 옷가게에서 일했고, 어머니는 법률 비서였다. 그리고 부모님은 한동안 렌을 그가 별로 좋아하지 않는 뉴욕 북부에 있는 기숙학교에 보냈다. 오랫동안 그는 매주 브루클린에 있는 치열 교정 의사를 만나기 위해 기차 여행을 했다. 이렇게 10~11세에 혼자 뉴욕시의 대중교통 시스템을 탐색함으로써 필요한 것은 무엇이든 할 수 있다는 자신감을 습득했다.[4]

그러나 렌과 리의 성공 뒤에 가장 중요한 것은 그들이 서로의 챔피언이자 친절한 비평가였다는 점이다. 그들은 리가 브루클린 대학교에서 공부하기 시작할 때 만났는데, 렌은 그곳에서 마지막 해를 보내고 있었다. 두 사람은 모두 동유럽과 러시아 조상을 둔 뉴욕의 유대인 가정에서 자랐기 때문에 유대감을 느꼈을 것이다.[5] 렌이 칼텍(Caltech: 캘리포니아 공과대학—옮긴이)으로 떠나면서 두 사람은 3년 뒤 결혼하기로 약속했다. 렌의 대학원 과정과 리의 학부 과정이 모두 끝나는 시점이었다.[6] 하지만 떨어져 있는 동안 너무 외로웠기 때문에 그 계획은 효과가 없었다. 스카이프(Skype: 인터넷 전화—옮긴이)도 이메일도 아직 발명되지 않았기에, 그들은 값비싼 장거리 전화로만 연락할 수 있었다. 그래서 리는 브루클린 대학교를 그만두고 결혼했다. 그들은 렌의 부모가 준 자동차에 짐을 싣고 사랑과 과학을 위해 브루클린에서 칼텍까지 3000마일의 장거리 자동차 여행을 시작했다.

오늘날의 관점에서 보면 놀랍게도 여성은 그 당시 어떤 학부나 대학원 과정에서도 공식적으로 칼텍에 입학할 수 없었다. 하지만 고맙게도 교수진 자체는 여성이 교육받을 가치가 있다고 생각했고, 리는 자신이 원하는 것은 어떤 과목이든 수강할 수 있었다. 교수들은 리에게 그녀가 교육 과정를 수강했다는 걸 증명하는 편지를 써줬고, 다른 모든 학생과 마찬가지로 리의 성적을 평가했다. 현재 리는 공식적으로 대학을 졸업하지 않고 스탠퍼드 대학교의 교수 자리에 오른 매우 드문, 아마도 독특한 이력을 가지고 있다.

렌과 리는 칼텍에서 스탠퍼드 대학교로 옮기기 전에 파리와 미국 메릴랜드주 베세즈에 있는 국립보건원을 거쳤다.[7] 파리에서 렌은 "매일이 지적인 축제"[8]였던 파스퇴르 연구소의 자크 모노(Jacques Monod: 노벨 생리학·의학상을 수상한 프랑스의 생화학자—옮긴이) 연구실에서 일했다. 그 기간 동안 리는 연구실에서 렌을 도왔는데, 여기서 그녀는 자신의 표현처럼 "엄마가 되는 것과 과학자가 되는 것의 균형"[9]을 배웠다. 리는 종종 오후에 신생아를 실험실로 데려왔다. 리는 당시엔 미국보다 프랑스 연구실에서 여성이 훨씬 더 환영받았다고 회상한다.[10] 경력 후반기에 렌과 리는 자신들을 초대한 모든 회의나 모임에서 여성이 연설을 하는지 확인했다. 이는 1970년대와 1980년대에 꽤 선구적인 태도였다.[11]

세계 정치는 렌과 리에게 항상 중요했고, 둘의 사회적 유대는 그들의 행동주의와 결합했다. 리는 "함께 협력했던 사람들이 서로 연대한다"[12]고 강조한다. 칼텍에 있는 동안 그들은 핵무기 감축을 포함해 맨해튼 프로젝트에 참여했던 과학자들이 설립한 자유주의 조직인 미국과학자연맹(Federation of American Scientists)의 지부를 설립하는 데 도움을 주었다.[13] 렌과 리는 자크 모노의 연구실이 제2차 세계대전 당시 유대인 과학자를 숨겨준 이야기에서 영감을 받았다. 자크 모노는 돌이켜보면 고상하고 낭만적인 인물이지만, 당시에는 그다지 재미있는 사람이 아니었다.

2년간의 군 복무 징병 통지서를 받았을 때, 렌은 징병을 피할 수 있는 방법을 찾았다. 렌은 다음과 같이 말했다. "냉전이 고조되면서 미군은 내가 나의 조국을 위해 총을 들길 원했다. 하지만 나는 피펫을 들고 다니는 게 더 좋았다."[14] 자크 모노의 도움으로 렌과 리는 베세즈다에 있는 국립보건원으로 자리를 옮겼다. 미국 정부의 연구 기관에서 일하면 군 복무를 대신할 수 있었기 때문이다. 리는 훗날 로널드 레이건 정부가 과학에 대한 지원을 부분적으로 제한해서 과학자들이 연구 자금 확보를 위해 애쓰느라 과학자들의 정치 활동 시간이 줄어들었다고 생각했다.[15]

렌과 리가 국립보건원에서 2년을 보낸 후, 세균이 유전 물질을 교환할 수 있다는 걸 발견한 공로로 노벨상을 받은 조슈아 레더버그(Joshua Lederberg)가 둘을 스탠퍼드 대학교로 영입했다. 여기서 그들은 면역 체계에 관한 연구를 시작했는데, 렌은 나쁜 시력 때문에 엄청난 수의 세포를 세는 데 어려움이 있었다. 특히, 렌과 리는 세포를 단순히 세는 게 아니라 서로 다른 면역세포를 분리하고 싶었다. 이는 잘 통제된 상황에서 면역세포를 특성화하고 그것들의 행동을 검사하는 데 유용할 터였다. 사실 많은 생물학 영역에서 조직·장기 또는 혈액 샘플에 존재하는 모든 세포로부터 순수한 세포 집단을 얻는 것은 과학의 진보에 실질적인 장애물이었다. 렌과 리로 하여금 획기적인 도구를 개발하도록 추동한 것은 그들의 즉각적인 필요, 파트너십의 힘, 과학에 대한 공통된 사랑, 과학계가 직면한 광범위한 도전이었다. 그러나 렌과 리의 친구들은 나에게 두 사람을 진정으로 자극한 것은 지극히 개인적인 차

원의 동기였다고 말해주었다.[16]

1961년 11월, 리와 렌은 두 딸에 이어 셋째 아들을 낳았다. 그런데 아기가 태어나자마자 파란색으로 변하기 시작했다. 간호사들은 아무런 설명도 없이 아기를 데려갔다. 그들은 아기가 충분한 산소를 공급받지 못해서 그런 거라는 걸 알고 있었지만, 몇 시간이 지나도록 그 누구도 리에게 아무 말도 해주지 않았다. 리는 아기가 어디에 있는지 궁금할 따름이었다. 한편, 렌은 그 당시 대분분의 아버지들이 그랬던 것처럼 아기가 태어날 때 현장에 없었다.

2019년 나와 대화할 때, 리는 간호사들이 아들을 데려가기 전에 잠시 안아줬던 순간과 아기의 엉덩이에서 좋지 않은 느낌이 들었던 걸 기억한다고 말했다.[17] 마침내 의사가 렌에게 전화를 걸어 상황을 설명했다. 그리고 리에게도 말해주었다. 좋은 소식이 아니었다. 의사들은 갓 태어난 아기가 2~3개월 안에 죽을 거라고 생각했다.

리와 렌의 아기 마이클은 다운증후군을 앓고 있었다. 다운증후군은 (인간 유전체의 약 2만 3000개 중) 약 300개의 유전자를 포함하고 있는 21번 염색체의 추가 사본 유전으로 인해 발생한다. 다운증후군은 아기의 발달에 변화를 가져온다. 마이클은 심장 문제를 포함해 다운증후군과 관련 있는 가장 심각한 신체적 합병증을 안고 있었다. 호흡도 여러 번 멈췄다. 리의 할머니는 아기를 집에 데려가기만 하면 괜찮을 거라고 했지만, 리는 집에 있는 것으로 염색체 이상이 사라지지 않을 것이라는 걸 알고 있었다. 그래서 렌과 리는 마이클을 집으로 데려가지 않았다. 리는 만약 마이클을 집으로 데려갔다면 "아마 내 품에서 죽었을 것"[18]이라고 생각한다.

결과적으로 의사의 예측은 빗나갔다. 마이클은 죽지 않았다. 그러나 마이클을 키우는 것은 분명 큰 도전이 될 터였다. 리는 과학에 전념했다. "과학을 하는 것은 선물이다."[19] 그녀는 과학 연구를 포기하고 싶지 않았다. 그래서 소아과 의사는 렌과 리를 지역에서 일하는 바버라 제닝스(Barbara Jennings)에게 소개해주었다. 그녀는 발달 장애를 겪고 있는 다른 많은 아이들과 함께 마이클을 돌봤다. 리는 말한다. "당신이 생각하는 것처럼 그건 분명 이기적인 일이었다. 왜냐하면 우리에겐 하고 싶은 일이 있었기 때문이다……. 〔그리고〕 만약 우리가 키웠다면 양육에 집중했을 테지만, 반면에 마이클은 탁아 기관의 침대에 갇히지 않았고, 나는 누군가가 나와 함께 아이를 공유하고 있는 게 기뻤다."[20]

리는 임신 초기에 태아가 다운증후군이라는 사실을 알았다면 낙태했을 거라고 말했다.[21] 하지만 마이클이 태어났을 당시에야 다운증후군의 유전적 기반이 발견되었고, 다운증후군에 대한 어떤 종류의 출생 전 태아 검사든 그게 가능하려면 5년이 걸릴 터였다.[22] 마이클이 태어난 후, 렌과 리는 임신 중 아기의 건강을 검사하는 방법을 찾는 게 매우 중요하다고 생각했다. 그들은 발달 중인 태아의 일부 세포가 엄마의 혈류에 있다는 사실을 알았고, 기계가 이 희귀한 세포를 분리할 수 있다면 아기의 건강을 확인할 수 있을 거라고 판단했다.[23]

결과적으로 희귀한 세포를 분리하겠다는 그들의 목표는 실현되지 않았다. 왜냐하면 희귀한 세포를 분리하기에는 모체 혈액 샘플에 태아의 세포가 너무 적었기 때문이다. 그러나 2008년 스티븐 퀘이크(2장에서 허젠쿠이의 박사후연구원 조언자로 언급한 적이 있다)가 이끄는 스탠퍼드 대학교의 다른 연구실에서 비슷한 성과를 얻었다. 퀘이크의 연구팀은 다운증후군을 태아 세포 분석이 아니라 태아 DNA 분석으로 감지할 수 있다는 걸 보여주었으며, 이 중 일부는 임산부의 혈액에서도 발견되었다. 렌과 리는 퀘이크의 작업을 축하하며 그걸 출판하는 일도 도왔다.[24] 그럼에도 불구하고 1961년 마이클이 태어난 후, 희귀한 세포를 분리할 수 있는 기계에 대한 개념과 이 기계가 예비 부모에게 미칠 영향은 렌이 세포를 세고 분리하는 방법을 찾는 데 강력한 동기를 부여했다.

그 연구는 렌을 뉴멕시코주 로스앨러모스(Los Alamos)로 데려갔다. 그곳의 과학자들은 당시 방사성 입자를 세고 크기를 측정하는 기계를 개발해낸 터였다. 그들은 원자폭탄 실험 때 발생한 버섯구름에 의해 오염된 동물의 폐에서 방사능을 평가하기 위해 그 기계를 사용하고 있었다.[25] 렌은 로스앨러모스의 과학자들에게 표식된 세포를 계산할 수 있도록 기구를 개조할 수 있는지 물었다. 과학자들은 그건 자기들의 임무가 아니므로 그렇게 해보려 한 적이 없다고 말했다. 렌은 그 기계의 도면을 달라고 그들을 설득했다. "과학이 독립적인 사고를 필요로 한다고 해도, 동시에 과학은 또한 매우 이상한 협력에 의존한다"[26]고 렌은 나중에 썼다. 마이클이 태어난 직후, 렌은 그 도면을 얻었다.

간단한 동전 분류기는 크기가 줄어드는 구멍들을 통해 돈을 통과시킨다. 가장 큰 동전이 먼저 첫 번째 수납고로 떨어지고, 그다음으로 큰 동전이 두 번째 수납고로 들어간다. 그러나 세포는 이처럼 쉽게 분류할 수 없다. 왜냐하면 여러 종류의 세포는 크기가 비슷하고 모양이 바뀔 수 있기 때문이다. 아주 작은 세포를 분리하려면 분명히 동전 분류기보다 훨씬 더 정교한 기계가 필요하다.

렌과 리가 개발한 기계를 '유세포 분석기(flow cytometer)'라고 부른다. 그 기계 안에서 세포들은 광선을 통과하며 한 줄로 흐른다.[27] 이를 수행하는 방법은 여러 가지가 있지만, 현대의 기계에서 가장 일반적으로는 한 액체 속 세포를 외장액(sheath fluid: 시료 유입과 세포 보호 역할을 하는 수용액—옮긴이)이라고 하는 두 번째 액체의 흐름에 주입한다. 유체역학적 집중 현상(hydrodynamic focusing)이라고 부르는 자연 발생 과정을 통해 세포는 동일한 축의 케이블(cable)처럼 두 액체의 중심을 따라 미세한 선을 그리며 이동한다. 음파는 때때로 세포를 훨씬 더 촘촘한 실로 정렬시키기 위해 쓰인다.

결정적으로, 혈액 샘플에 있는 다양한 유형의 세포는 이미 다른 형광 마커로 표식되어 있다. 오늘날 이 과정은 단클론 항체(monoclonal antibody)라고 하는 특수 단백질 분자를 사용해 이뤄진다. 이 주제에 대해서는 곧 다시 다룰 예정이다. 그러나 초기에 장비를 만드는 동안 그게 얼마나 잘 작동하는지 테스트하기 위해 렌과 리는 별도의 관에 있는 세포에 염료를 추가한 다음 이를 혼합해 미리 정해진 수만큼 서로 다른 색상의 세포가 있는 샘플을 만들었다.

기기 내부에서 레이저 빔은 흐르는 세포를 정확하게 가로채는데, 빛을 차단할 때는 각각의 세포를 잠시 비춘다. 다른 형광 마커는 세포의 흐름이 레이저 빛을 통과할 때 다른 색상을 발산한다. 거울과 렌즈는 빛을 모아 전기 펄스로 변환하는 착색된 필터를 장착한 감지기들에 빛을 집중시킨다. 다른 감지기는 세포에서 반사된 빛의 양을 감지해 세포의 크기와 내부 복잡성에 대한 정보를 제공한다. 초기에는 오실로스코프(oscilloscope: 시간이 달라질 때 입력 전압의 변화를 화면에 출력해내는 장치—옮긴이) 화면의 폴라로이드 사진에 결과가 포착되었다.[28] 현대의 기기에서는 매초 수천 개의 세포에서 개별 색상의 펄스와 반사광 양이 기록되고, 컴퓨터 소프트웨어가 그 결과를 표시한다.

전체적으로 렌이 로스앨러모스에서 기계 도면을 얻은 후, 렌과 리 그리고 그들의 연구팀이 제대로 작동하는 도구를 만들기까지 7년이 걸렸다. 렌은 필요하면 사람들을 세게 밀어붙일 수 있었다. 어느 시점에서는 엔지니어에게 더 빨리 세포를 계산할 수 없다면 기기가 쓸모없을 거라는 얘기도 했다. 그러나 렌과 리는 연구팀에 가족 같은 유대감을 심어주기 위해 노력했다.[29] 매주 목요일 밤마다 렌과 리는 와인과 맥주가 있는 과학적 토론을 위해 모두를 집으로 데려갔는데, 스탠퍼드 대학교에서는 그들이 재미있는 파티를 주최하는 것으로 유명했다.[30] 1960~1970년대에 샌프란시스코는 히피 반체제 문화의 중심지였으며, 그 분위기가 렌과 리의 삶과 실험실에도 스며들었다.[31]

렌과 리 둘이 항상 좋아했던 책은 마크 즈보롭스키(Mark Zborowski)와 엘리자베스 허조그(Elizabeth Herzog)의 《사람들과 함께하는 삶(Life is with People)》이었다.[32] 내가 이 책을 좋아한 이유를 묻자, 리는 "인생은 사람과 함께하기 때문이며, 창의적인 과학 역시 사람으로부터 비롯되기 때문이다"[33]라고 말했다. 이 책은 뮤지컬 〈지붕 위의 바이올린〉에 나오는, 동유럽의 고립된 소도시에 있는 유대인 공동체 슈테틀(shtetl)의 문화를 묘사한다. 슈테틀 문화는 전통, 인간 복지 및 가족생활을 강조한다.[34] 슈테틀은 홀로코스트에 의해 파괴되었지만, 리에게는 슈테틀 문화로부터 (오늘날 미국에 있는 동유럽 출신 유대인들에게) 전해진 무언가가 있었고, 이것이 그들의 실험실 분위기에 영향을 미쳤다. 그건 바로 "건물과 장소와 돈은 아무 의미가 없지만, 사람들 사이의 상호 작용은 영원히 남을 것이라는 인식"[35]이었다. 이러한 인식은 렌과 리의 과학과 별개의 것이 아니었다. 이는 그들이 믿었던 것의 핵심이며, 실험실 운영 방식과 모든 것에 대한 접근 방식에 영향을 미쳤다.

연구팀이 함께 이룬 가장 중요한 발전은 그들의 기계가 세포를 세는 것 이상의 일을 했다는 점이다. 많은 응용 프로그램에서 가장 필요한 것은 계산이다. 그러나 다른 방식으로 세포를 자세히 조사하려면 서로 다른 세포를 분류 및 분리해야 했다. 본질적으로 약간 변경된 유세포 분석기, 즉 세포 분류 기기는 렌이 명명한 '형광 활성화 세포 분류기(fluorescence-activated cell sorter, FACS)'로 잘 알려져 있다. 하지만 그 기기의 작동 방식은 렌이나 리의 아이디어가 아니었다. 이 원리는 잉크젯 프린터를 만드는 데 필요한 잉크 방울의 위치를 제어하는 방법으로 스탠퍼드 대학교의 리처드 스위트(Richard Sweet)가 개발했다.[36] FACS는 마치 기본적인 유세포 분석기처럼 작동하지만 중요한 조정이 필요하다. 레이저 앞을 통과하기 전에 세포의 흐름은 작은 구멍이나 노즐(액체를 내뿜는 작은 구멍—옮긴이)을 지나며 물방울이 생성되고, 각각의 물방울은 하나의 세포를 포함한다.[37] 각각 세포 하나씩을 포함한 채 정확히 같은 장소에서 떨어지는 물방울을 유지하는 데 필요한 정확한 주파수는 스위트의 이름을 따서 '스위트 스폿(Sweet spot)'이라고 부른다. 각 물방울이 싹을 틔우기 직전에 세포의 흐름에 전하를 부여한다. 세포의 흐름을 충전하고 방전하는 사이클은 시간이 지정되어 있고, 하나의 세포를 포함한 각각의 물방울에는 양전하든 음전하든 고유한 전하를 부여한다. 이

고유한 전하는 레이저 빛에 세포가 부딪칠 때 그 세포가 발생하는 색깔에 의존한다.[38] 녹색으로 표식된 한 가지 유형의 세포를 포함하는 물방울은 양전하를 띠고, 빨간색으로 표식된 다른 유형의 세포를 포함하는 물방울에는 음전하가 주어진다.

일단 충전되면 하나의 세포를 가지고 있는 물방울은 2개의 전기판, 즉 하나는 양극이고 다른 하나는 음극인 전기판 사이에 떨어진다.[39] 물방울은 반대 전하에 끌린다. 양전하를 띤 물방울은 음전하를 띤 판 쪽으로 경로를 바꾸며, 그 반대의 경우도 마찬가지다. 충전되지 않은 물방울 속의 원치 않는 세포는 아무런 방해도 받지 않고 판을 통과할 것이다. 그런 다음 관을 배치해 한 방향 또는 다른 방향으로 편향된 세포를 잡을 수 있으며, 이러한 방식으로 다양한 유형의 세포가 분리된다.

1969년 복잡한 샘플로부터 한 종류의 세포를 분리하거나 농축할 수 있는 기계에 대해 설명한 그들의 첫 번째 논문이 발표되었다.[40] 그들은 '휘저(Whizzer)'라는 이름의 이 기계를 약 1만 4000달러를 들여 의과대학 지하에 설치했다.[41] 세포를 분리하는 기계의 개발이 전례가 없는 일은 아니다. 그건 물리학·생물학 및 공학의 많은 개념을 결합한 기술이며, 스탠퍼드 대학교 연구팀이 갑자기 또는 완전히 단독으로 달성했다는 인상을 주는 것은 잘못이다.[42] 예를 들어, 1960년대 초중반에 IBM에서 일하던 루이스 카멘츠키(Louis Kamentsky)와 그의 동료들은 정상 세포에서 암세포를 분리할 수 있는 기계를 만들었다.[43] 그 기계는 효과가 있었지만, 임상적으로 사용하기엔 충분히 신뢰할 수 없었다.[44] IBM은 이 버전의 기계를 스탠퍼드 대학교의 렌에게 보냈다. 렌은 그 기계의 디자인을 사용한 적이 없지만, 부품은 재활용했다고 말했다.[45]

1963년 대기 중 핵 실험 금지 조약이 체결되면서 로스앨러모스의 과학자들은 더 이상 방사능 낙진을 모니터링할 필요가 없었다. 그래서 이들 역시 세포 분류로 관심을 돌렸다. 그곳에서 맥 펄와이러(Mack Fulwyler)는 크기를 기준으로 세포를 분류할 수 있는 기기를 만들었다.[46] 펄와이러 또한 이를 만들기 위해 스위트의 아이디어를 사용했다.[47] 펄와이러의 기계는 생물학적 특징에 따라 세포를 분류할 수 없었지만, 렌과 리가 만든 기계의 중요한 선구자였다.[48] 펄와이러는 로스앨러모스에 있는 대부분의 과학자(주로 물리학자와 엔지니어)가 자신의 작업을 특별히 지지하지 않았다고 회상한다. 그들은 개별 세포를 면밀히 조사하는 게 무슨 의미가 있는지 알 수 없었다. 그들은 여전히 "세포로 가득 찬 플라스크를 가져다가 그것들을 갈아서 어떤 특성의 평균값을 측정하는 관점에서"[49] 생각했다.

렌과 리는 세포 분류가 미칠 영향을 알고 있었다. 면역 체계 또는 인체의 그 어떤 부분이든 복잡성을 풀기 위해서는 구성 세포의 다양한 특성과 기능을 이해해야 한다는 걸 알고 있었던 것이다. 그리고 그들은 만약 각기 다른 종류의 세포를 살아 있는 동안 분리할 수 있다면, 그 세포 각각의 기능을 알아보기 위해 단독 또는 조합으로 다음 실험에서 사용해볼 수 있다는 걸 깨달았다. 렌은 때때로 이 도구를 혼자 개발한 것으로 인정받고 있으며, 그에게만 과학상이 수여되었다. 하지만 그는 항상 모든 걸 리와 공유했다고 주장했다. 동시에 렌은 그들이 "세계에서 가장 파괴적인 사업의 한 부분으로 만들어진 기계를 치유를 위한 강력한 힘으로 변화시켰다"[50]고 말했다.

비록 그들에게 선견지명이 있었더라도, 그들과 다른 누구든 이러한 유형의 도구가 실제로 얼마나 강력해질지 예측하는 것은 불가능했다. 그 기계는 자기공명영상(MRI)이나 유전자 시퀀싱(sequencing: 염기 서열 분석. 시퀀스는 DNA의 유전 정보를 구성하는 네 가지 염기인 A, G, T, C의 서열을 말한다. 즉, 시퀀스는 염기 서열, 시퀀싱은 염기 서열 분석을 의미한다—옮긴이)처럼 더욱 잘 알려진 기술만큼 현대 과학에 전적으로 필수적이다. 혈액, 세포 조직 또는 종양 샘플은 오늘날 실험실과 병원에서 유세포 분석을 통해 일상적으로 분석된다. 세포 유형을 세는 것뿐만 아니라 바이러스나 세균의 존재 혹은 사람의 면역세포가 잘 작동하는지 또는 손상되었는지도 감지할 수 있다. 예를 들어, 다양한 사람이 백신에 반응하는 방식도 유세포 분석으로 연구한다. 약간 변경된 동일한 도구를 사용해 유전적 기형의 존재를 분석하거나 바다를 채우고 있는 아주 작은 생명체를 연구할 수 있다.

모든 세포 분류기가 렌과 리의 것과 동일한 기본 원리로 작동하지만, 오늘날의 기기는 믿을 수 없을 정도로 정교하다. 그중 가장 비싼 것은 약 100만 달러에 달하며, 다양한 레이저와 검출기를 사용해 샘플을 면밀히 조사하고 다수의 마커로 식별된 세포를 분리한다. 이런 일이 생길 거라는 것은 처음부터 분명하지 않았다. 렌은 그 아이디어를 추구하는 데 전혀 관심이 없다고 말하는 몇몇 회사와 접촉한 적이 있다. 결국 거기서 상업적 기회를 본 사람은 미국의 의료 기기 및 시약 회사 벡톤 디킨슨(Becton Dickinson)의 버나드 '버니' 슈어(Bernard 'Bernie' Shoor)였다. 슈어는 렌이 자신의 세포 선별 기계가 그 회사에서 추구해야 할 대상이라고 설명하자, 상용화할 기술을 찾기 위해 스탠퍼드 대학교를 방문했다. 슈어는 자신의 회사가 그 기계를 10개 판매할 수 있을지, 아니면

30개 판매할 수 있을지 궁금했다.[51] 렌은 그들이 100개라도 팔 수 있을 거라고 말했다.[52] 슈어는 그 기계에 대해 모험을 감수했고, 벡톤 디킨슨은 렌과 리의 기술을 받아들였다. 회사 관계자들은 반신반의하는 마음으로 주문에 따라 기계를 팔 계획이었다. 처음에 그들은 그걸 잘 활용할 수 있을 것 같은 몇몇 과학자 그룹에만 홍보했다.[53] 분명히 그들이 얼마나 많은 돈을 벌지 심각하게 과소평가한 것이다. 수요가 거의 즉시 공급을 앞질렀고, 2000년에는 전 세계의 실험실과 병원에서 약 3만 개의 유세포 분석기를 사용했다.[54]

렌과 리의 기계를 생산함으로써 슈어는 세계 최초의 생명공학 회사를 세웠다고 주장할 수 있다.[55] 2018년 유세포 분석 시장은 약 37억 달러였다.[56] 수요는 계속 증가하고 있다. 렌과 리가 "돈은 아무 의미도 없다"고 믿었다는 걸 상기하라. 그들은 연구실의 특허에 이름을 올린 모든 사람에게, 과학을 계속할 수 있도록 연구실에 로열티를 돌려주도록 서명해달라고 요청했다.[57]

'휘저' 이후 비교적 소규모의 학계 및 산업 연구실 커뮤니티가 기술 개선을 계속했지만, 1970년대 중반부터 초점은 유세포 분석기를 개발하기보다 사용하는 것으로 바뀌었다.[58] 인체 안에 있는 세포의 다양성과 지구상의 모든 생명체에 대한 우리의 이해는 이 새로운 기술에 의해 변화할 게 분명했다. 그러나 렌과 리의 기계가 작동하는 것으로 입증된 후에도, 또 다른 주요한 발전이 여전히 필요했다.

그들의 도구는 각기 다른 종류의 세포를 표식할 방법이 없다면 쓸모가 없었을 것이다. 그리고 렌과 리의 도구가 처음 개발되었을 때, 단지 몇 개의 시약만이 이 일을 할 수 있었다. 적혈구와는 별도로 백혈구를 염색할 수 있는 염료가 있었고, DNA를 염색하는 염료는 유전적 함량이 비정상적일 경우 암세포의 존재를 나타내는 데 사용할 수 있었다. 동물에서 추출한 혈청(혈액의 액체 부분)은 인간의 세포를 표시하는 데 사용할 수 있었다. 혈청에 항체가 포함되어 있기 때문인데, 여기에 대해서는 나중에 설명하겠다.[59] 그러나 전반적으로 표식하는 시약이 부족해 처음에는 렌과 리의 기기 사용이 제한적이었다. 다행히도, 또 다른 혁명적인 진보가 코앞에 다가왔는데, 이것이 세포를 매우 정확하게 표시하는 방법을 제공했다.

일반적으로 다양한 유형의 세포에 표식 지정 방법을 찾는 것은 생각만큼 간단하지 않다. 다수의 축삭돌기가 주(main) 세포체에서 돌출되어 있는 전형적인 뉴런은 적혈구의 납작하고 움푹 들어간 원반 모양과 매우 다르게 보인다. 그러나 이 세포들은 매우 특정한 모양을 하고 있다는 점에서 예외적이다. 다른 많은 세포는 일반 현미경으로 관찰하면 작고 둥글게 보여 비슷하다. 더욱이 사람의 신체에 있는 모든 세포에는 정확히 동일한 유전자 세트가 들어 있다. (정자세포나 난자세포는 유전자 수가 절반인 경우이므로 예외다.) 한 유형의 세포를 다른 종류와 차이가 나도록 만드는 것은 해당 유전자 중 어느 것이 '활성화'해 있는지이고, 이에 따라 세포의 특성, 능력 및 기능이 정의된다. 유전자는 단백질 분자를 생산하기 위한 코드이므로, 유전자가 활성화할 때 그것은 단순히 그 유전자를 포함하고 있는 세포가 해당 유전자에 의해 암호화된 단백질 분자를 생산한다는 걸 의미한다. 예를 들어, 적혈구는 유전자가 활성화되어 헤모글로빈을 생성한다. 헤모글로빈은 산소를 결합 및 방출하고, 폐에서 신체의 다른 곳으로 산소를 운반하는 능력을 적혈구에 제공한다. (사실, 헤모글로빈은 별도의 유전자에 의해 암호화되는 2개의 A와 2개의 B라는 4개의 단백질 분자로 이뤄져 있다.[60]) 이 유전자는 적혈구에서 활성화되지만 다른 유형의 세포에서는 그렇지 않다. 또 다른 예를 들면, T세포라고 부르는 유형의 면역세포 표면에는 T세포 수용체라는 단백질 그룹이 결집해 있다. 이것은 해당 유형의 세포에 고유하고 감염이나 암세포를 감지하는 능력과 관련해 매우 중요하다. 간단히 말해서, 각 세포가 신체에서 하는 일은 그 세포가 가지고 있는 단백질에 달려 있다. 그래서 예를 들어, 적혈구·T세포 그리고 다른 수많은 세포를 포함하는 혈액 샘플에서 서로 다른 종류의 세포를 분류하기 위해, 렌과 리는 각 세포의 독특한 단백질 특징에 꼬리표를 붙이는 방법이 필요했다.

1976년 가을, 렌과 리는 영국의 유명한 의학연구위원회 분자생물학연구소에서 세사르 밀스테인(César Milstein)과 함께 안식년을 보내기 위해 케임브리지에 도착했다. 그들이 도착하기 직전, 밀스테인은 그의 연구실에서 박사후연구원인 게오르게스 쾰러(Georges Köhler)와 함께 세포를 분리하는 기계가 아니라 실험실 프로세스의 새로운 기술을 개발했고, 그 후 1984년에 노벨상을 받았다. 밀스테인과 쾰러가 발견한 것은 그들이 선택한 거의 모든 특정 분자에 자신을 부착할 수 있는 분자 유형을 생성하는 방법이었다. 밀스테인이 정확히 승인한 것은 아니었지만,[61] 렌과 리는 케임브리지 분자생물학연구소의 방법을 스탠퍼드 대학교로 다시 가져왔다. 이때부터 확실하게 세포 분류 혁명이 실제로 시작되었다고 할 수 있다.

이 중요한 발전을 따라잡기 위해 우리는 밀스테인과 쾰러가 생산한 유형인 '항체에 대한' 기초 과학의 일부를 이해할 필요가 있다. 항체는 감염성 세균, 바이러스 또는 다른 위험 인자에 달라붙어 그걸 약화시키기 위해 신체의 면역세포 중 일부에 의해 자연적으로 분비되는 가용성 단백질 분자다.[62] 항체 형성 방식은 복잡하며 인체의 가장 큰 불가사의 중 하나이기도 하다. B세포라고 부르는 면역세포가 항체를 분비하는데, 중요한 것은 각각의 개별 B세포가 단 하나의 항체 버전만을 생산한다는 점이다. 모든 항체는 대략 Y자 모양이지만, 각각의 B세포에서 생성되는 항체는 이중으로 갈라진 끝의 두 부분에 고유한 모양의 가변 영역을 갖고 있다. 예를 들면 이것이 세균 외피에 있는 표적 분자에 달라붙는 항체의 일부다. 각 항체의 고유한 다른 모양은 그 각각이 고유한 특정 표적에만 달라붙는다는 걸 의미한다. 그러나 정말 놀라운 것은 B세포가 그런 위험한 미생물에 달라붙을 수 있는 항체를 직접적으로 생산하지는 않는다는 점이다. 대신, 각 항체의 상단 부분은 거의 임의의 모양을 갖도록 생성된다.[63] 그런 다음 (각각의 B세포가 골수에서 만들어짐에 따라) B세포가 생성하는 항체가 신체에서 자연적으로 발생하는 모든 것에 달라붙는지 확인한다. 만약 달라붙으면, 그 어떤 손상이든 피하기 위해 제거되거나 비활성화한다.[64] 그런 식으로, 골수에서 나올 수 있는 유일한 B세포는 정상적으로 존재하지 **않는** 것에만 달라붙는 항체를 만드는 세포들이다.

약 100억 개의 B세포가 있으므로 우리 각자는 다른 모양의 항체 100억 개를 만들 수 있다. 각각의 항체는 이전까지 몸에 없던 것을 추적할 수 있다. 개별 B세포가 생경하고 위험한 무언가를 추적할 수 있는 적합한 항체를 가지고 있으면, B세포는 증식해서 유용한 항체를 대량 생성한다. 이런 식으로 항체는 신체에 사실상 이질적인 어떤 것에 대해서도 대량으로 만들어질 수 있다.[65] 이게 바로 우리의 면역 체계가 이전까지 우주에 존재한 적도 없는 미생물을 포함해 지금까지 만난 적도 없는 미생물에 반응할 수 있는 방법이다.

이것은 우리 인간이 몸에 있는 단백질을 표적으로 하는 항체를 자연적으로 생성할 수 없다는 걸 의미한다. 렌과 리는 인간 몸에 있는 단백질에 표지하는 시약을 개발하려 했다. 그러나 인간이 아닌 동물은 그럴 수 있다. 그런 항체를 얻기 위해 실험용 쥐(또는 다른 동물)를 인간의 단백질로 '면역'시킨다. 즉, 강력한 면역 반응을 일으키는 데 도움을 주는 분자들을 흔히 포함하고 있는 특수 제작한 버전을 주입하는 것이다. 그리고 며칠 후면, 해당 단백질에 부착하는 항체를 생산하는 B세포를 동물의 비장(B세포가 풍부한 기관)에서 얻을 수 있다.

보통 B세포는 동물의 몸 밖에서 오랫동안 생존할 수 없는데, 바로 여기서 밀스테인과 쾰러의 노벨상 수상 연구 결과가 나온다. 그들은 항체를 생산하는 B세포와 암세포를 융합해 암세포의 성장 특성을 지닌 새로운 세포를 만드는 한편, 원래의 B세포가 만든 항체도 여전히 생산하기로 했다. 쾰러 자신도 그 아이디어가 "미친 것"처럼 들린다는 걸 알고 있었지만 효과가 있었다.[66] 세포를 융합하기 위해 그들은 1953년 일본에서 처음 분리된 것으로, 이 작업을 수행할 능력을 지니고 있는 센다이 바이러스(Sendai virus)를 사용했다. 그리고 밀스테인의 연구실에서 진행한 이전 연구에서는 융합 과정에서 특히 잘 작동하는 쥐의 암세포를 발견했다.

그런 다음 항체를 생성하는 개별 B세포를 분리했다. 세포를 충분히 희석하고, 희석 결과 발생한 적은 양의 현탁액을 직사각형 모양의 플라스틱 접시에서 움푹 들어간 혹은 우물 모양의 작은 곳에 추가함으로써 말이다. 이어 항체를 포함하고 있는 작은 우물 모양 안에 있는 각각의 액체가 원하는 표적에 결합할 능력이 있는지를 시험했다.[67] 적절한 항체를 생산하는 것으로 밝혀진 모든 B세포는 큰 플라스크에서 배양되어 거의 무한한 양을 공급했다.[68] 이렇게 생산한 항체를 **단클론 항체**라고 하는데, 이는 하나의 항체가 **복제된** 세포의 배양에 의해 대량으로 생산되기 때문이다. 다시 말해, 서로 다른 많은 항체를 만드는 B세포 집단 대신 모든 세포가 이제 정확히 동일한 항체를 생산한 것이다. 요리를 포함해 많은 취미를 가지고 있던 밀스테인은 이 과정을 알라 카르트(메뉴 안에서 자신이 좋아하는 것들만 선택해서 새로 짜는 식사 메뉴. 여기선 원하는 항체를 각각 따로 만든다는 의미—옮긴이)를 만드는 방법과 같다고 언급했다.[69] 오늘날 단클론 항체는 항체 암호화 유전자를 적절한 생산자 세포에 직접 이식하는 것 같은 방법으로도 생산할 수 있는데, 여기에 대해서는 상세한 설명이 필요하다.

밀스테인과 쾰러의 성취가 중요한 것은 아무리 강조해도 지나치지 않다.[70] 의학적으로 항체는 류머티즘성관절염, 다발성경화증(중추신경계에 발생하는 만성 신경면역계 질환으로, 감각이나 운동 신경이 마비되는 증상을 보인다—옮긴이) 또는 기타 자가 면역 질환을 치료할 때, 암세포를 죽이거나, 암세포에 대한 면역 활성을 유발하거나, 면역 반응을 약화하는 데 사용된다. 항체는 또한 임신 테스트에서 호르몬을 감지하는 것처럼 진단용으로도 쓰인다. 특정 항체의 존재는 예를 들어 사람이 코로나19에 노출되었는지 여부를 테스트할 수 있는 토대이기도 하다. 실제로 현재 돈을 끌어 모으는 10대 의약품은 단클론 항체가 장악하고 있다. 항체 생산은 연간 1000억 달러의 가치에 달하는 시장이다.[71] 그러나 우리의 논의와 관련해 가장 중요한 것은 바로 렌과 리가 이걸 필요로 했다는 점이다. 염료는 단클론 항체에 쉽게 부착되므로 특정 염료는 특정 세포에 부착하는 데 쓰일 수 있다. 즉, 유세포 분석기를 사용해 세포를 셈하고 분리할 수 있다. 더욱이 세포는 단순히 '예'나 '아니요'의 의미로 표지되었는지에 따라 분류할 수 있을 뿐만 아니라, 정교하게 정량적인 방법으로도 분류할 수 있다. 예를 들어, 낮은 수준의 항체와 특히 높은 수준의 다른 항체도 분리할 수 있다는 얘기다. 또한 이는 세포의 미묘한 변화도 면밀히 조사, 분리, 연구할 수 있음을 의미한다.

밀스테인과 쾰러는 재정적 이익이 아니라 B세포의 항체 생산 방법에 대한 기본적인 과학적 지식을 추구하는 데 중점을 두었다. 하지만 그 방법을 절대 특허화하지 않음으로써 자신들과 영국 과학 전체가 손해를 보았을 수도 있다. 1979년 영국 총리로 선출된 마거릿 대처는 이를 특허화하지 않는 데 대해 과학자와 그들을 후원한 의학연구위원회를 공개적으로 비난했다.[72] 밀스테인과 다른 많은 사람은 그러한 비판이 항상 부당하다고 느꼈다. 의학연구위원회의 한 행정관이 실제로 특허 추진을 검토했지만, 1948년 학계의 기업 기술 이전을 돕기 위해 설립된 국립연구개발공사(National Research Development Corporation) 관계자들이 항체의 "즉각적인 실제 응용을 확인"할 수 없다고 해서 일을 진전시키지 못했다.[73]

그 당시 밀스테인과 쾰러에게 더 시급한 관심사는 실험실의 위기였다. 그들의 연구 작업이 출판 승인을 받자마자 항체 생산 과정이 작동을 멈췄다. 결국 해결책 중 하나가 잘못되었음이 밝혀졌다.[74] 한편, 미국은 특허에 대해 다른 태도를 보였다. 필라델피아에 있는 한 연구소의 소장인 바이러스 학자 힐러리 코프롭스키(Hilary Koprowski)가 자신의 연구실에서 개발한 항체에 대한 특허를 출원했다. 그런데 코프롭스키의 실험실에서 항체를 생산하기 위해 사용한 세포가 밀스테인이 보내준 것이었다.[75] 그러한 특허는 코프롭스키가 미국에서 초기에 매우 성공적인 생명공학 회사인 센토코르(Centocor: 지금의 얀센 바이오텍—옮긴이)를 공동 설립하는 데 도움을 주었다.[76]

밀스테인은 자신의 나머지 경력을 통해 인류에게 막대한 이익을 가져다주고 결국에는 영국에 상당한 재정적 이익을 안겨준 연구 방법과 아이디어를 공개적으로 광범위하게 확산시켰다.[77] 실험용 쥐가 만든 항체를 의약품으로 사용할 때의 문제점은 인체가 이를 이질적인 것으로 인식하고, 그에 대한 면역 반응을 일으킨다는 점이다. 이 문제를 해결하기 위해 케임브리지에서 밀스테인과 함께 일한 그레고리 윈터(Gregory Winter)는 실험용 쥐 항체를 인간과 유사하게 만드는 방법(실험용 쥐 항체 유전자의 일부를 인간 항체의 유전자로 전환함으로써)을 찾아냈다. 윈터는 이러한 이른바 인간화한 항체의 상업적 잠재력을 재빨리 알아차렸고, 특허와 스핀아웃 회사(spin-out company: 스핀오프가 가능성 있는 한 사업부를 자회사로 완전 분리하는 데 반해, 스핀아웃은 모회사와 주식 교차 등으로 협력 관계를 유지한다—옮긴이) 그리고 몇 가지 중요한 의약품을 통해 결과적으로 영국에 엄청난 재정적 이익을 안겨주었다.[78] 밀스테인과 쾰러는 종종 그들의 연구가 의미하는 바를 강조하곤 했다. 기초적인 연구가 중요한 상업적인 연구로 이어질 수 있는 완벽한 예라면서 말이다.

밀스테인은 1995년 은퇴했지만, 그건 사실상 토요일에 일하지 않는다는 걸 의미할 뿐이었다.[79] 그는 수년간 심장병으로 투병한 끝에 2002년 3월 74세의 나이로 사망했다. 사망하기 불과 며칠 전, 밀스테인은 B세포의 항체 생산 방법에 대한 새로운 세부 사항을 설명하는 논문을 출판하기 위해 원고를 제출했다.[80] 1995년 3월, 쾰러도 안타깝게 심부전으로 사망했는데, 그의 나이 겨우 48세 때였다.[81] 밀스테인과 달리 쾰러는 50세에 조기 은퇴할 가능성을 모색하곤 했었다.[82]

한 저명한 과학자는 쾰러가 단클론 항체를 공동 발명하지 않았다면 그의 연구자로서 경력은 매우 평범했을 것이라고 말한다. "그는 대부분 잘 알려지지 않은 연구 과학자들과 섞여서 일반적인 연구를 했을 가능성이 있다."[83] 하지만 내게는 이 말이 이상하게 들린다. 알렉산더 플레밍(Alexander Fleming)이 페니실린을 발견하지 못했다면 우리가 그 이름을 알 수 있었을까? 하퍼 리(Harper Lee)가 소설 《앵무새 죽이기》(1960)를 쓰지 않았다면? 쾰러는 단클론 항체를 공동 발명했다. 그리고 그 발명의 놀라운 공연은 아직 시작되지도 않았다.

단클론 항체를 사용하면 특정 인간 세포를 쉽게 표지할 수 있으므로 유세포 분석에 의한 세포 연구를 상대적으로 쉽고 훨씬 더 정확하게 수행할 수 있다. 이에 따라 문제는 이 새로운 도구를 어떻게 적용하느냐에 있었다. 렌과 리는 많은 연구자와 마찬가지로 나머지 경력의 상당 부분을 HIV 퇴치에 바쳤다. "에이즈 전염병 초기에 샌프란시스코 지역에 사는 것은 전쟁 지역에서 사는 것과 같았다"고 리는 회상한다. "〔그리고〕 당신이 하고 있는 일이 거기에 어떤 도움을 줄 수 있을지 궁금해하지 않고 실험실에 출근하는 것은 불가능했다."[84]

HIV는 스스로 복제할 수 없다. 그 어떤 바이러스도 스스로 복제할 수 없다. 바이러스가 퍼지려면 신체의 세포 안으로 들어가야 한다. 일반적으로 세포가 분열할 때 사용하는 유전자 복제용 세포 시스템(machinery)을 가로채기 위해서 말이다. 각각의 바이러스는 서로 다른 유형의 세포로 들어가는데, 이것이 그것들이 저마다 특정 증상을 나타내는 한 가지 이유다. HIV는 일부 T세포 표면에 있는 CD4 인간 단백질에 고정됨으로써 (T세포라고 불리는) 면역세포 내부로 침투한다.[85] 그러나 바이러스가 이러한 T세포 안팎으로 이동할 때 T세포의 파괴와 더불어 질병이 진행됨에 따라, CD4 단백질을 나타내는 T세포의 수가 감소한다. 사실상 우리가 아직 완전히 이해하지 못하는 복잡한 일련의 사건으로 인해 이 T세포는 바이러스가 직접 죽이는 것보다 훨씬 더 많이 줄어든다.[86] 이러한 손실은 두 가지 면에서 중요하다. 첫째, T세포 수의 결핍은 에이즈 환자가 흔히 다른 감염으로 인해 고통받는 핵심적인 이유다. 둘째, 이러한 손실 과정은 사람이 에이즈에 감염되었는지를 진단하는 데 도움을 줄 수 있다. 1990년대 초반부터 유세포 분석으로 측정한 T세포 결핍, 즉 부족한 CD4 수는 이 질병의 특징으로 널리 받아들여졌다. 에이즈 진단의 긴급한 필요성은 유세포 분석기의 더욱 빠른 개발로 이어졌고, 곧 더 저렴하고 작아져서 저소득 국가를 포함해 더 널리 사용할 수 있게 되었다.

렌과 리는 현재 항레트로바이러스 요법(anti-retroviral therapy, ART)

으로 알려진, HIV에 효과가 있는 것으로 입증된 약물의 혼합제 개발에 직접 관여하지는 않았다. 하지만 그들이 개척한 도구가 모든 단계에서 중요한 역할을 했다. 즉, 면역 체계에 어떤 일이 일어나는지에 대한 기본적 이해를 제공하고, 각 감염자의 건강 상태를 임상적으로 관찰하고, 궁극적으로 치료에 효과가 있는지를 평가하게 해주었다. 말할 필요도 없이 에이즈는 여전히 전 세계적 보건 문제로 남아 있다. 예를 들어, 15~24세 여성 약 6200명이 매주 새로 HIV에 감염된다.[87] 백신이나 다른 유형의 예방의학이 등장한다면, 그 발견의 경로는 거의 확실히 렌과 리의 기계와 관련이 있을 것이다.

유세포 분석은 우리가 모든 종류의 다른 질병을 이해하는 데도 도움을 주었다. 예를 들어, 세포별로 종양의 생체 검사를 연구할 수 있게끔 해준다. 이는 모든 종양세포가 미묘하게 다르므로, 사람의 종양은 하나가 아니라 100만 가지의 다른 질병이라는 생각을 하게 만들었다. 각각의 종양은 한 가지 약물에 대해 고유한 수준의 내성 또는 감수성을 가지고 있기에 암 환자에게 종종 여러 약물을 조합해서 투여한다. 한 사람의 종양을 이렇게 자세하게 분석하다 보면 그에 맞는 치료가 가능하다.

유세포 분석은 질병을 다루는 것뿐만 아니라 인체를 보는 우리의 일반적인 방식을 변화시켰다. 평균적인 신체에는 약 37조 개의 세포가 있으며, 유세포 분석은 이러한 세포가 하는 일을 이해하기 위한 탐구를 현대화했다. T세포, B세포 등과 같은 많은 유형의 세포가 우리의 면역 체계를 구성하지만, 특히 지난 몇 년 동안 이러한 이름은 조잡한 설명에 불과하다는 게 분명해졌다. 개별 세포는 해당 유형의 세포에서 발견되는 각각의 단백질 성분을 조금 더 또는 조금 덜 포함하고 있는 까닭에 고유하다. 우리 연구팀이 우연히 연구하게 된 면역세포 중 하나는 자연 살해 세포(Natural Killer cell)다. 혈액 한 방울에는 약 1000개의 이러한 면역세포가 있는데, 이 면역세포들은 특히 암으로 변하거나 바이러스에 감염된 세포를 탐지하고 죽이는 데 탁월하다. 그러나 모든 자연 살해 세포가 같은 것은 아니다. 이 면역세포의 변이가 한 사람에게 수천 개씩 있다고 추정하는 분석 결과도 있다.[88] 내 연구실에서는 2020년 혈액 내 자연 살해 세포의 변이체가 8개의 범주로 이뤄졌을 수 있다는 분석을 진행했다.[89] 자연 살해 세포가 신체에서 수행하는 다양한 역할은 완전히 이해되지 않았지만, 일부는 특정 종류의 바이러스를 공격하는 데 특히 능숙하고, 다른 일부는 암을 더 잘 탐지하는 등의 작업을 한다.[90] 다른 유형의 면역세포도 그 이상은 아니지만 다양하다. 분명히 인간을 구성하는 세포는 그 세포들이 구성하는 인간만큼이나 다양하며, 이러한 복잡한 세포 집단이 어떻게 함께 작동하는지 이해하는 것은 질병을 막는 데 매우 중요한 선구적 역할을 한다. 복잡성을 극복하기 위해서는 이제 세포와 액체 방울을 섞는 기기를 결과에 대한 컴퓨터 계산 분석과 함께 사용해야 한다. 이를 위해서는 인간 세포의 다양성을 다음과 같이 알고리즘의 언어로 번역해야 한다.

세포에 X와 Y라는 두 종류의 단백질만 있다고 상상해보자. 모든 개별 세포에는 이 두 단백질 각각이 특정 양만큼 있다. 이를 단백질 X의 수준이 x축을 따라 위치하고 단백질 Y의 수준이 y축을 따라 위치하는 그래프의 한 점으로 나타낼 수 있다. 예를 들어, 한 세포에는 다량의 단백질 X와 소량의 단백질 Y가 포함될 수 있다. (이는 많은 양의 한 항체와 적은 양의 다른 항체로 염색되었음을 보여주는 유세포 분석기에 의해 드러난다.) 이 개별 세포는 x축을 따라 멀리 위치하고 y축에서 약간 위에 위치한 점으로 표시할 수 있다. 즉, 각 단백질의 수준이 세포의 좌표가 된다. 각 세포가 그래프에서 한 위치를 차지할 때 두 단백질의 수준이 비슷한, 즉 동일한 유형의 세포일 가능성이 있는 세포들이 한 무리의 점으로 나타난다. 수천 또는 수백만 개의 세포를 이러한 방식으로 표시하면, 흩어져 나타나는 개별 무리의 수에 얼마나 많은 세포 유형이 있는지 알 수 있다. 또한 무리의 점의 개수는 해당 유형의 세포가 얼마나 있는지를 말해준다. 여기서 놀라운 점은 이러한 분석을 통해 혈액 샘플이나 종양 생체 검사에서 얼마나 많은 종류의 세포가 있는지 알아낼 수 있다는 것이다. 어떤 종류의 세포를 찾을 수 있을지 미리 안내를 받지 않아도 말이다. 이는 뜻밖의 결과가 나올 수도 있다는 뜻이다. 데이터 점들의 한 무리는 새로운 종류의 세포 발견을 암시하는 예기치 않은 속성과 함께 나타날 수 있다.

물론 세포에는 두 가지 유형의 단백질만 있는 것이 아니다. 모든 세포에는 1만 가지에 달하는 서로 다른 유형의 단백질이 포함되어 있다. 렌과 리가 개발한 기계의 최신 버전은 그 단백질 중 약 30개 정도를 측정할 수 있다. 동일한 원리로 작동하지만, 오늘날 고급 유세포 분석기는 여러 개의 레이저와 검출기를 사용하고, 컴퓨터 분석을 활용해 다른 염료에서 방출되는 빛의 색상이 겹치는 부분까지도 설명한다. 우리는 30개의 축이 있는 그래프에 표시되는 세포를 상상할 수 없지만, 컴퓨터 알고리즘은 2개의 변수만 사용하는 것과 같은 방식으로 이러한 분석을 처리할 수 있다. 즉, 세포는 각각 30개의 서로 다른 단백질을 얼마나 많이 가지고 있는지를 토대로 구성되며, 우리는 서로 다른 유형의 세포를 식별하고 정밀하게 조사할 수 있다.

이 기술의 최근 발전은 렌 및 리와 함께 훈련받았던 스탠퍼드 대학교의 게리 놀런(Gary Nolan)이 개발한 질량 세포 측정법(mass cytometry)이라는 변형된 형태다.[91] 여기서 항체는 형광 염료 대신 다른 금속 원자로 표식된다. 장점은 색상으로 다른 염료를 분리하는 것과 비교해, (금속은 질량과 전하로 더 정확하게 구별할 수 있기 때문에) 동일한 샘플에 더 많은 표식을 사용할 수 있다는 것이다. 이를 통해 개별 세포에 대해 최대 100가지의 서로 다른 특성을 측정할 수 있다. 그러나 이런 유형의 분석은 훨씬 더 멀리까지 나아갈 수 있다.

지난 10년 동안 개발된 특히 중요한 방법은 '단일 세포 RNA 시퀀싱'이다. 이를 통해 한 세포가 자신이 가지고 있는 2만 개의 인간 유전자 각각을 어느 정도 규모로 사용하는지 측정할 수 있다. 이것이 어떻게 작동하는지 이해하려면 세포의 유전자 사용 방법을 고려해야 한다. 대략 말하면, 각 유전자는 한 가지 유형의 단백질 분자를 만들라는 명령을 암호화한다. 유전자가 '활성화했을 때', 그 DNA 시퀀스는 메신저 RNA라고 부르는 다른 분자로 복사되고, 이어 세포의 핵에서 나가 해당 단백질의 생산을 촉발한다. 따라서 세포의 메신저 RNA 분자를 시퀀싱하면 어떤 유전자가 활성화 상태인지, 즉 어떤 유전자가 단백질을 생산하도록 활성화해 있는지 알려준다.

이를 달성하는 방법은 기기마다 다른데, 유전 물질 염기 서열 배열이 쉽고 저렴해진 점을 이용해 새로운 기기들이 정기적으로 출시되고 있다. 이 분야의 초기 연구는 조사할 세포 유형을 분리하기 위해 렌과 리의 기계를 첫 단계로 사용했다.[92] 오늘날 개별 세포는 종종 작은 칩 내부의 오일 채널(channels of oil)을 통해 흐르는 물방울 내부에서 분리된다. 이는 그 자체로 공학의 놀라운 위업이자 나노유체학(nano-fluidics)이라고 부르는 완전히 다른 연구 전문 분야의 결과다. 그런 다음 개별 세포가 이 물방울 내부에서 파괴되고 그 세포들의 메신저 RNA 내용물이 나와 작은 구슬(bead)에 부착되는데, 이는 사실상 이 모든 RNA 분자가 동일한 세포에서 유래한다는 것을 나타내는 데 활용된다. 그런 다음 메신저 RNA가 시퀀스된다. 여기서 가장 중요한 점은 세포가 2만 개 각각의 유전자, 즉 세포의 전사체(transcriptome: 특정 시점에 한 세포에서 드러나는 모든 RNA 분자의 합—옮긴이)를 분석해 세포의 '지도'를 만들 수 있다는 것이다. 유사한 세포는 서로 가깝게 위치하는 반면, 매우 다른 유전자 세트를 사용하는 세포는 멀리 떨어져 있다. 이를 수행하는 알고리즘은 소셜 네트워크 분석에 사용되는 것과 같은 다른 과학 분야에서 차용한 것이다. 그런 다음 우리는 수년은 아니더라도 며칠에 걸쳐 그 결과물을 채집하고, 세포의 지도가 무엇을 의미하는지 해독한다. 얼마나 많은 종류의 세포가 있는지, 무엇이 세포들의 차이를 정의하는지, 그리고 그것들이 신체에서 무슨 일을 하는지 말이다. 예를 들어, 렌과 리의 기계를 사용해 혈액 샘플에서 모든 B세포를 분리한 다음, 단일 세포 RNA 시퀀싱을 활용해서 존재하는 B세포의 모든 미묘한 변이를 도표화할 수 있다.

그러한 데이터를 해석하는 데에는 많은 어려움이 있다. 예를 들어, 유전자 활동의 다른 이력(profiles)을 가진 세포는 서로 다른 종류의 세포일 수도 있고, 또는 그 세포들이 최근에 분열했는지 여부와 같은 다른 상태나 상황에서는 같은 세포일 수도 있다. 이를 해결하려면 컴퓨터과학자, 세포생물학자 등 다양한 분야의 전문성이 필요하다. 이러한 유형의 연구는 과학 그 자체에서부터 대규모 연구팀의 사회학에 이르기까지 모든 면에서 어렵지만, 그 결과는 엄청날 수 있다.

이 연구는 확실히 우리의 목에서 폐로 공기를 운반하는 11센티미터 길이의 관인 기관지 내벽을 분석하기 시작한 29명의 과학자로 이뤄진 컨소시엄을 위한 것이었다. 이 작업에 참여한 모셰 비톤(Moshe Biton)은 한 사람이 혼자서 이러한 유형의 프로젝트를 수행할 수 없다는 걸 강조하기 위해 세심한 주의를 기울인다.[93] 이 연구를 공동 주도한 이스라엘 태생의 미국 과학자 아비브 레게브(Aviv Regev)도 이 점을 강조한다. 이런 대규모 융합 연구를 진행하기 위해선 정말 많은 인력이 필요했다는 것이다.[94] 우선, 연구팀은 실험용 쥐들의 기관지를 연구했다. 이미 여섯 가지 유형의 세포가 기관지에 존재하는 것으로 알려져 있었는데, 그것들이 모두 분석을 통해 나타났다. 각 유형의 미묘한 변형도 발견되었는데, 이는 흥미롭지만 획기적인 것은 아니었다. 훨씬 더 중요한 것은 소수의 세포가 이전에 관찰한 어떤 세포와도 일치하지 않는 것처럼 보였다는 점이다.[95] 처음 이 세포들을 발견했을 때, 연구팀은 총 300개의 세포 분석 결과를 살피고 있었는데, 그중 단지 3개만이 예상했던 것과 다르게 보였다.[96] 예상과 다른 세포가 만약 2개였다면 연구팀은 데이터 혼선의 결과라고 여겼을 테지만, 3개의 이상한 세포는 더 자세히 살펴볼 필요가 있었다.[97] 실험실에서는 그 3개를 농담조로 "핫한 세포들(hot cells)"이라고 불렀다.[98] 그들은 실험을 여러 번 반복했고, 곧이어 그들이 실제로 기관지에서 새로운 유형의 세포를 발견했다는 게 분명해졌다.

알고 보니, 다른 연구팀이 독자적으로 같은 것을 발견한 터였다. 한 연구팀의 누군가가 다른 연구팀 누군가의 세미나에 갔을 때 우연히 서로의 작업에 대해 알게 되었다. 비톤은 “두 연구 그룹이 동일한 결과를 개별적으로 발견한 것은 과학의 아름다운 순간 중 하나”[99]라고 회상했다. 두 그룹은 이 새로운 세포가 쥐뿐만 아니라 인간의 기도에도 존재한다는 것을 확인했으며, 서로 만난 후 두 논문을 나란히 게재하는 데 동의했다.[100] 한때 원시적인 현미경, 즉 본질적으로 확대경에 지나지 않는 도구가 새로운 세포를 직접적이고 본능적으로 드러낼 수 있었다. 레이우엔훅이 정자를 발견한 방식과 같이 오늘날 그런 종류의 발견은 컴퓨터 화면 분석으로 이뤄진다. 하지만 그만큼 멋지다.

이 새로운 세포는 기도에 있는 세포의 약 1퍼센트를 차지하며 매우 희귀하기 때문에 이전까지는 발견되지 않았다. 하지만 그렇다고 그 세포들이 중요하지 않다는 걸 의미하지는 않는다. 이 세포에서 어떤 유전자가 고유하게 활용되는지 자세히 살펴보던 두 연구팀은 놀라운 사실을 발견했다. 이 세포에서 특히 활성인 유전자 중 하나는 CFTR(낭포성섬유증 막 전도 조절자)로 밝혀졌다. 이 유전자의 돌연변이가 낭포성섬유증(염소 수송을 맡고 있는 유전자에 문제가 발생해 신체 여러 기관에 이상이 나타나는 선천성 질병—옮긴이)을 유발하기 때문에 이러한 발견은 그들의 작업에 완전히 다른 수준의 의미를 부여했다.

1989년 그 연관성이 발견된 이후, 정확히 **어떻게** 낭포성섬유증이 CFTR 유전자의 기능 장애 버전으로 유발되는지는 여전히 미스터리로 남아 있었다.[101] 복잡한 질병인 낭포성섬유증은 보통 어린 시절에 시작되며, 종종 폐 감염과 호흡 곤란을 포함한다. 치료할 수는 있지만, 완치는 힘들다. 이제 낭포성섬유증에서 무엇이 잘못되었는지 이해하는 열쇠는 새롭게 발견된 이러한 세포가 하는 일과, CFTR 유전자에 결함이 있는 경우 이 세포에 어떤 일이 일어나는지 알아내는 데 있을 수 있으며 관련 연구가 진행 중이다. 하지만 이미 이러한 발견부터 유사한 방법을 사용한 다른 연구를 통해, 우리의 신체 세포에 대한 이해는 생물학 및 컴퓨터과학의 새롭고 엄청 정교한 결합으로 변화되고 있다는 느낌이 든다.[102]

그리고 바로 이 지점에서 게임을 바꾸는 많은 발견이 이루어지려 하고 있다. '인간 세포 아틀라스 프로젝트'를 살펴보자.

2014년 레게브는 '인간 세포 아틀라스 프로젝트'라는 대담하고 새로운 프로젝트를 열렬히 전파하면서 연구 강연의 서문을 열었다.[103] 소수의 다른 과학자도 같은 생각을 하고 있었는데, 그들은 2016년 10월 런던에서 모여 회의를 조직했다. 그리고 그곳에서 93명의 과학자로 이뤄진 그룹이 우리가 인체의 모든 세포를 정의해야 한다는 데 동의했다. 요점은 구글 지도 같은 것을 우리 신체를 위해 조직하는 것이었다. 우리는 주요 국가와 도시에 대해 알고 있지만, 이제 일반 거리와 건물까지 지도화해야 한다. 1년 후 그들은 구체적인 계획의 초안을 작성했는데, 첫 번째가 전 세계 다양한 사람들의 각기 다른 신체 시스템과 장기로부터 1억 개의 세포를 수집하는 것이었다.[104] 이후 70개국 이상에서 수천 명의 과학자가 이 프로젝트에 참여했다. 신체의 세포를 연구하는 공동체

는 그 자체로 특히 다양하고 또 그래야 했는데, 이는 레게브가 유독 자랑스러워하는 것이다.[105]

'인간 세포 아틀라스 프로젝트'를 위한 노력의 범위와 규모는 사실 지도 이상의 무언가일 것이다. 세포가 신체 내 어디에 있는지, 그리고 어떤 유전자를 사용하고 있는지 확인하는 것은 또한 각각의 다양한 세포가 언제 어디서 상호 작용하는지, 어떤 세포가 다른 세포로부터 발달하는지 등을 밝히기 위한 분석일 수 있다. 예를 들어, 서로 다른 사람들의 세포 샘플을 비교함으로써 신체가 건강에서 질병으로, 또는 젊음에서 노년기로 어떻게 변하는지 더 깊이 이해할 수 있다. 이 모든 것은 유세포 분석의 발명과 함께 폭발적으로 증가한 인체 세포에 대한 심층 조사에서 비롯되었으며, 렌과 리가 '휘저'를 공개할 당시에는 전혀 상상할 수 없었던 수준으로 현재 계속되고 있다.

여러 면에서 이 대담하고 새로운 야망은 '인간 유전체 프로젝트'의 직계 후손이기도 하다. 2003년 4월, 인간 유전체 시퀀싱의 완성 버전이 발표되자 유전 연구가 폭발적으로 증가했다. 그 결과 모든 종류의 유전적 변이는 특정 질병에 대한 감수성 증가와 관련이 있는 것으로 여겨졌다. 하지만 결정적으로 유전병은 유전자가 정상적으로 사용되는 특정 **세포**에서 나타난다. '인간 세포 아틀라스 프로젝트'는 추상적인 유전적 서열과 인체의 물리적 특성 사이의 이러한 틈새를 메울 것이다. 우리는 이것이 얼마나 중요한지와 관련해 한 가지 사례를 이미 살펴보았다. 즉, 새로운 희귀 세포에 의해 사용되는 낭포성섬유증 유전자의 발견이 그것이다. 또 다른 예는 임신 중에 일어나는 일이다.

수년 동안 우리는 면역 체계가 임신과 밀접한 관련이 있다는 걸 알고 있었다. 예를 들어, 면역 체계 유전자의 일부 조합은 세 번 이상 유산한 부부에서 우연히 예상되는 것보다 약간 더 자주 발생한다.[106] 우리는 왜 그런지 이해하지 못하며, 이것을 알아내는 게 임신 문제를 해결하는 데 의학적으로 중요할 수 있다. 이 문제를 풀기 위해 과학자 컨소시엄은 최근 6주에서 14주 사이에 임신을 중단한 여성의 태반과 자궁내막에서 약 7만 개의 세포를 채취해 분석했다.[107]

2장에서 논의한 것처럼 태반은 영양과 기체(gas)가 산모와 태아 사이를 오가는 기관이다. 한때는 태반이 자리하고 있는 자궁 내벽에서 어머니의 면역 체계가 비활성화해야 한다고 생각했다. 그래야 태반과 태아는 아버지로부터 받은 유전자의 절반 때문에 생경한 것으로 간주해 침범당하지 않는다. 마치 일치하지 않는 이식(移植)처럼 말이다.[108] 그러나 이 견해는 잘못된 것으로 밝혀졌다. 아니면 적어도 너무나 단순하다. 자궁에서는 태아의 세포에 대한 부작용을 방지하기 위해 어머니의 면역세포 활동이 다소 감소하지만, 면역 체계가 비활성화하지는 않는다. 대신 우리가 암세포를 죽이는 데 능숙하다고 앞서 언급했던 면역세포인 자연 살해 세포는 자궁에서 완전히 다른, 더 건설적인 일을 맡는다. 즉, 태반 형성을 돕는다. 실제로 자궁에서 채취한 자연 살해 세포는 특정한 유전자의 특성(profile)이 활성화해 있는 것으로 밝혀져 혈액 안의 자연 살해 세포와 매우 다른 것으로 나타났다. 7만 개의 세포를 분석한 결과는 다른 모든 종류의 면역세포도 태반을 형성하는 데 중요하다는 사실을 강조한다. 다른 모든 종류의 면역세포가 하는 일은 아직 명확하지 않다. 이는 우리 지식의 가장자리에 있다. 한 과학자가 말했듯 우리는 "임신의 면역학적 코드"[109]를 해독할 수 있는 시작 단계에 있다.

무즐리파 '무즈' 하니파(Muzlifah 'Muzz' Haniffa)는 말레이시아에서 인도 출신 부모 사이에서 태어나 현재 영국에 거주하고 있으며, 이 프로젝트를 주도한 3명의 여성 중 한 명이었다. 자신의 연구 여정이 어떻게 시작되었는지 묻자 그녀는 "아빠는 내가 태어날 때부터 의사가 되기를 원했다"[110]고 말한다. 이제 의사이자 과학자로서 하니파는 거의 매일 두 가지 관점에서 신체를 본다. 첫째, 스크린 위에 있는 세포와 출입문을 오가는 환자들에 대한 컴퓨터 분석이다. 둘째, 그것들이 만들어내는 돌과 아치다. (이번 장 앞부분에서 언급한 마르코 폴로와 쿠빌라이 칸의 대화를 떠올려보자. 다리를 형성하는 건 돌과 그 돌들이 만들어내는 아치다—옮긴이.) 현재 이 두 가지 견해는 쉽게 맞물리지 않지만 이해가 깊어지면 그렇게 될 것이다. 하니파는 장차 사람의 폐를 진단하는 청진기나 간단히 혈구 수를 측정하는 기기는 우리 몸의 세포를 분석하는 도구로 대체될 것이라고 생각한다.[111] 알고리즘은 결과를 분석하고 문제를 명확히 하며 최상의 치료를 예측할 것이다. 다른 의사들도 이런 일이 벌어질 것이라는 하니파의 말에 동의한다.[112] 우리는 이미 우리의 개인적 유전 정보가 우리의 건강을 보여주는 데 쓰일 수 있다는 생각에 익숙하다. 그러나 더 조용하고 거의 비밀에 가까운 혁명도 진행 중이며, 이는 의료의 미래, 즉 인체 세포에 대한 심층 분석에 훨씬 더 큰 영향을 미칠 수 있다.

4

다양한 색깔을 지닌 뇌

인지—추론, 상상, 믿음……. 이런 것들은 어렵다. ……어디서 이런 게 발생할까? 어떻게? 선택의 여지가 있다면 실험용 쥐를 선택할 것인가? 광학을 선택할 것인가? 레이저로 뇌를 찌르면서 시간을 보내겠는가?

–톰 스토파드(Tom Stoppard), 《어려운 문제(The Hard Problem)》

1873년 이탈리아의 생물학자 카밀로 골지(Camillo Golgi)는 질산은과 중크롬산칼륨이라는 화학 물질의 조합이 세포 바깥쪽 가장자리를 강조해 현미경으로 볼 수 있게끔 한다는 것을 발견했다. 15년 후, 에스파냐 과학자 산티아고 라몬 이 카할(Santiago Ramón y Cajal)은 뇌 조각을 염색하는 데 이 화학물질을 사용해 획기적인 발견을 했다. 그 당시에는 뇌가 무엇으로 만들어졌는지 명확하지 않았다. 골지는 항상 뇌가 일련의 섬유 네트워크로 구성되어 있다고 주장했다. 그러나 카할은 골지의 주장이 사실이 아님을 깨달았다. 뇌가 별도의 세포들인 뉴런으로 구성되어 있음을 알아차린 것이다. 그리고 카할은 2개의 개별 뉴런이 연결되는 곳에서 세포의 가장자리 사이에 아주 작은 간격, 즉 시냅스가 있다는 것도 알았다. 시냅스는 화학적·전기적 신호가 한 세포에서 다른 세포로 전달되는 접합부다. 골지는 카할의 주장을 반박하려 했고, 둘의 의견 불일치는 곧 사적인 문제로 발전했다. 카할이 개인적 감정으로 변질된 논쟁에서 물러났는데, 결국은 그의 주장이 옳다는 게 입증되었다. 그러나 골지는 여전히 씁쓸해했고, 과학 회의 로비나 복도에서 카할에 대해 계속 불평을 늘어놓았다.[1] 두 사람은 1906년 노벨상을 공동 수상할 때 단 한 번만 만났을 뿐이다. 이때도 골지는 '뉴런 이론'을 공격하며 이를 인정하지 않는다고 주장했지만, 실제로는 뉴런 이론이 옳았다.[2] 그들의 연구는 매우 중요한 만큼 둘의 불화는 전설이 되었다. 뇌가 시냅스를 통해 서로 통신하는 별도의 세포로 구성되어 있다는 발견은 이 기관에 대한 우리 이해의 기초로서 뇌 수술 및 신경의학의 치료 가능성을 열어주었다.

100년이 넘게 지난 지금, 시냅스는 정교하고 상세하게 연구되었다. 시냅스에 축적된 단백질 분자는 각각 분리해서 개별 원자 규모로 조사할 수 있다. 예를 들어, 이러한 방식으로 우리는 LSD라는 약물이 세로토닌을 감지하는 특정 수용체 단백질에 어떻게 고정되는지 정확하게 관찰할 수 있다. 세로토닌은 모든 종류의 뇌 활동에서 핵심 역할을 하는 화학적 신경 전달 물질이다.[3] 또는 항정신병 약물이 또 다른 주요 신경 전달 물질인 도파민 수용체와 원자 규모의 퍼즐 맞추기에서 어떻게 연결되는지도 확인할 수 있다.[4] 적어도 원칙적으로는 아직 실제로 실현되지 않았지만, 이러한 수준의 세부 사항은 그와 같은 뇌의 표적들에 더욱 단단히 고정되어 부작용의 가능성을 줄이는 신약을 설계하는 데 도움을 줄 수 있다. 그러나 이런 종류의 원자 규모 관점은 뇌가 **실제로** 어떻게 작동하는지에 대해서는 많은 것을 보여주지 않는다. 원자 규모에서 바라보는 관점은 레오나르도 다빈치 그림의 화학적 성질을 분석해

〈모나리자〉를 이해하려는 것처럼 너무나도 근접한 시도인 것이다.

기능적 자기공명영상인 fMRI의 도움으로 더 넓은 시야를 확보할 수 있다.[5] fMRI로 우리는 살아 있는 피실험자의 뇌 활동을 설명할 수 있다. 뇌의 활동 지표인 산소가 풍부한 혈액의 흐름을 감지하기 위해, 강한 자기장을 사용하는 수백만 달러짜리 도넛 모양의 커다란 기계 구멍에 머리를 대고 사람이 누워 있다. 이런 과정은 헤모글로빈이 산소가 결합해 있는지에 따라 미묘하게 다른 자기 특성을 가지기 때문에 작동한다. 헤모글로빈은 산소를 운반하고 필요할 때 방출하는 적혈구의 구성 요소다.[6] 예를 들어, 이러한 유형의 스캔은 뇌의 어느 부분이 뇌졸중이나 외상의 영향을 받았는지 감지할 수 있다. 또한 fMRI는 특정 자극이나 경험에 반응해 뇌의 일부가 '불이 켜진' 친숙한 그림을 생성하는 데 쓰이는 주요 기술 중 하나다. 이 첨단 기기는 '코카콜라 대 펩시'같이 현대 논쟁의 가장 중요한 부분을 이해하기 시작한 실험을 포함해 수많은 실험에 사용되어왔다.

화학적으로 이 두 음료는 매우 유사하지만, 사람들은 종종 각각에 대한 선호도가 매우 강하다. 그 이유를 이해하기 위해 과학자들은 두 가지 음료를 마셨을 때 사람들의 뇌 활동을 스캔했다. 놀랍게도, 음료를 맛볼 때 활성화하는 뇌의 부분은 그들이 마시는 브랜드가 아니라 그 브랜드를 알고 있는지에 따라 달라졌다.[7] 어떤 브랜드를 맛보고 있는지 미리 알려주면 기억 및 인지 조절과 관련한 뇌 부분의 활동이 증가하는 것으로 나타났다. 인과관계를 증명하기는 어렵지만, 사람들은 코카콜라라는 사실을 알았을 때 코카콜라를 더 즐겨 마셨다. 이와 유사하게, 또 다른 연구에서는 사람들이 와인이 비싸다는 말을 들었을 때, 그 맛을 더 좋아한다는 사실을 발견했다.[8] 와인이 더 비싸다고 생각할 때 즐거움을 경험하는 것과 관련된 뇌의 일부가 더 활성화한 것이다. 분명히, 음료에 대한 우리의 선호가 단지 입에서 맛이 나는 방식에만 근거한 것은 아니라는 얘기다.

사실 우리가 주변 세계를 관찰하고 목격하는 것처럼 느끼지만 실제로 경험하는 모든 것은 뇌에서 생성된다. 예를 들어, 빛은 전기장과 자기장의 진동하는 파동이고 물리적인 것이며 에너지의 한 형태다. 빛은 정말로 색깔이 없다. 오히려 우리 뇌는 진동하는 주파수를 색상 감각으로 해석한다. 우리가 외부 세계에서 보는 것은 분명히 우리와 별개로 존재하지만, 일몰의 드라마, 무지개의 장관, 다른 사람을 그리는 방식은 모두 우리 자신의 머리에서 만들어진다. 아름다움은 보는 사람의 두뇌에 있다. 마찬가지로 펩시, 코카콜라 및 다양한 와인은 모두 분자의 혼합물일 뿐이다. 그것들의 맛과 우리의 선호는 우리 두뇌에서 만들어진다.[9] 모피어스(Morpheus)는 1999년 공상과학 영화 〈매트릭스〉에서 네오(Neo)에게 다음과 같이 설명한다. "실제는 뇌가 해석하는 전기 신호일 뿐이야."

fMRI를 사용한 연구는 우리 뇌의 어느 부분이 행동과 감정에 관여하는지에 관해 흥미로운 사실을 보여준다.[10] 그러나 fMRI 연구 역시 뇌가 실제로 어떻게 작동하는지는 이해하지 못한다. 왜냐하면 fMRI 및 기타 의료 영상 기술은 개별 뉴런의 활동을 볼 수 없기 때문이다. 실제로 fMRI 및 기타 의료 영상 기술의 뇌 활동 지도는 뇌를 일련의 정육면체 또는 3차원 화소로 취급하는 정교한 통계 분석의 결과다. 각 정육면체는 약 1세제곱밀리미터 크기이며, 각각 약 100만 개의 뉴런을 포함한다. 뇌 활동 지도는 뇌의 한 영역이 활성화한 활동을 표시하는지 보여줄 수 있지만, 어떤 특정 뉴런이 발화하는지 또는 그 결과가 무엇인지는 알 수 없다. 다시 말해서, 원자 규모의 관찰은 너무 가까이 클로즈업한 것이고, fMRI 스캔은 너무 멀리 줌아웃한 것이다. 이는 마치 얼마나 많은 사람이 가서 봤는지를 분석해 〈모나리자〉를 이해하려는 것과 같다. 루브르 박물관의 다른 그림보다 〈모나리자〉 주변에 더 많은 사람이 몰린다는 것은 그림의 중요성에 대해 말해주지만, 사물 자체에 대해서는 아무것도 말해주지 않는다.

대부분의 과학자는 뇌를 이해하는 열쇠는 뉴런이 다른 뉴런에 연결된 회로를 이해하는 데 있다는 것에 동의한다. 그러나 이는 매우 많은 이유로 연구하기가 매우 어려운 것으로 판명되었다. 가장 중요한 문제는 뉴런을 서로 연결하는 얇은 돌출부가 추적하기 매우 어렵고, 그 수 또한 상상할 수 없을 정도로 많다는 것이다. 인간의 뇌는 860억 개의 뉴런으로 구성되어 있으며 각각의 주요 세포체에서 다수의 길고 가느다란 가닥이 돌출해 있다. 즉, 신호를 수신하는 수상돌기와 신호를 보내는 축삭돌기가 있다.[11] 메시지가 한 뉴런에서 다른 뉴런으로 이동할 때 전기 신호는 한 세포의 축삭돌기 길이만큼 이동하고, 신경 전달 물질이 말단의 시냅스로 방출되도록 해서 수신 뉴런의 표면에 돌출된 수용체 단백질에 의해 감지된다. 총 860억 개의 뉴런은 약 100조 개의 시냅스로 연결되어 있으며, 각 시냅스는 한 세포에서 다른 세포로 메시지를 전달할 수 있다. 모든 종류의 메시지는 우리가 거의 이해하지 못하는 화학적 언어로 시냅스를 통해 보낼 수 있다. 신경 전달 물질에는 100가지가 훨씬 넘는 다양한 유형이 있으며, 이를 감지하는 수용체는 훨씬 더 다양하다. 이뿐만 아니라 일부 시냅스는 전기 신호를 한 세포에서 다른 세포로 전달되도록 해서 복잡성을 가중한다.

뉴런 자체에도 엄청난 다양성이 있다. 예를 들어, 1837년에 발견한 체코 과학자의 이름을 따서 명명된 푸르키네(Purkinje) 뉴런에는 하나의 축삭돌기와 특히 빽빽하게 갈라진 수상돌기 나무들이 있는 반면, 종종 감각 전달에 관여하는 양극성 뉴런에는 하나의 축삭돌기와 하나의 수상돌기가 있다. 그러나 이러한 교과서 수준의 설명은 뉴런의 실제 가변성을 거짓으로 만든다. 사실 우리는 뉴런의 종류가 얼마나 많은지조차 모른다.[12] 그리고 놀랍게도 인간의 뇌에는 뉴런보다 훨씬 더 많은 것이 포함되어 있다. 뉴런은 일반적인 유형의 뇌세포가 아니다. 가장 흔한 유형의 뇌세포는 실제로는 신경아교세포(glial cell)다. 인간의 뇌에는 약 1000억 개의 신경아교세포가 있다. 신경아교세포는 한때 거의 아무 일도 하지 않는 것으로 여겨졌지만, 지금은 신경 연결을 형성하고 적응시키는 것을 포함해 모든 종류의 활동에 관여하는 것으로 알려져 있다.[13] 신경아교세포는 또한 모든 종류의 다양성이 있고, 그 중요성이 이제야 인정받기 시작했다.[14]

간단히 말해서, 당신의 머리 내부는 우리가 우주에서 알고 있는 가장 복잡한 물체다. 뇌는 우리의 개인적 감정·기억·꿈·관계는 말할 것도 없이 모든 예술과 문화, 돈과 폭탄의 창조, 인류가 지구에 저지른 모든 일 그리고 수많은 다른 종의 멸종에 책임이 있는 작은 물체다. 그리고 가장 신비스럽게도 뇌는 우리의 자아 감각과 선택 경험에도 책임이 있다. 의학에서, 이러한 세포와 세포가 네트워크로 연결된 방식에는 알츠하이머병·파킨슨병·뇌전증·조현병·자폐증·우울증 등을 이해하는 비밀이 들어 있다. 인간의 뇌를 이해하기 위한 문제의 규모와 그 중요성은 모든 생물학, 그리고 아마도 모든 과학에서 타의 추종을 불허한다.

라몬 이 카할이 시냅스를 발견했을 때, 그는 골지의 착색제를 사용해 세포에 드문드문 표식을 했다. 수백 개의 세포 중 단 하나의 가장자리만 강조되도록 한 것이다. 그런 식으로 그는 개별 뉴런의 모양을 알아낼 수 있었다. 그러나 뇌의 전체 회로를 이해하려면 몇 개의 뉴런이 아니라 모든 뉴런을 볼 필요가 있다. 하지만 뇌의 모든 세포를 라몬 이 카할이 사용한 화학 물질로 염색하면 전체가 똑같은 흑갈색으로 보이며, 돌출부는 고사하고 개별 세포들을 분간해낼 수도 없을 것이다. 우리에게 필요한 것은 모든 뉴런을 강조하되 각 뉴런을 개별적으로 강조하는 방법이다. 뇌 내부를 완전히 새로운 차원으로 끌어들이는 기술인 브레인바우(Brainbow)를 살펴보자.

제프 릭트먼(Jeff Lichtman)은 평생은 아니더라도 수십 년 동안 브레인바우의 발명을 위해 노력해왔다. 그의 아버지는 의사였고, 집에는 항상 가지고 놀 수 있는 현미경이 있었다.[15] 이러한 환경이 자신에게 큰 이점을 주었다고 그는 말한다. 릭트먼은 실험실 도구를 가지고 노는 것에 대한 두려움이 전혀 없었다. 1장에서 만난 선구자들은 물리학이나 수학을 전공했고 광학과 빛의 경로에 대해 깊이 생각했지만, 릭트먼은 그저 현미경을 서투르게 조작하는 것만으로도 행복했다. 그의 경력 초기에 릭트먼이 현미경을 만지작거리던 일이 현미경 디자인에 대한 몇 가지 특허의 소유로 이어졌다. 더욱 중요한 것은 릭트먼은 의사로서 훈련을 받았고 항상 뇌를 이해하는 특정한 생물학적 목표를 염두에 두었다는 점이다. 1980년 박사 학위 논문에서는 뇌에서 모든 걸 보는 방법을 찾는 것이 얼마나 중요한지 언급했으며, 나중에 그의 하버드 대학교 연구팀은 여러 차례 뉴런 관찰을 시도했다. 그러나 2005년이 되어서야 릭트먼은 정말로 효과가 있는 것처럼 보이는 걸 발견할 수 있었다.[16]

브레인바우와 관련한 웅대한 발상은 뇌의 모든 뉴런을 각각 다른 색상으로 색칠해서 표시하는 것이다. TV나 컴퓨터 화면이 빨간색·녹색·파란색의 세 가지 색상을 혼합해 화면에 무지개의 모든 색상을 만드는 것과 같은 방식으로, 브레인바우는 개별 뉴런에 서로 다른 양의 빨간색·녹색·파란색 형광 단백질을 부착해 작동한다. 할당된 양은 무작위이므로 모든 뉴런이 결국 인접한 뉴런과 다른 색상이 되는 것은 거의 확실하다. 그렇게 하면 최소한 원칙적으로 모든 세포를 개별적으로 선택할 수 있다.[17] 이를 달성하기 위해서는 일부 유전적 비법을 사용한다.

릭트먼의 연구실에서는 다양한 색상의 형광 단백질인 녹색·파란색·빨간색을 암호화하는 유전자들을 실험용 쥐 배아의 유전체에 추가했다. (녹색과 파란색 단백질은 1962년 시모무라가 해파리에서 처음 분리한 형광 단백질의 변종인 반면, 빨간색 단백질은 1999년 모스크바에서 발견한 것으로 산호에서 유래했다.[18]) 유전자에는 유색 단백질만 뉴런에서 생성되도록 하는 작은 DNA 가닥들(stretches)이 부착되어 있었다. 그러나 비법의 가장 중요한 부분은 다음과 같았다. 삽입된 유전자는 카세트(유전자 재조합으로 DNA를 조작해 만들 수 있는 합성 DNA 조각을 뜻한다. DNA 카세트라고 부른다—옮긴이)의 많은 복사본으로서 추가되었으며, 각 사본은 빨간색·녹색·파란색의 세 가지 색상에 대한 세 가지 유전자를 포함했다. 각 카세트 안에서 색상을 암호화하는 유전자 옆에는 유전자를 제거하거나 비활성화할 수 있는 효소의 표적이 되는 작은 DNA 조각을 놓았다. 그런 다음 실험용 쥐의 두뇌가 발달하는 동안, 각 카세트에서 무작위로 선택한 색상 하나는 그대로 두고 나머지 2개는 제거되거나 비활성화하도록 시스템을 설계했다. 손상되지 않은 상태로 남아 있는 유전자만이 실제로 형광 단백질을 생산하도록 말이다. 따라서 이들 세포에는 (무작위로 선택된 하나의 유전자가 손상되지 않은) 카세트의 많은 복사본이 있으므로 각 세포는 전체적으로 다른 색상의 단백질 세트를 갖게 된다. 예를 들어, 하나의 뉴런은 결국 빨간색 단백질을 생성하는 유전자 사본 2개와 파란색 단백질을 생성하는 유전자 사본 한 개를 갖게 되어 전체적으로 붉은 보라색을 띤다. 한편 다른 뉴런은 다른 유전자 조합을 갖게 되어 다른 색을 띤다.[19] 통계적으로 100가지 정도의 색상을 쉽게 얻을 수 있으므로 2개의 인접한 뉴런이 똑같은 색상을 갖게 될 가능성은 적다. 이 프로젝트의 공동 리더인 조슈아 세인즈(Joshua Sanes)에 따르면, 유전자는 슬롯머신처럼 작동하도록 설정되었다. "한 번은 체리, 오렌지, 레몬이 나올 것이다. 그리고 다음에는 레몬, 레몬, 레몬이 나올 것이다."[20]

2005년 어느 날, 릭트먼과 (여기서 설명한 많은 작업을 릭트먼의 연구실에서 수행해온) 장 리벳(Jean Livet)은 이 유전자 변형 실험용 쥐의 대뇌피질 한 조각을 최첨단 렌즈 아래에 놓아두었다.[21] 기기에 연결된 컴퓨터 화면에 각각의 색상이 차례로 나타났다. 빨간색 단백질이 먼저 드러났다. 레이저 빔이 샘플을 스캔하자 컴퓨터 화면에 붉은색의 얼룩이 맺혔다. 릭트먼은 그 이미지에서 일부 세포가 밝은 빨간색으로, 다른 일부는 약간만 빨간색으로 표시되고, 일부 어두운 영역에서는 세포가 매우 적은 빨간색 단백질을 생성하거나 전혀 생성하지 않은 것을 보고 감격했다고 회상한다. 그런 다음 스크린을 타고 내려오는 커튼처럼 파란색 단백질이 나타났다. 다시 한번 어떤 세포는 밝게, 다른 세포는 희미하게 빛났다. 또 다른 나머지는 전혀 빛나지 않았다. 파란색과 빨간색이 겹쳐진 곳에서 세포는 다양한 보라색 음영으로 변했다. 그다음으로 녹색 층에 이어 마침내 그들의 눈앞에 여러 가지 빛깔의 뇌 조각이 나타났다. 릭트먼은 자신이 본 것 중 가장 놀라운 이미지라고 생각하며 "신이시여, 믿을 수가 없습니다"라고 중얼거렸다.[22] 브레인바우 사진이 2007년 공식적으로 공개되었을 때, 전 세계 언론이 이 소식을 다뤘다. 브레인바우 사진은 허블 망원경 사진만큼 매혹적이었다. 뇌 속의 우주라는 점만 빼면 말이다.

이건 브레인바우의 첫 번째 버전이었고, 그 이후로 프로세스가 개선되었다.[23] 브레인바우 사진에서 뉴런을 식별하는 것은 '떠들썩한' 현미경 사진에서 다양한 색상을 선택하는 컴퓨터 분석에 의존하며, 이는 약 100개 정도의 다른 음영에서만 실용적이다. 더욱 많은 세포를 식별할 수 있도록 이 수를 늘리는 한 가지 방법은 유색 단백질이 세포 내 특정 위치에서만 나타나도록 유전자를 수정하는 것이다. 예를 들어, 한 세트의 형광 단백질은 세포 내부를 표적으로 하는 다른 세트와 함께 세포 표면에 위치할 수 있다. 실제로 이러한 방식은 각 세포의 윤곽과 내부에 별도의 색상을 제공한다. 또 다른 단백질 세트를 사용해 에너지-생성 미토콘드리아 같은 세포 내 특정 구조를 표시할 수도 있다. 다시 말해, 유전자는 예술 도구가 될 수 있다. 즉, 뇌세포를 위해 현실로 구현한 마이크로소프트 그림판의 단순한 버전이다.

오늘날 과학자들이 직면한 가장 큰 질문은 (뇌가 연속적인 네트워크로 구성되어 있는지, 아니면 별도의 세포로 구성되어 있는지, 즉 더는 라몬 이 카할과 골지가 싸운 문제가 아니라) 다음과 같다. 자전거를 탈 수 있는 사람의 두뇌와 그렇지 않은 사람의 두뇌 차이는 무엇인가? 또는 릭트먼의 표현을 빌리면 "자전거 타기는 무엇과 같을까? 자전거 타기의 무게는 얼마나 나갈까? 자전거 타기는 어디에 있을까?" 그는 "이러한 질문들은 신경계의 배선도에 대한 깊은 미스터리까지 내려가 파헤치지 않고는 답을 얻을 수 없다"고 말한다.[24] 실제로, 어떤 뉴런이 다른 뉴런과 연결되어 있는지를 보여주는 뇌의 배선도는 매우 중요해서 이를 설명하기 위해 커넥톰(connectome)이라는 새로운 단어가 만들어졌다.[25] 2005년에 'connectome'이라는 단어를 구글에서 검색하면 각각 다른 의미를 지닌 약 10개의 결과가 나왔을 것이다.[26] 지금은 같은 검색을 하면 100만 건 이상의 결과가 뜬다. 프린스턴 대학교의 컴퓨터과학자 승현준(Sebastian Seung)은 "당신은 당신의 커넥톰이다"[27]라고 말한다. 그는 "전체 인간 커넥톰을 지도화하는 것은 역사상 가장 큰 기술 과제 중 하나"[28]라고 생각한다.

커넥톰만으로는 '자전거 타기'와 같은 것이 뇌에서 어떻게 나타나는지를 밝히기에 충분하지 않을 수 있다. 예를 들어, 각 시냅스의 신호 강도나 그 역학 같은 미묘함도 중요할 수 있다. 실제로 사람 뇌의 배선도는 어느 정도 날마다 바뀔 수 있다. 그러나 릭트먼은 뇌가 하는 많은 일이 그렇게 미묘하지는 않다고 생각한다. 특히 뇌는 유아기와 초기 어린 시절에 극적으로 변화한다. 시냅스는 처음에는 과잉 생산되다가 자라면서 줄어든다. 한 살짜리 아이의 뇌는 어른보다 약 2배 많은 시냅스를 가지고 있다.[29] 이는 마치 우리가 무분별하게 연결된 뇌로 삶을 시작하고, 이후 실제 필요한 수준으로 단순화시키는 것과 같다. 즉, 많은 수의 시냅스를 제거하면 뇌가 우리의 경험에 맞게 조정된다. 이러한 사실은 우리의 경험 중 적어도 일부는 뇌의 배선도를 미묘하기보다는 의미 있게 형성한다는 걸 암시하는데, 이는 '자전거 타기'가 뇌의 커넥톰 어딘가에 있을 것이라는 생각에 들어맞는다.

비록 뇌가 어떤 간단한 방법으로든 '자전거 타기'를 하지 않더라도, 커넥톰을 얻는 것은 거의 확실히 좋은 첫 단계다. 릭트먼은 커넥톰 얻는 걸 인간 유전체의 완전한 시퀀스를 얻는 게 유전학에서 매우 중요했던 것에 비유한다. '인간 유전체 프로젝트' 초기에는 인간 유전자가 몇 개인지조차 몰랐다. 이제 인간 유전체의 시퀀스는 유전적 변이가 건강과 질병에 미치는 영향을 포함해 모든 종류의 중요한 질문을 해결하는 기초가 되었다. 이에 대해서는 마지막 장에서 다시 다룰 것이다. 《뇌과학의 모든 역사》의 저자 매슈 콥(Matthew Cobb)은 릭트먼의 말에 동의한다. 커넥톰이 우리에게 무엇을 알려줄지는 정확히 모르지만, 커넥톰은 뇌 연구에서 좋은 첫 번째 단계다. "커넥톰은 우리가 필요로 하는 차원의 세부 사항이다."[30]

커넥톰을 얻는 것은 신체의 다른 곳에도 적용되는 원리와 아이디어를 드러내는 데 도움을 줄지도 모른다. 뇌는 여러 면에서 특별하지만 모든 종류의 신체 시스템에는 세포 네트워크가 관련되어 있으며, 세포들 역시 조정된 방식으로 행동하도록 '연결'되어 있다. 예를 들어, 우리는 면역 체계의 다양한 부분인 어떤 세포가 세균을 잘 삼키고 바이러스 감염을 더 잘 탐지하는지 이해하고 있지만, 시스템이 전체적으로 작동하는 방식에 대한 지식에는 큰 격차가 있다. 문제는 면역 체계가 혈액과 세포 조직을 통해 신체 전체를 돌아다니는 수십억 개의 세포와 관련되어 다른 세포와 셀 수 없이 많은 짧은 연결을 설정하기 때문에 면역 체계의 '배선도'를 포착하기가 매우 어렵다는 것이다. 릭트먼이 말했듯 뇌에는 적어도 우리가 얻을 수 있는 배선도가 있다.[31]

이 모든 가능성에도 불구하고 브레인바우의 과학적 능력은 아직 시각적인 영광(허블 망원경 사진만큼 매혹적이었던 브레인바우의 사진을 의미한다—옮긴이)에 미치지 못했다. "우리는 우리가 기대한 만큼 많이 배우지는 못했다"[32]고 릭트먼은 말한다. 얇은 뇌 조각에도 수천 개의 가지가 있는 수상돌기와 축삭돌기들이 모두 겹치고 얽혀 있어 추적하는 것이 불가능했다. 멀리서 보면 멋진 이미지들이지만 가까이서 보면 색색의 선들이 서로 스며들어 있었다. 문제의 주범은 현미경이었다. 현미경은 밀도가 높은 네트워크에서 매우 많은 세부 사항을 해결할 만큼 강력하지 않았다. 릭트먼의 연구팀은 우리가 1장에서 만난 초고해상도 현미경을 사용해 상황이 개선되었지만 충분하지는 않았다.[33]

뇌를 이해하거나 뇌의 커넥톰을 정의하기 위한 탐구에서 브레인바우는 목적지가 아니라 중간 지점인 것으로 밝혀졌다. 미래에는 우리가 브레인바우로 되돌아갈 수도 있다. 예를 들어, 색상과 색조는 무작위가 아니라 뉴런의 활동이나 이력 같은 중요한 걸 나타내는 것으로 판명되면 어떻게 될까?[34] 한편, 세포에 색을 입히고 시냅스를 선택하는 또 다른 방법이 더 효과적인 것으로 입증되었다.

1장에서 살펴보았듯 빛의 파장은 일반적인 광학현미경으로 볼 수 있는 것, 즉 우리가 '확대'할 수 있는 정도에 제한을 두지만, 우리는 다른 광학현미경의 발명으로 이 문제를 해결할 수 있었다. 전자현미경은 빛 대신에 전자 빔을 사용하는데, 양자물리학의 수학에 따르면 빛보다 약 1000배 작은 파장을 가지고 있다고 할 수 있다.[35] 이에 대한 세부 사항은 전문가도 이해하기 어렵지만, 전자현미경이 광학현미경보다 세포의 구조를 훨씬 더 잘 확대할 수 있다는 의미다. 그러나 뉴런을 추적하는 것과 관련해 결정적인 문제가 있다. 즉, 전자현미경은 물체의 2차원 표면만을 촬영할 수 있다는 것이다. 빛은 샘플을 어느 정도 투과할 수 있지만, 전자는 투명도에 따라 투과할 수 없는 경우도 있다. 전자현미경의 힘을 사용해 3차원으로 뒤틀리고 회전하는 뉴런의 돌출부를 추적하려면 묘책이 필요하다.

때때로 과학에서는 간단한 아이디어가 잘 작동한다. 하이델베르크에 있는 막스플랑크 연구소의 빈프리트 덴크(Winfried Denk)는 물리학을 전공했으며, 새로운 실험실 기술을 설계하는 데 열정을 쏟고 있었다.[36] 그는 전자현미경의 샘플 체임버 내부에 자동 절단 장치를 설치하는 아이디어를 냈다. 검사 중인 뇌 조각을 절단하기 쉽도록 플라스틱 수지에 박아놓는다. 일단 뇌 조각의 표면 사진을 찍으면 극도로 날카로운 칼로 뇌 조각의 가장 윗부분을 깎아내고, 정확히 같은 위치에 고정해 표면 바로 아래에 있는 층의 사진을 찍을 수 있게 한다. 이 과정을 반복하면 전체 샘플을 3차원으로 보여주는 일련의 이미지가 생성된다.[37] 핵심 기술 자체는 새로운 게 아니었다. 전자현미경은 1931년에 발명되었다. 하지만 여기에는 전자현미경을 사용해 뇌의 작은 조각 **전체에 걸쳐** 세부 사항을 포착하는 '자동화된' 방법이 있었다.[38] 이렇게 해서 수상돌기와 축삭돌기의 구불구불한 경로가 드러났다.

이 기술에 사용한 칼이 극도로 날카롭다는 것은 절제된 표현이다. 종이는 두께가 약 10분의 1밀리미터, 또는 100미크론이며 손가락을 쉽게 벨 수 있다. 일반적인 부엌칼의 날은 약 3배 정도 더 날카롭고, 면도날은 1미크론 미만으로 가늘어진다.[39] 그러나 이 기술에 사용한 칼은 보석 품질의 다이아몬드로 만들어졌다. 가까이서 보면 들쭉날쭉하고 찌그러져 보이는 면도날과 달리 다이아몬드 칼의 날은 완벽하게 균일하다. 가장자리의 두께는 약 0.002미크론으로 탄소 원자 약 12개의 너비다. 다이아몬드 칼은 적혈구 1개를 300개로 자를 수 있다. 그리고 면도날과 달리 쉽게 무뎌지지 않는다. 분명히 다이아몬드가 전부 반짝거리기만 하는 것은 아니다. 다이아몬드 칼은 몸을 잘라 비밀을 드러내준다.

칼의 날카로움은 특히 중요하다. 왜냐하면 덴크의 기술로 뉴런을 그릴 수 있는 해상도는 두뇌 조각을 얼마나 얇게 자를 수 있느냐에 달려 있었기 때문이다. 덴크는 컴퓨터 전문가 승현준과 함께 자신의 방법을 사용해 쥐의 눈 뒤쪽에서 채취한 망막의 작은 조각을 연구했다. 망막은 단순히 빛을 포착하지도 않고, 뇌에 직접 '그림'을 보내지도 않는다. 대신, 망막의 뉴런 네트워크는 신호를 뇌로 전달하기 전에 정보를 분리 및 정리하고 걸러낸다. 승현준과 덴크 그리고 그들의 실험실 연구팀은 약 10분의 1밀리미터 크기 망막의 작은 정육면체를 분석했다. 여기에는 50만 개의 시냅스에 의해 연결된 약 950개의 뉴런이 포함되어 있었다.[40] 모든 이미지를 수집하는 데 한 달, 분석하는 데 4년이 걸렸다. 그 어떤 컴퓨터 알고리즘도 한 사진에서 다음 사진으로 수상돌기와 축삭돌기를 추적하는 일은 매우 어려운 것으로 밝혀졌다. 특히 수상돌기와 축삭돌기가 어떤 지점에서든 분기할 수 있기 때문이다. 그래서 결국 연구팀은 뉴런을 수동으로 추적하기 위해 약 200명의 학부생을 등록시켰다.

이마저도 시간이 너무 오래 걸린다는 것을 깨달은 승현준의 연구팀은 크라우드 소싱으로 대중을 참여시키고 도움을 얻기 위해 온라인 게임을 개발했다.[41] 아이와이어(Eyewire)라고 부르는 게임의 플레이어는 분석한 이미지 수와 소요 시간, 분석 결과가 다른 사람의 결과와 얼마나 일치하는지에 따라 얻는 점수를 획득하기 위해 뉴런을 추적했다. 26만 5000명 넘는 사람들이 온라인에 등록했으며, 가장 열성적인 사람은 일주일에 50시간을 컴퓨터 앞에서 보냈다. 연구팀은 이 힘든 작업을 게임으로 변환해 수많은 뉴런의 3D 입체를 만들고 누구나 검색할 수 있도록 업로드했다.[42] 망막의 정보 처리 방식을 이해하려면 아직 갈 길이 멀다. 그러나 승현준과 덴크의 연구는 복잡한 뉴런 네트워크를 전자현미경, 다이아몬드 칼 및 컴퓨터 게임이라는 예상 밖의 조합으로 지도화할 수 있음을 보여주었다.

브레인바우 이후, 릭트먼의 연구팀도 전자현미경을 사용하기 시작했으나 그들은 다른 접근 방식을 취했다. 덴크의 방법은 잘라낸 뇌 조각을 버린 반면, 릭트먼의 연구실은 남아 있는 뇌의 덩어리 대신 뇌 조각을 저장하고 사진을 찍었다. 이를 수행할 수 있는 기계를 만들고 그걸 사용해서 실험용 쥐 뇌의 작은 부스러기에 해당하는 모든 시냅스를 관찰하는 데 6년이 걸렸다.[43]

릭트먼의 연구팀이 만든 것은 일련의 바퀴 주위에 테이프를 감는 영화 프로젝터와 다소 비슷하다. 단단한 수지에 박힌 쥐의 작은 뇌 조각이 자동 치즈 절단기처럼 다이아몬드의 칼날을 향해 위아래로 이동하면, 얇은 조각들이 움직이는 테이프 위에 떨어지고 그 조각들은 차례로 전자현미경으로 공급된다. 이러한 방식으로 24시간마다 약 1000개의 뇌 조각을 자를 수 있지만, 일반 전자현미경이 작동하는 속도는 훨씬 더 느리다. 1세제곱밀리미터의 뇌라도 전체 그림을 얻는 데 약 17년이 걸린다.[44] 프로세스 속도를 높이기 위해 릭트먼의 연구팀은 1개가 아닌 61개의 전자 빔으로 샘플을 스캔하는 전자현미경의 새로운 시제품을 사용했다. 그런 다음 컴퓨터를 사용해 모든 이미지를 함께 쌓아서 뉴런의 돌출부를 추적하고 디지털 방식으로 채색할 수 있었다. 결국, 이런 식으로 분석한 아주 작은 뇌 한 조각은 1세제곱밀리미터보다 약 100만 배나 작다. 하나의 전체 뉴런을 포함하기에도 너무 작은 것이다.[45] 릭트먼은 "거의 아무것도 아닌 걸 완전히 렌더링(rendering: 작업 결과물의 최종 출력을 의미한다—옮긴이)하려고 무수한 작업을 했다"[46]고 푸념했다. 그럼에도 불구하고 이 작은 쥐의 뇌에는 약 1700개의 시냅스로 연결된 1407개의 축삭돌기와 193개의 수상돌기 등 수많은 뉴런의 돌출부가 여전히 포함되어 있었다.

연구팀은 같은 축삭돌기와 수상돌기가 서로 다른 위치에서 얼마나 자주 연결되는지를 확인하고 놀랐다. 더욱 중요한 것은 아마도, (우연히) 서로 가까이 있는 두 돌출부 사이에서 시냅스가 형성되지 않는다는 걸 이미지들이 증명했다는 점이다. 샘플의 길이를 가로지르는 하나의 축삭돌기는 근처에 있는 소수의 다른 뉴런에만 연결된다. 이는 아직 우리에게 알려지지 않은 어떤 다른 요인이 뉴런을 그들의 위치와 무관하게 연결하도록 한다는 것을 의미한다.

뇌를 이미지화하는 새로운 방법은 여전히 개발 중이며, 이 작업이 계속됨에 따라 뇌의 더 많은 특색을 확실히 발견하게 될 것이다. 릭트먼은 이렇게 말한다. "우리는 지금까지 〔뇌를〕 완전한 해상도로 볼 수 있는 도구를 가진 적이 없어요. 〔그리고〕 우리는 이제 막 표면을 긁었을 뿐입니다!"[47] 그러나 이 작업은 커넥톰을 포착하는 작업이 얼마나 엄청난 일인지를 강조한다. 릭트먼은 인간 두뇌의 완전한 배선도를 만들어 내려면 오늘날 전 세계에 있는 모든 디지털 콘텐츠만큼의 데이터가 필요하다고 추정한다.[48] 그래서 "그런 일은 금방 일어나지는 않을 것"이라고 그는 말한다.[49]

더욱 단순한 동물의 커넥톰을 얻는 것은 좀 더 쉬워서 수십 년 전에 이뤄졌다. 1986년 남아프리카공화국의 선구적인 생물학자 시드니 브레너(Sydney Brenner)가 이끄는 연구팀은 예쁜꼬마선충(small roundworm)의 커넥톰을 보고했다. (커넥톰이라는 단어가 아직 만들어지지 않았기 때문에 당시에 그렇게 부르진 않았다.) 그 벌레에게는 일반적인 뇌가 없지만, 행동을 제어하는 신경계는 있다. 그 어떤 프로세스도 자동화되지 않았기 때문에 지도화하는 데 10년이 훨씬 넘게 걸렸다.[50] 연구팀은 약 1밀리미터 길이인 이 벌레의 몸을 얇게 자르고, 모든 조각을 전자현미경으로 찍고, 모든 뉴런을 수동으로 추적했다. 분석 결과는 302개의 뉴런을 설명하는 340쪽짜리 논문으로 나왔다.[51] 최종 분석에는 같은 성별의 여러 표본 사진을 합성한 것이 포함되었다. 최근인 2019년에야 암수 벌레의 신경계에 대한 완전한 설명이 보고되었다.[52] 이 최근의 분석은 모든 종류의 미묘한 차이를 포함해 어떤 뉴런이 연결되어 있는지뿐만 아니라, 각 연결이 얼마나 강한지와 관련이 있다고 여겨지는 각 시냅스의 물리적 크기도 설명한다.

수십 년에 걸친 벌레의 신경과학을 통해 우리는 이제 벌레가 주위 온도를 감지해 너무 덥거나 너무 추운 곳으로 이동할 수 있도록 하는 데 중요한 뉴런이 무엇인지 알고 있다.[53] 마찬가지로 우리는 어떤 뉴런이 촉각 반응에 관여하는지도 알고 있는데, 이는 머리에 가해지는 가벼운 압력이 머리를 뒤로 움직이게 할 때 관찰할 수 있다.[54] 그러나 성별이 다른 벌레의 신경계에는 차이가 있으며, 우리는 아직 그게 무엇을 의미하는지 모른다. 좀 더 일반적으로 개별 벌레의 커넥톰 사이에 얼마나 많은 차이가 있는지는 연구되지 않았다. 벌레는 커넥톰 어딘가에 개성이 있을까? 마찬가지로 우리는 벌레의 삶의 경험이 신경계에 어느 정도 영향을 미치는지 모른다. 사실 우리는 벌레의 커넥톰을 가장 잘 표현하는 방법조차 모른다.[55] 한 과학자가 말했듯 "그래픽적으로 묘사한 새로운 〔벌레〕 커넥톰은 인공 신경망이나 단순한 전자 장치의 배선 도식과는 분명히 닮지 않았다. 그것들은 빗자루 찬장 뒤에 숨어 있는 거미줄과 더 닮았다".[56]

명백하게, 일단 커넥톰을 획득하면 힘든 작업이 실제로 시작된다. 신체의 많은 부분은 그것들이 어떻게 보이는가를 통해 상당한 것을 배울 수 있다. 예를 들어, 인간의 심장이 4개의 방을 가지고 있다는 것은 혈액이 2개의 순환 고리를 통해 먼저 폐로, 그러고 나서 여러분 몸의 나머지 부분으로 퍼진다는 사실을 보여주는 단서다. 아주 작은 규모에서도 그러한데, 유전 물질의 유명한 이중나선 모양은 장식용인 것만이 아니다. 그것의 발견은 세포가 분열할 때 각각의 두 가닥이 유전자를 복제하는 주형(鑄型)으로 작용한다는 걸 이해하는 데 도움을 주었다. 그러나 뇌는 완전히 다른 명제다. 인간 두뇌의 완전한 배선도가 손에 있고 그 배선도에 '자전거 타기'가 포함되어 있다고 해도 우리는 그것을 보는 것만으로는 어떻게 작동하는지 이해할 수 없다.

행동, 기억, 감정의 신경학적 기원을 이해하려면 뇌를 조사하고 지도화할 수 있어야 한다. 우리에겐 뉴런의 활동을 제어하거나 조작하고 결과를 시험할 수 있는 도구가 필요하다. 2010년 과학 저널 〈사이언스〉가 지난 10년의 과학적 돌파구 중 하나로 꼽은 광유전학에 대해 살펴보자.[57]

우리 대부분은 뇌를 이해하는 과학적 사명을 진지하고 고귀한 노력으로 여길 것이다. 우리 중 많은 사람은 연못의 조류(藻類)를 이해하는 것이 우선순위보다 덜 중요하다고 생각할지도 모른다. 그건 아마도 무한한 자연 중에서 일부 소수만 즐기는 세부 사항을 추구하는 데 지나지 않을 것이다. 그러나 뇌를 연구하는 도구인 현재의 광유전학은 조류 과학 덕분에 그 존재가 빛어졌다. 이것은 과학과 과학자라는 존재와 관련해 가장 마법 같은 것 중 하나다. 요컨대 무엇이든 혁명적인 것으로 판명될 수 있다.

수십 년 동안 소규모 과학자 커뮤니티는 연못의 단세포 녹조류가 어떻게 빛의 근원을 향해 이동하는지 이해하려고 노력해왔다.[58] 다시 말해, 조류 세포가 '보는' 방법이다. 2003년 독일 프랑크푸르트에서 활동하는 연구팀이 조류 세포에서 빛을 전기로 변환해 활동을 유발하는 단백질 분자를 발견했을 때 해답이 나왔다.[59] 연구팀이 발견한 단백질은 조류 세포의 표면에 있다. 이 표면이 빛을 받으면 작은 구멍을 만들기 위해 모양을 바꾼다. 이런 과정은 전하를 띤 원자가 이동하는 입구를 열어 세포 박동에서 불쑥 튀어나온 채찍 같은 구조에 도달하는 일련의 사건을 일으키는데, 이때 세포는 평영(平泳) 스타일로 움직인다. (세포 둘레에 긴 채찍 같은 것들이 튀어나와 마치 노를 젓듯 세포가 기어가는 것을 상상해보면 이해할 수 있다—옮긴이.) 빛을 세포의 활동을 활성화하는 신호로 사용하는 이 단백질은 광유전학의 산물이다. 이 단백질을 생산하기 위해 뉴런 또는 그 어떤 다른 유형의 세포든 유전적으로 변형함으로써 우리는 빛을 통해 그들의 움직임을 활성화할 수 있다.

조류에서의 이와 같은 발견이 광유전학의 발전으로 이어졌다는 얘기가 아니다. 이 개념은 이미 오래전부터 확립되어 있었다. 그러나 조류 단백질이 그 아이디어를 현실로 만드는 방법을 제공했다. 사실, 1999년 DNA의 이중나선 모양을 공동 발견한 프랜시스 크릭은 광유전학이 가능할 것이라고 추측했다. 뇌를 더 잘 이해하는 데 필요하다고 생각하는 기술을 탐구하는 강의에서 그는 이렇게 말했다. "이는 다소 터무니없는 것 같지만 분자생물학자들은 특정한 세포 유형을 빛에 민감하게 설계할 수 있을 것으로 생각한다."[60] 5년 후, 2명의 젊은 연구원 에드워드 보이든(Edward Boyden)과 칼 다이서로스(Karl Deisseroth)가 조류 단백질을 사용해 그러한 비전을 달성했다.

그들은 둘 다 스탠퍼드 대학교의 리처드 첸(Richard Tsien) 교수 연구실에서 일했는데, 뉴런을 제어할 수 있는 기술에 대해 늦은 밤까지 브레인스토밍하는 걸 좋아했다. 보이든은 물리학자로, 다이서로스는 내과의사로 훈련받았으며, 둘의 서로 다른 관점으로 인해 모든 가능성을 고려할 수 있었다. 그들은 자석 구슬의 사용을 생각해냈고 그게 가능할 것이라고 계산했다. 하지만 이내 그걸 구현하기가 어려우리라는 걸 깨달았다. 시간이 지나면서 그들은 (일종의 단백질 조류를 활용하는) 빛에 의해 움직이는 채널(light-driven channel)이 더 나은 선택이라는 것을 알게 되었다. 그들은 2002년에 뉴욕의 한 연구팀이 초파리에서 분리한 3개의 유전자를 사용해 빛으로 쥐의 뉴런을 활성화했다는 사실에 고무되었다.[61] 이 방식은 선구적인 만큼 시스템이 복잡했다. 세포가 빛에 반응하도록 하려면 많은 구성 요소가 필요했다. 그리고 뉴런이 반응하는 데 시간이 좀 걸렸다.[62] 반면, 조류 단백질은 스스로 빛을 전기 신호로 한 단계 만에 변환시켰다.

2004년 3월, 다이서로스는 조류 연구에 참여한 과학자 중 한 명인 게오르크 나겔(Georg Nagel: 독일 뷔르츠부르크 대학교 신경생리학과 교수—옮긴이)에게 이메일을 보내 빛으로 전환이 가능한 단백질을 암호화하는 유전자에 대해 알려달라고 요청했다. 다이서로스는 곧 스탠퍼드 대학교에서 자신의 연구실을 이끌기 시작했고, 그의 첫 번째 박사과정 학생인 장펑(張鋒: 중국계 미국인 생화학자로서 MIT 맥거번 뇌연구소 교수—옮긴이)과 함께 (바이러스의 도움을 받아가며) 조류 유전자를 뉴런에 전달하기 위한 적합한 조건을 연구했다.[63] 장펑은 다이서로스의 연구실을 차지하고 있는 사람이 누군지 보러 왔다가 우연히 다이서로스를 만났고,[64] 다이서로스는 장펑에게 함께 일하자고 설득했다.

2004년 8월 4일 오전 1시경, 결정적인 실험을 수행한 것은 보이든이었다. 그가 시험한 첫 번째 뉴런이 파란빛에 반응해 전기 신호를 주었다. 밤새 실험을 한 후, 그는 다이서로스에게 이메일로 좋은 소식을 전했다. 다이서로스는 "대단하다!!!!"고 답장했다.[65] 광유전학에 대한 비전을 갖고 있던 크릭은 이 사실을 절대 몰랐을 것이다. 88세이던 크릭은 이 결과가 나오기 일주일 전에 사망했으니 말이다.

이 연구가 궁극적으로 미칠 영향에도 불구하고 당시 최고의 과학 저널들은 논문 게재를 거부했다. 예를 들어, 〈사이언스〉는 연구팀이 방법을 시연하는 것 외에는 실제 발견을 하지 못했다고 주장했다. 결국 2005년 8월, 다른 저널에서 그들의 연구 작업을 실었다.[66] 몇 달 지나지 않아 다른 실험실에서도 유사한 관찰 결과를 보고했다. 분명히 많은 연구팀이 다른 전략을 사용해 같은 목표를 동시에 좇고 있었다.[67] 2006년에 '광유전학'이라는 단어가 생겨났다. 이 단어는 그 자체로 광학과 유전학의 흥미로운 결합을 의미한다.[68] 그러나 〈사이언스〉가 완전히 틀린 것은 아니었다. 뇌에 대한 새로운 정보를 제공하기 위해 광유전학을 사용하는 막중한 작업이 여전히 남아 있었다.

다이서로스는 이후 몇 년 동안 살아 있는 동물에서 광유전학을 작동시키는 방법을 찾기 위해 오전 4~5시에 일어나고 오전 1~2시에 잠자리에 들었다.[69] 그의 아내 미셸 몬제(Michelle Monje)도 스탠퍼드 대학교의 신경과학자이며 특히 어린이를 위한 새로운 뇌암 치료법을 찾는 팀을 이끌고 있다. 그녀는 한때 경쟁력 있는 피겨 스케이팅 선수였는데, 13세 때 다운증후군 어린이를 위한 피겨 스케이팅 프로그램을 만들기도 했다.[70] 몬제와 다이서로스는 4명의 자녀를 두고 있어 연구와 육아의 균형을 찾는 일이 쉽지는 않았다.[71]

다이서로스가 해결해야 할 문제는 크게 두 가지였다. 하나는 빛으로 전환할 수 있는 조류 단백질을 뇌의 뉴런으로 가져오는 것이고, 다른 하나는 빛이 뇌를 투과해 뉴런을 활성화시키는 방법을 찾는 것이었다. 첫 번째 문제는 유전적 비법으로 다시 한번 해결할 수 있었다. 기본적인 조류 유전자에 짧은 유전적 지시를 추가하고 바이러스에 끼워 넣은 다음, 완전히 성장해 살아 있는 실험용 쥐에 주입했다. 이러한 과정은 특정 유형의 뇌 뉴런에서 조류 단백질이 생성되도록 했다. 두 번째 문제는 광섬유로 해결했다. 섬유의 한쪽 끝은 레이저에 부착하고, 다른 쪽 끝은 외과 수술로 동물의 뇌에 삽입했다. 실험용 쥐는 머리에 얇은 광섬유를 부착한 채로 자유롭게 움직일 수 있었다.[72]

첫 번째 실험은 동물이 잠에서 깨어났을 때 활성화하는 것으로 알려진 실험용 쥐 뇌의 일부를 대상으로 했다.[73] 모든 것을 조작한 후, 팀원은 실험용 쥐가 잠자는 동안 레이저를 켤 수 있었다. 10초 동안 빛을 뇌에 전달하자 쥐가 갑자기 경련을 일으켰다. 그러다 다시 잠들었다. 이 보잘것없어 보이는 짧은 경련이 그 의미의 중요성을 간과하게 만들었다. 그건 광유전학이 살아 있는 포유동물의 뇌에 있는 뉴런을 활성화하고 그 행동을 바꿀 수 있다는 의미였다.

전기 자극같이 동물의 뇌에서 직접 뉴런을 활성화하는 다른 방법이 있다. 그러나 이런 방법은 특정 뉴런보다는 뇌의 일반적인 영역에 영향을 미친다. 약물 또한 뇌 활동에 영향을 줄 수 있지만, 그 효과의 시기를 제어하기 어렵다. 여기서 결정적인 발전은 정확성이었다. 요컨대 광유전학은 주어진 순간에 뇌의 한 영역에서 특정 유형의 뉴런을 활성화할 수 있었다.

〈뉴욕타임스〉의 기자가 연구소를 방문하기로 했을 때, 다이서로스는 장평에게 특히 인상적으로 보일 수 있는 실험을 설정할 수 있는지 물었다. 그래서 장평은 뇌의 운동 피질 부분을 자극하도록 설정했고, 그 결과는 실로 극적이었다. 실험용 쥐가 직사각형 플라스틱 상자의 모서리를 킁킁거리고 있을 때 레이저 빛이 뇌를 관통했고, 그때부터 실험용 쥐는 큰 원을 그리며 뛰어다니기 시작했다. 그러다 빛이 꺼지면 쥐는 뛰는 것을 멈추고 다시 냄새를 킁킁거리기 시작했다. 다시 말해, 장평은 리모컨으로 살아 있는 쥐의 움직임을 제어할 수 있었던 것이다.

기자는 나중에 "그것은 바보 같은 애완동물 묘기의 공상과학 버전 같다"[74]고 적었다. 그러나 장평이 회상하듯 이를 통해 "우리는 광유전학이 매우, 매우 강력한 행동을 유도할 수 있다는 걸 알았다".[75] 다이서로스가 말했다. "바로 그 순간이었다. ……우리는 마침내 우리가 광범위하게 적용 가능한 것을 만들었다는 사실을 알았다."[76]

다이서로스는 정신과 의사이기도 해서 신경과학자 집단에서는 드문 인물 중 한 명이다. 물론 그의 과제는 동물을 가지고 놀 수 있는 것으로 만드는 일이 아니다. 그는 우울증, 알츠하이머병, 조현병, 자폐증 같은 상황을 해결하고 싶었다.

우리의 가장 흔한 정신 건강 문제는 불안과 관련이 있다. 물론 어느 정도의 불안은 우리가 비상 상황이나 어려운 상황에 잘 대처하는 데 도움을 주는 정상적인 경험이다. 그러나 불안은 과도하고 병적일 수 있다. 불안이 얼마나 널리 퍼져 있는지 추정하는 연구는 다양하지만, 우리 중 3분의 1 정도가 공황 발작, 공포증 또는 강박 행동을 포함해 평생 불안 장애의 영향을 받는다.[77] 불안 장애가 현대 생활의 결과로 더 흔해지는 것처럼 보일 수 있지만, 이에 대한 확실한 증거는 없다. 똑같은 방법을 활용하는 대규모 연구들은 어떤 특정한 기간 동안 이를 주의 깊게 확인하는 작업을 반복하지 않았다.[78] 말할 필요도 없이 불안 장애는 잘 이해되지 않는다. 불안 장애는 남성보다 여성에게 더 흔하지만, 그 이유는 명확하지 않다. 예를 들어, 여성이 다른 사람을 돌보는 데 남성보다 더 많은 신경을 쓰는 게 그 이유에 포함될 수는 있다.[79] 불안 장애를 유발하는 뇌에서 실제로 일어나는 일을 알아내는 것은 모든 면에서 매우 중요하다. 낙인을 제거하고 문제를 식별 및 치료하는 데 도움을 주며, 건강한 생활 방식을 구성하는 것이 무엇인지 알아내기 위해서 말이다.

불안한 사람들은 해마에 가까운 (2개의 아몬드 모양을 한) 뉴런 군집인 편도체에서 더 큰 활동을 보이는 경향이 있다. 뇌의 이 부분은 정서적 반응과 위협에 대처하는 데 관여하는 것으로 여겨진다. 편도체가 없는 동물은 정상적인 공포 반응을 나타내지 않는다. 불안 장애를 더 잘 이해하기 위해 다이서로스 연구팀의 박사후연구원 케이 타이(Kay Tye)는 광유전학을 사용해 쥐의 편도체에서 뉴런의 활동을 조작하면 어떤 일이 일어나는지 시험했다.

물론 인간이 경험하는 감정이 동물에게 어느 정도 느껴지는지, 우리의 행동과 어느 정도까지 견줄 만한지 알 수는 없다. 그럼에도 불구하고 과학자들은 실험용 쥐가 숨는 걸 좋아하고 열린 공간을 회피하려 한다는 점에서 다소 자연스럽게 '불안'하다고 생각한다. 실험용 쥐가 얼마나 불안해하는지 평가하는 표준 방법은 이른바 '십자형 높은 미로(불안증의 정도를 측정하기 위해 십자 형태로 만든 모형이다. 십자형에서 한쪽 길은 서로 마주 보며 열려 있는 형태이고, 다른 쪽 길은 사방이 막혀 있는 형태다—옮긴이)' 시험을 사용하는 것이다. 실험용 쥐는 실험실 벤치 위에 있는 십자형 트랙에서 자유롭게 달리도록 놓아둔다. 한 축은 벽이 높고 상대적으로 보호되는 반면, 다른 축은 측면이 낮고 노출되어 있다. 실험용 쥐들은 열린 경로를 피하면서 십자 모양에서 사방이 보호된 축을 위아래로 달리는 경향이 있다. 그러나 케이 타이가 편도체에 있는 특정 뉴런 집합을 자극하자 실험용 쥐들은 갑자기 열린 환경을 탐험하려 했다.[80] 실험용 쥐의 속도 등 그 어떤 것도 변화하지 않는 듯했다. 단지, 위험에 대한 감각이나 실험용 쥐를 좀 더 안전한 환경에 있게 만드는 그 무엇만 변했을 뿐이다. 다시 말해, 케이 타이는 활성화할 수 있는 '항불안 스위치'를 발견해 실험용 쥐가 더욱 탐색적이 되고 아마도 더 자유로워지도록 하는 결과를 가져온 듯했다.

다음으로, 다이서로스의 연구팀은 오늘날 많은 광유전학 실험의 중요한 특징으로 자리 잡은 것을 개발했다. 이로써 과학자들은 위치에 따라 뉴런을 표적으로 삼는 대신, 이제 도달하는 범위에 따라 뉴런을 선택할 수 있다. 이는 빛으로 전환 가능한 단백질을 뇌의 한 영역으로 전달하고, 빛 자체를 뇌의 다른 곳으로 전달함으로써 이뤄진다. 이렇게 하면 두 영역에 걸쳐 있는 뉴런만 활성화된다. 이를 활용해 다이서로스의 연구팀은 실제 위험이 없는 상태에서의 호흡 증가, 위험 회피를 포함한 불안의 특정한 각 형태들이 다른 뇌 영역에 연결된 뉴런과 관련이 있음을 보여주었다.[81] 다른 연구팀은 불안과 관련된 뉴런이 동기 부여와 관련된 뇌 부분과도 연결되어 있음을 보여주었다.[82] 다시 말해, 별도의 뇌 모듈이 불안의 다른 측면과 관련이 있었다.

이 모든 작업은 인간이 아닌 쥐로 이루어지며 부자연스러운 환경에서 수행된다는 결정적인 경고를 피할 수 없다. 아울러 그런 경고는 불안의 원인이나 본질에 대해 말하는 건 매우 어렵다는 걸 우리에게 알려준다. 하지만 불안 장애가 있는 사람에게 위안을 주는 게 있다면, 실험용 쥐들의 이런 행동이 순간적으로 조금씩 줄어들거나 늘어날 수 있다는 점이다. 광유전학이 사람들에게 이를 쉽게 실험할 수 있다는 게 아니라, 이러한 발견을 통해 어떤 뇌 뉴런이 제일 적합한 조사 대상인지를 알 수 있다는 것이다. 가장 중요한 것은 새로운 치료 아이디어와 가능한 변화를 암시한다는 점이다.

광유전학이 특히 유망해 보이는 한 분야는 중독 치료다. 2001년 샌프란시스코 캘리포니아 대학교의 안토넬로 본치(Antonello Bonci)가 이끄는 연구팀은 단일 용량의 코카인을 투여한 실험용 쥐들의 뇌 활동에 변화가 있음을 발견했다.[83] 일반적으로 학습 강화와 관련된 뇌의 회로는 며칠 동안 영향을 받았다. 이것의 폭넓은 의미는 단 한 번의 코카인 복용으로도 중독에 취약해질 수 있다는 점이다. 이어서 본치와 많은 동료들은 2013년 적어도 쥐들에게서 광유전학을 사용한 뇌 활동 변경으로 코카인 중독을 막을 수 있다는 걸 보여주었다.[84]

8주 동안 쥐들은 레버를 눌러 코카인에 접근할 수 있었다. 그런 다음 쥐가 코카인을 얻기 위해 레버를 누를 때마다 발에 약한 전기 충격을 받도록 설정을 변경했다. 이는 일부 쥐가 코카인을 계속 복용하지 않도록 만들기에 충분했다. 그러나 다른 쥐들은 그렇게 하는 것이 명백히 부정적인 결과를 가져와도 스스로 약물을 투여할 터였다. 스스로 약물을 투여하는 쥐들에게서 연구팀은 모든 종류의 행동과 관련된 뇌 영역인 전두엽 피질에서 특히 낮은 수준의 활동을 발견했다. 놀랍게도 그 부위의 광유전학적 자극이 쥐를 중독에서 구해냈다.

말할 필요도 없이 인간과 쥐의 두뇌는 매우 다르다. 예를 들어, 인간의 뇌는 훨씬 더 크며 특히 언어 발달에 잘 기능하지만, 쥐의 뇌는 냄새를 다루는 데 더 능숙하다. 하지만 의외로 공통점도 많다. 뇌의 광범위한 설정은 유사하며 많은 기본 경로를 공유하는 것 같다. 어떤 활동을 반복하고 싶어 하는 쾌감처럼 원시적인 것, 이른바 보상 경로는 우리와 다른 동물에서 생존을 위해 매우 중요하기 때문에 적어도 그 구조의 일부는 후대에까지 보존된다. 이것은 중독에 의해 장악당한 경로다. 따라서 쥐의 중독을 막는 데 도움을 주는 것이 사람들에게도 도움을 줄 수 있다. 적어도 이는 실현 가능한 일이다.

광유전학은 사람의 뇌에서 유전자 변형이 필요하므로 인간에게 직접 사용할 수 없다. 그러나 대신 인간 두뇌의 활동은 경두개 자기 자극(transcranial magnetic stimulation, TMS)에 의해 영향을 받을 수 있다. 여기서는 빠르게 변화하는 자기장을 생성하는 작은 장치를 머리에 대고 뇌에서 국부적인 전기 활동을 유도한다. 이 장치는 때때로 약물이나 정신요법으로 실패한 우울증을 치료하는 데 쓰인다. 2016년 코카인 중독자 그룹이 경두개 자기 자극으로 치료를 받았는데, 이때 광유전학의 표적이 된 쥐의 영역과 유사한 뇌 부분을 표적으로 삼았다.[85] 효과는 분명했다. 뇌의 이 부분을 자극하면 코카인에 대한 욕구를 억제할 수 있다.

놀라운 사실이지만, 이 기술이 의료계에서 어떤 역할을 할 수 있는지는 아직 합의가 이루어지지 않았다. 이 연구에서 환자들은 자신이 치료받고 있다는 사실을 알고 있었으므로, 위약 효과도 가능할 수 있었다. 절차를 표준화하기 위해서는 더 많은 작업이 필요하다.[86] 그렇다고 해도 광유전학에 의한 발견이 중요한 것은 분명하다.[87] 이런 식으로 뇌를 조사하는 것은 정신 건강 문제를 더 잘 분류하는 데 거의 확실히 도움을 줄 것이다. 그리고 궁극적으로 이것은 우뇌 회로를 구체적 표적으로 삼는 새로운 치료법으로 이어질 가능성이 있으며, 이는 현재의 광범위한 의약품 전반을 대체할 것이다.

대부분의 사람은 광유전학 및 기타 기술에 만족하고, 이러한 기술은 명확한 문제를 치료할 수 있는 새로운 의약품 개발을 이끌 것이다. 그러나 뇌에 대한 심층적 이해는 우리를 훨씬 더 논쟁의 여지가 있는 문제로 이끌 수도 있다. 지능은 현대 과학에서 금기시하는 주제다. 지능은 측정은 고사하고, 불가능하지는 않더라도 정의하기조차 어렵다. 가상적인 지능 테스트는 누군가가 그러한 유형의 시험에서 얼마나 뛰어난지를 보고할 뿐이다. 하지만 사람들이 자신의 인지 능력을 높이는 데 관심이 있음을 보여주는 증거는 많다. 2008년 〈네이처〉의 설문 조사에서 응답자 5명 중 1명은 집중력을 자극하거나 향상시키기 위해 약물을 사용한 적이 있다고 대답했다.[88] 사람들은 효과가 있는지 없는지 또는 목표가 무엇인지에 대한 명확한 정보가 거의 없음에도 불구하고 이미 인지 능력을 향상시키기 위해 자가 치료를 하고 있다.

우리는 '자전거 타기'가 뇌에서 어떻게 생겨났는지 곧 이해할 수 있다고 말하기는 어렵다. 그러나 기술이 계속 발전하고 지식이 깊어짐에 따라 뇌를 조작하는 새로운 방법이 더욱 강력하고 정확해질 것이라는 데에는 의심의 여지가 없다.

뇌의 세부 구조를 지도화하려는 세계적인 노력이 진행 중이며, 이미 실험용 쥐를 원격 제어로 움직이도록 지시할 수 있다. 이 모든 것의 목표는 우울증이나 불안 장애 같은 문제를 해결하는 것이다. 하지만 임무 확장은 불가피하다. 현재로서는 인간의 취약성, 허영심, 사랑 및 증오와 관련한 역할이 우리 뇌 속에 숨겨져 있다. 아직 찾지 못한 문이 있고, 아직 풀어야 할 암호가 있고, 아직 깨지지 않은 한계점이 있지만, 그것은 시간문제일 뿐이다.

대화, 책, 노래 또는 영화 등 많은 것이 당신에게 영향을 끼친다. 그러나 좋든 나쁘든 뇌에 대한 해킹은 훨씬 더 직접적으로 변하고 있다. 가상현실 헤드셋, 교묘한 광고 및 터치스크린의 반복적인 게임 형태로 말이다. 이 모든 것은 장차 다가올 것에 비하면 아무것도 아니다. 지금으로부터 20년, 50년 또는 1000년 후 인간 뇌에 대한 우리의 이해는 완전히 다른 수준이 될 것이다. 우리는 점프 스케어(jump scare: 영화 등에서 갑자기 튀어나와 관객을 놀라게 하는 연출 기법—옮긴이) 직전에 있다. 큰일이 일어나려고 한다. 우리는 어둠 속에서 더듬거리고 있고, 긴장이 고조되고 있으며, 그것이 오고 있다는 걸 알고 있지만, 그게 언제 또는 무엇이 될지는 말하기 어렵다.

5

우리 안의 타자들

내 치아는 평소에 매우 깨끗한 상태를 유지하고 있지만, 돋보기로 보니 치아 사이에 작은 흰색 물질이 자라는 걸 발견했다. ……(그리고) 앞서 언급한 물질에 매우 많은, 살아 있는 작은 동물이 포함되어 있음을 알고 정말 놀랐습니다.

–안톤 판 레이우엔훅, 왕립학회에 보낸 편지(1683년 9월 17일)

1970년대에는 인체에서 약 300여 종의 세균을 발견할 수 있을 거라고 생각했다. 이를 염두에 두고 당시 과학자들은 건강한 사람에게서 발견되는 핵심적인 세균 세트를 식별하기 시작했고, 이들 중 하나라도 없으면 질병이 생기거나 질병의 근본적 원인이 될 수 있다고 여겼다. 이제 우리는 이 아이디어가 너무나 단순했다는 것을 안다. 사실, 인체는 상상할 수 없이 다양한 미생물 생태계를 보유하고 있다. 요컨대 당신 몸 안에는 인간 세포의 수만큼 많은 개별 세균이 있다. 세균은 약 1만 종의 서로 다른 것들로 이뤄져 있으며, 그중 일부는 지구상의 다른 곳에는 존재하지 않는 것으로 알려져 있다. 전체적으로 이 세균은 인간 유전체보다 약 1000배나 많은 유전자를 가지고 있다. 그뿐만 아니라 사람의 몸에는 우리가 세균에 대해 알고 있는 것보다 훨씬 덜 알고 있는 바이러스와 곰팡이가 무수히 많다. 인간 마이크로바이옴인 이 작은 생물을 전체적으로 합하면, 인간 두뇌의 무게와 거의 같다. 사람의 마이크로바이옴을 질병과 관련시키는 게 쉽지 않은 이유는 우리 몸 안에 있는 이 광활한 생명의 우주가 엄청나게 다양하고, (사람의 장기가 서로 다른 것처럼) 사람마다 크게 다르며, 질병의 경과에 따라 변하기 때문이다. 마이크로바이옴은 우리가 사춘기를 겪고, 임신하고, 심지어 이사를 갈 때도 변한다.

지난 10여 년 동안 미생물을 유전적으로 식별하는 두 가지 유형의 기술 개발 덕분에 마이크로바이옴에 대한 이해가 폭발적으로 증가했다. 첫째, 실험실 하드웨어를 사용해 대량의 유전 물질을 신속하게 시퀀싱할 수 있다.[1] 둘째, 다양한 미생물 유전자 시퀀스를 모두 분류하고, 데이터에서 패턴을 찾아 그 결과를 개인의 식단이나 건강 상태 같은 다른 요인과 연관시킬 수 있는 컴퓨터 하드웨어와 소프트웨어를 개발했다. 인간 마이크로바이옴을 이해하려는 노력은 빅데이터 과학의 대표 사업이 되었다.

인간과 미생물의 완전한 공생은 아직 실현되지 않았지만, 우리의 건강과 행복이 이 둘 간의 동맹에 절대적으로 의존한다는 것은 의심의 여지가 없다. 그리고 모든 오래된 관계가 그렇듯이 인간과 미생물의 유대 관계도 복잡하다. 예를 들어, 신체의 각 부분에는 서로 다른 미생물이 서식한다. 우리의 치아에 사는 미생물은 피부나 장에 사는 것과 다르다. 사람의 장에도 부위에 따라 살아가는 세균의 종류가 매우 다양하다. 서로 다른 동물을 수용하는 섬처럼 별도의 환경은 내장 벽의 주름과 산도, 점액 및 산소의 국부적 변화 때문에 생성된다.

주로 대변을 분석해서 가장 많이 연구해온 것은 장내 세균이다.[2]

오래전인 1680년대에 네덜란드 과학자 레이우엔훅이 원시 현미경을 사용해 세균을 처음 발견한 것도 자신의 대변에서였다. 이것은 충격적인 관찰이었음이 틀림없다. 직관적으로는 대변의 25~50퍼센트가 살아 있는 세균 및 죽은 세균으로 구성되어 있다고 말하지 않는다. 1909년 미국 세균학자 아서 켄들(Arthur Kendall)은 사람의 장에 있는 미생물의 유형이 식단에 따라 달라질 수 있다고 주장했다.[3] 그는 원숭이들에게 각각 다른 음식을 먹이고 그들의 대변에서 세균을 배양함으로써 이 아이디어를 실험했다. 그 후 수십 년간의 연구를 통해 장내 세균이 우리를 위해 하는 일의 요지 혹은 그들이 제공하는 기능의 적어도 한 가지 측면은 현재 널리 알려져 있다. 장은 음식을 소화하고 영양분을 생산하는데 도움을 주는 대가로 세균에게 집을 제공한다. 예를 들어, 장내 세균은 우리에게 부족할 수 있는 비타민 B를 생산한다.[4] 그러나 최근의 지식은 켄들이 상상했던 것보다 훨씬 더 많고 새로운 세부 사항을 우리에게 안겨줬다. 그 결과, 마이크로바이옴 기반 요법 또는 치료법에 대한 다양한 주장이 제기되었다. 많은 것이 과장되어 있지만, 전부가 그런 건 아니다. 영양과 식이요법에서부터 질병과 싸우는 능력 그리고 정신 건강에 이르기까지 모든 것과 관련된, 진정으로 변혁적인 아이디어가 등장하고 있다.

당신 신체의 모양은 당신의 유전자, 먹는 음식, 운동 빈도의 산물이라고 생각할 수 있다. 하지만 또한 다른 무언가가 중요한 요소라는 걸 보여주는 증거가 쌓여왔다. 바로 장내 세균이다. 이 과학적 계시를 향한 여정은 2004년 워싱턴 대학교에서 시작되었다. 생물학자 제프리 고든(Jeffrey Gordon)의 연구소에 있던 한 박사후연구원이 예상치 않게 중요한 사실을 관찰한 것이다.

스웨덴에서 박사과정을 밟는 동안 프레드리크 벡헤드(Fredrik Bäckhed)는 장에서 행복하게 사는 똑같은 세균이 요로 같은 신체의 다른 부분을 감염시키면 질병을 일으킬 수 있다는 사실에 매료되었다. 그는 장이 신체의 다른 부위와 비교해 세균을 감지하고 제어하는 방식이 달라야 한다고 추론했다. 벡헤드는 고든의 평판과 그가 장내 미생물 연구에 관심이 있다는 걸 알고 있었기 때문에, 박사 학위를 마치면 그의 연구실에서 일할 수 있는지 이메일로 문의했다.[5] 벡헤드는 신경계에 미치는 미생물의 영향을 관찰하는 것과 같은 연구를 위한 아이디어로 가득 차 있었다. 하지만 벡헤드는 고든과 함께 미생물이 동물의 신진대사에 어떻게 영향을 미치는지에 대한 연구 계획을 세웠다. 고든은 동물의 체지방량이 장내 세균의 부재로 인해 영향을 받을 수 있는지 같은, 처음에는 매우 간단한 것을 살펴보라고 제안했다.

일반적으로 모든 쥐의 장에는 인간과 마찬가지로 많은 세균이 있다. 그러나 실험실에서 실험용 쥐는 미생물과 전혀 접촉하지 않도록 멸균 환경에 보관할 수 있다. 이 쥐들은 밀폐된 플라스틱 울타리 안에서 태어나고 자라며, 방사능 처리된 먹이를 먹는다. 그 쥐들은 유별나게 솔직한 '무균 쥐(germ-free mice)'라는 이름을 갖고 있다. 벡헤드가 2004년에 관찰한 것은 세균 없는 쥐가 정상적인 실험실 환경에서 자란, 미생물이 가득 있는 쥐보다 훨씬 더 홀쭉하다는 사실이었다. 더욱 중요한 점은 그가 의도적으로 무균 쥐를 세균에 노출했을 때 살이 찌기 시작했다는 것이다.[6] 그들이 더 많이 먹기 시작한 것은 아니다. 사실은 조금 덜 먹었는데도 살이 쪘다.

표면적으로 이러한 결과는 미생물이 동물의 체중에 직접적 영향을 미친다는 것을 의미한다. 하지만 무균 쥐는 자연에서는 살지 않기 때문에, 몸무게의 변동이 단순한 부작용일 뿐 이 동물에게서 많은 이상한 사건이 일어났을지도 모른다. 직접적 인과관계를 확립하기 위해서는 다른 종류의 증거가 필요했는데, 고든의 연구팀 중 한 명인 박사후 연구원 루스 레이(Ruth Ley)가 이를 찾아냈다. 자신의 실험에서 레이는 무균 쥐 대신 비만을 유발하는 특정 유전자 돌연변이가 있는 쥐를 사용했다. 특히, 이 쥐는 렙틴(leptin)이라는 호르몬 생산을 담당하는 유전자가 작동하지 않는 유전자 돌연변이 버전을 갖고 있었다. 렙틴은 동물이 에너지 섭취량을 에너지 사용량과 일치시키는 데 도움을 준다. 이 호르몬이 결핍되면 쥐는 음식에서 필요한 것보다 더 많은 에너지를 흡수한다. 이 유전적 돌연변이가 있는 쥐의 마이크로바이옴을 연구하고, 이를 돌연변이가 없는 쥐의 마이크로바이옴과 비교함으로써 레이는 비만 쥐의 장에 독특한 혼합 세균이 있음을 발견했다.[7] 똑같은 먹이를 주고 똑같은 환경에 사는 한배 새끼들 사이에서도, 이 유전적 돌연변이를 물려받은 쥐는 형제들과 다른 마이크로바이옴을 가지고 있었다.

마이크로바이옴과 체중의 변화는 모두 이 유전적 돌연변이에 의해 독립적으로 발생했을 수도 있지만, 두 가지가 연결되어 있을 가능성이 더욱 커 보였다. 즉, 돌연변이가 차례로 마이크로바이옴을 변화시키거나 마이크로바이옴에 영향을 주어 쥐의 체중을 늘렸다는 것이다. 고든의 연구실에서 이어진 실험이 그 답을 제시했다.

고든의 연구실에서 레이 및 다른 사람들과 함께 연구하던 박사과정 학생 피터 턴보(Peter Turnbaugh)는 과체중 또는 마른 쥐의 세균을 무균 쥐로 옮겼다.[8] 놀랍게도 과체중 실험용 쥐로부터 미생물을 받은 쥐는 마른 실험용 쥐에게서 미생물을 받은 쥐보다 훨씬 더 체중이 늘어났다. 과체중 실험용 쥐의 세균이 서식하고 2주 후 체지방이 평균 47퍼센트 증가했다. 마른 동물에게서 얻은 미생물도 체지방을 증가시켰지만, 그 비율은 훨씬 적었다. 이러한 결과는 장내 미생물이 실험용 쥐의 크기에 직접적 영향을 미칠 수 있음을 암시한다. 이는 쥐가 얼마나 많은 음식을 먹었는지와 관계없이 어느 정도 발생했다. 오히려 비만 쥐의 마이크로바이옴을 받은 쥐는 약간 적게 먹었다. 고든이 나중에 회상했듯 "맙소사!"의 순간이었다.[9]

미생물을 자세히 분석한 결과, 연구팀은 비만 쥐의 세균 대부분이 소화되지 않는 당을 분해하는 효소를 포함한다는 걸 발견했다. 이것은 비만 쥐의 미생물이 동물에게 음식으로부터 더 많은 에너지를 수확할 수 있는 능력을 부여한다는 것을 시사했다. 놀랍게도 당을 분해하는 효소가 풍부한 이 같은 유형의 세균도 비만한 사람에게서 더 많은 것으로 밝혀졌다.[10] 나중에 레이는 자신의 연구실을 이끌었는데, 비만한 사람의 미생물은 무균 쥐의 경우처럼 체중을 훨씬 더 많이 증가시킨다는 걸 보여주었다. 마른 사람에게서 미생물을 받은 경우에 비해서 말이다.[11] 전체적으로 이것은 사람의 장내 미생물 구성이 음식에서 추출되는 에너지의 양에 영향을 미칠 수 있고, 이는 다시 사람의 체중에 영향을 미칠 수 있다는 혁신적 아이디어로 이어졌다. 이런 획기적 발견은 의료에 대한 새로운 가능성을 암시했지만, 그것들을 실현하기까지 더 많은 단계가 필요할 터였다.

이스라엘 바이츠만 과학연구소(Weizmann Institute of Science)의 에란 엘리나브(Eran Elinav)는 인체가 미생물과 대화하는 분자 언어를 이해하는 것이 자기 일생의 사명이라고 생각한다.[12] 그는 어린 시절 꿈인 의사가 되기 위해 훈련받았지만 "임상적인 일상은 조금 지루했다".[13] 그래서 연구에 자신의 경력을 집중하기로 했고, 면역학 박사 학위를 받았다. 그는 2000년대 중반 마이크로바이옴에 대한 연구가 본격적으로 시작될 무렵, 그 연구에 관심을 갖게 되었다. 그리고 2012년부터 자신의 연구실을 이끌면서 식단, 비만 및 마이크로바이옴 사이의 관계를 이해하기 시작했다.

엘리나브가 영양에 관한 수많은 과학 논문에서 배웠듯이, 대부분의 식이요법은 혈당 수치에 영향을 주는 혈당지수에 따라 음식을 평가하는 시스템을 갖고 있다. 음식을 특성화하는 이러한 방식은 1981년 토론토 대학교의 데이비드 젠킨스(David Jenkins)가 주도한 연구에서 나왔다. 젠킨스는 소규모 그룹의 사람들에게 밤새 금식하도록 한 후, 특정 음식을 먹고 난 다음 2시간 동안 혈당 수치를 측정하도록 했다.[14] 각각의 식품은 탄수화물 단위당 수치를 얼마나 높였는지에 따라 점수를 매겼으며, 설탕을 100점의 기준점으로 사용했다. 꿀은 87점, 옥수수는 59점, 토마토 수프는 38점 등이다. 이것이 중요한 발전인 이유는 음식이 무엇으로 만들어졌는지가 아니라 인체에 미치는 영향으로 평가했기 때문이다. 오늘날 우리가 생각할 수 있는 모든 먹을 수 있는 것은 이런 방식으로 분석한다. 일반적으로 말해서, 살을 빼려고 하는 사람은 (곧이어 더욱 갈망하게 될지도 모르는) 단기간 에너지를 급증시키는 높은 혈당지수의 음식을 피하고, 에너지를 훨씬 느리게 방출하며 포만감을 더 오래 느낄 수 있게 도와주는 낮은 혈당지수의 음식을 선호하도록 권유받는다.

현실은 물론 항상 그렇듯이 훨씬 더 미묘하다. 1981년의 원래 분석에 따르면, 예를 들어 당근은 흰 빵보다 혈당지수에서 훨씬 더 높은 점수를 받는다. 왜냐하면 특정 양의 당근 탄수화물은 같은 양의 흰 빵 탄수화물보다 혈당 수치를 훨씬 더 높이기 때문이다. 하지만 빵 한 조각과 같은 양의 탄수화물을 제공하려면 엄청난 당근을 먹어야 한다. 이를 고려하기 위해 혈당 부하(glycemic load)라고 하는 또 다른 점수를 고안했다. 식품의 혈당지수에 탄수화물 총함량을 곱한 것이다. 혈당 부하는 흰 빵보다 당근에 훨씬 낮은 점수를 부여한다. 그러나 혈당지수나 혈당 부하는 예를 들어 식품의 비타민과 미네랄 함량을 고려하지 않는다. 이런저런 주의 사항에도 불구하고 수많은 다이어트 계획이 이러한 음식 순위 지정 방식을 기반으로 구축되었다. 사실, 《다이어트 신화》의 저자 팀 스펙터(Tim Spector)가 말했듯 "다이어트 의식(儀式)은 전염병이 되었다".[15] 하지만 인간은 전 세계적으로 점점 더 체중이 무거워지고 있다.[16]

우리는 세계 여러 지역에서는 체중 증가가 희소식이라는 사실을 기억해야 한다. 브라질과 방글라데시 같은 많은 국가에서 최근 몇 년 동안 어린이의 영양 부족이 상당히 감소했다.[17] 하지만 적절한 영양 섭취로 예방할 수 있음에도 매년 충격적인 수의 어린이가 사망한다. 세계에서 생산하는 식량의 양이 극적으로 증가했기에 이는 더욱 가슴 아픈 일이다. 동시에 전 세계적으로 비만 아동의 수가 너무 많이 늘어나 현재는 영양 결핍 아동의 수와 비슷하다.[18] 그리고 물론 많은 국가에서 체중 감량 산업은 거대하다.

그 이유 중 일부는 단일한 다이어트 계획이 다른 것보다 더 낫다고 판명된 적이 없다는 점 때문이다. 한 사람에게 효과가 있는 게 다른 사람한테도 반드시 효과가 있는 것은 아니다. 그리고 우리는 모두 케이크, 초콜릿, 와인을 아무리 많이 먹어도 건강한 체중을 유지하는 것처럼 보이는 사람을 만난 적이 있다. 이런 변주는 신중하게 통제된 연구에서도 마찬가지로 사실이다. 600명 넘는 사람들을 대상으로 실시한 한 임상 시험에서, 저지방과 저탄수화물의 두 가지 식이요법을 12개월 동안 서로 상반적인 방식으로 진행했다. 평균적으로는 두 다이어트 계획 모두 비슷한 효과가 있는 것으로 나타났지만, 각 개인의 반응은 상당히 다양했다. 일부는 살이 쪘고 일부는 감소했는데, 그중 일부는 아주 조금 일부는 아주 많이 그러했다.[19] 이러한 차이점을 이해하는 데는 엘리나브가 해낸 중요한 발견이 긴요하다.

엘리나브는 혼자가 아니라 (역시 바이츠만 과학연구소에서 일하는) 에란 세갈(Eran Segal)과 함께 그 중요한 발견을 이뤄냈다. 한 동료가 두 사람을 소개해주었다. "저를 믿으세요. 이분은 당신과 매우 밀접한 관심사를 발전시킨 훌륭한 사람이에요."[20] 세갈은 유전학을 공부하고 있었지만, 특히 영양사와 결혼한 마라톤 선수이기도 했기 때문에 영양에도 관심이 많았다. 엘리나브와 마찬가지로 그는 이 주제에 관해 많은 책을 읽었고, 여러 가지 식이요법의 장점에 대한 주장과 반론을 잘 알고 있었다. '그러한 장점을 모두 분류하는 데 빅데이터와 컴퓨터 알고리즘보다 더 나은 방법이 없을까?'라고 세갈은 생각했다.[21] 엘리나브와 세갈은 약 1년 동안 대화를 나누며 서로를 알아가고 상대방의 전문 용어에 익숙해졌다.[22] 세갈의 컴퓨터공학과 엘리나브의 생물학이라는 서로 다른 관점이 성공에 결정적 역할을 했다. 그들은 함께 충분히 많은 사람에 대한 정보를 필요한 만큼 수집하고 분석할 수 있다면 어떤 큰 문제든 해결할 수 있을 거라는 데 합의했다.

그들의 광범위한 목표는 어떤 종류의 식단이 (혈당 수치가 높아지는 게 특징인) 제2형 당뇨병 같은 문제가 발생할 위험을 낮추는 데 도움이 될 수 있는지 알아내는 것이었다. (혈당 수치를 급등시키는 음식을 피하는 것이 이러한 위험을 줄이는 데 도움이 된다는 증거가 있다.[23]) 더욱 시급한 과제는 사람들의 혈당 수치가 식사 때문에 어떻게 영향을 받는지에 대한 심층적이고 대규모적인 연구를 수행하는 것이었다. 처음에 둘은 이런 종류의 작업이 가능한지 확인하기 위해 자신들과 다른 사람 몇 명의 혈당을 측정했다.[24] 그런 다음 전례 없는 규모로 같은 작업에 착수했다.[25] 1981년처럼 소수의 성인을 연구하는 대신, 엘리나브와 세갈은 800명 이상을 모집했다. 그들은 참여자에게 대가를 지불하지 않았지만, 많은 사람이 자신에 대해 배우고 싶어 했기 때문에 기꺼이 등록해주었다. 그리고 2시간 동안 몇 번 측정하는 대신 7일 동안 모든 사람의 혈당을 5분마다 측정했다. 전체적으로 이런 수준의 정밀 검사는 150만 개 이상의 포도당 측정값에 상응한다.

당뇨병 환자의 포도당 수치를 관찰하기 위해 개발한 작은 센서를 모든 사람에게, 주로 복부에 부착했다. 이런 유형의 센서는 속눈썹 크기 정도의 매우 가느다란 바늘을 사용해 포도당 수치가 혈액의 수치를 반영하는 피부 최상층 바로 아래에 있는 체액에 도달한다. 사실, 피부 간질액(skin interstitial fluid)이라고 부르는 이 체액은 사람의 건강 상태를 나타내는 풍부한 분자 공급원이다. 미래에는 이러한 유형의 센서를 모든 종류의 진단에 사용할 수 있을 것이다.

참가자들은 일상생활을 계속했지만 잠을 잔 시간이나 운동한 시간, 무엇을 언제 먹었는지 등 모든 활동을 휴대전화 앱을 통해 기록하라는 지시를 받았다. 그들의 일상에서 유일한 예외는 매일 아침 빵만으로 혹은 빵과 버터만으로 구성된 아침 식사, 또는 포도당이나 과당 형태로 설탕 50그램이 들어간 아침 식사를 먹어야 한다는 것이었다. 이를 통해 연구팀은 4만 6898명의 일반 식사와 5107명의 규정된 아침 식사 세트에 대한 데이터를 얻었다. 이와 함께 각 참가자는 상세한 의료 설문지에 답했고, 신장과 엉덩이 둘레 측정 같은 다양한 신체 평가를 받았으며, 마이크로바이옴의 구성을 분석하는 데 필요한 대변을 제공했다.

각 식품의 혈당지수에 따라 포도당 수치가 정확히 급증한다는 것이 밝혀졌다. 그러나 결정적으로 이것은 평균적인 경우에만 해당했다. 사람마다 편차가 엄청났다. 주어진 음식에 대해 어떤 사람의 포도당 수치는 극적으로 치솟지만, 다른 사람은 거의 반응하지 않는 듯했다. 이는 같은 사람이 특정한 음식을 먹을 때마다 비슷하게 반응했기 때문에 우연히 일어난 차이로는 설명할 수 없었다. 예를 들어, 한 중년 여성의 경우 토마토를 먹을 때마다 혈당 수치가 급등했다. 사실 토마토는 그녀가 특정 식단 계획의 일부로 많이 먹은 음식이었다.[26] 또 다른 사람은 바나나를 먹은 후 특히 강하게 혈당 수치가 급등했다. 엘리나브와 세갈은 나중에 이렇게 썼다. "모든 게 개별적이었다."[27]

특히 세갈의 아내 케렌(Keren)은 깜짝 놀랐다. 영양사인 그녀는 수많은 사람에게 무엇을 먹어야 하고 무엇을 먹지 말아야 하는지에 대한 지침을 제공하도록 훈련받은 터였다. 그런데 이제 남편이 그녀의 식단 조언이 항상 도움을 준 건 아닐 수도 있다는 증거를 가지고 있었다. 일부 사람들의 식후 당 수치가 아이스크림보다 쌀에 대한 반응으로 더 많이 치솟았다는 사실이 특히 충격적이었다. 그녀는 평균적으로는 유익하지만, 개인적으로는 좋지 않은 음식을 일부 환자에게 권했었을 수도 있다는 사실을 깨달았다.[28]

연구팀은 수집한 모든 정보를 가지고 사람들의 식후 포도당 수치가 체중, 체격, 나이, 수면 또는 운동량 같은 다른 요소와 상관관계가 있는지 알아보기 시작했다. 사람의 식후 포도당 반응을 가장 정확히 예측하기 위해 고려해야 할 요인의 조합을 확인하고자 그들은 기계 학습 알고리즘을 사용했다. 컴퓨터를 통해 나온 것을 파헤쳐 사람의 나이와 체질량지수를 포함한 복합적 요인이 관련되어 있음을 밝혀냈지만, 가장 중요한 원인 제공자로서 단 한 가지 요인이 두드러졌다. 바로 각 개인의 마이크로바이옴이었다.[29]

중요한 관련 요소들을 발견한 엘리나브와 세갈은 개인의 혈당 수치를 성공적으로 조절하는 맞춤형 계획을 설계하는 것이 가능한지 시험해보기로 했다. 그들은 혈당 수치가 크게 변동하는 경향이 있지만 당뇨병이 없는 26명의 당뇨병 전 단계 지원자 그룹을 대상으로 이전과 같은 분석을 수행했다. 다양한 신체 및 혈액 측정을 하고, 마이크로바이옴을 면밀히 조사하고, 일주일 동안 포도당 수준을 모니터링했다. 그러고 나서 모든 개인 정보를 분석한 후, 그들 각각에게 일주일 동안 지켜야 할 두 가지 개인적인 식단 계획을 제공했다. 하나는 혈당 수치를 낮고 비교적 안정적으로 유지하기 위해 고안한 '좋은' 식단 계획이고, 다른 하나는 이론적으로 그들의 포도당 수치를 위아래로 치솟게 할 '나쁜' 식단 계획이었다. 참가자들은 어느 것이 좋은지 나쁜지 몰랐고, 안다고 해도 분명한 건 아니었다. 한 사람의 좋은 식단에는 예를 들어 후무스(hummus: 병아리콩을 삶아서 으깨 만든 음식—옮긴이), 피타빵(pitta bread: 중동에서 주로 먹는 둥글고 납작한 빵—옮긴이), 달걀, 국수, 아이스크림이 포함되었고, 나쁜 식단에는 아침 시리얼, 초밥, 스위트콘, 초콜릿이 포함되었다.[30] 모두가 달라야 하므로 아무에게도 같은 식단 계획을 주지는 않았다. 한 사람의 좋은 식단에 있는 음식이 다른 사람의 나쁜 식단에 포함되는 경우도 있었다.[31] 엘리나브와 세갈이 예측한 것과 정확히 일치하는 결과가 나왔다. 사람들이 좋은 식단을 먹는 주간에는 혈당 수치가 낮고 안정적이었지만, 나쁜 식단을 먹는 주간에는 훨씬 더 변동이 컸다.[32]

우리의 목적에 맞게 결정적으로, 그들은 사람들의 마이크로바이옴이 좋은 식단과 나쁜 식단 사이에서 변화한다는 것을 발견했다. 그리고 이러한 변화 중 일부는 심지어 특정한 음식이 다를 때도 비슷했다. 좋은 식이요법을 하는 동안 많은 사람에게서 늘어난 세 종류의 세균은 제2형 당뇨병에 걸린 사람들이 덜 가지고 있는 세균으로 밝혀졌다. 이는 좋은 식단이 제2형 당뇨병을 예방하는 것과 상관관계가 있는 마이크로바이옴 구성을 선호한다는 생각과 일치했다.[33] 이러한 결과를 발표하고 하루 만에 그 의미에 대해 논하는 기사가 100개 넘게 실렸다.[34]

수십 년 동안 서구 사회는 식단 계획을 통해 비만과 제2형 당뇨병 같은 과체중 관련 질병을 해결하기 위해 노력해왔다. 그러나 엘리나브와 세갈의 연구는 큰 문제를 제기한다. '건강한' 식단 구성은 어떤 음식을 먹고 있는지 뿐만 아니라, 누가 그것을 먹느냐에 따라 다르다는 것이다. 즉, 당사자의 유전, 생활 방식 그리고 아마도 특히 중요하게는 그들의 마이크로바이옴에 따라 달라진다. 우리는 '모두에게 맞는' 접근 방식에서 벗어나야 한다. "우리는 영양의 새로운 시대에 진입하고 있다"고 세갈은 말한다. "나에게 가장 좋은 식단은 무엇일까?"[35]

2017년 12월, 엘리나브와 세갈은《내 몸에 딱 맞는 맞춤 식단 혁명》이라는 책을 출판했는데, 여기에 모든 사람이 서로 다른 음식을 먹은 후 자신의 혈당 수치를 면밀히 조사하는 대목이 나온다. 당뇨병 환자가 처방전 없이 쉽게 구할 수 있는 손가락 체혈 테스트기를 사용해서 할 수 있는 시나리오다.[36] 이를 통해 각자는 자신의 혈당 수치를 급등시키는 음식을 피하기 위해 자신만의 건강한 식단을 계획할 수 있다. 그러나 엘리나브와 세갈은 장기적으로 또 다른 방법이 가능할 것으로 기대한다. 사람들이 설문지에 답하고 대변 샘플을 우편으로 보내면, 컴퓨터 알고리즘이 그 답변과 마이크로바이옴의 내용을 활용해 개별적인 건강 식단을 제공하는 것 말이다. 실제로 그들이 실험적인 작업을 위해 개발한 컴퓨터 알고리즘은 단지 이 목적을 위해 한 회사의 허가를 받았다.[37]

한편, 엘리나브와 세갈의 작업은 무엇을 먹거나 피해야 하는지에 대한 간단한 조언으로 이어지지 않는다. 그들의 연구는 한 가지 특정 유형의 세균이 매우 중요하다는 결론조차 내리지 않는다. 오히려 엘리나브와 세갈의 연구는 사람의 마이크로바이옴에 존재하는 세균의 유형과 특히 건강에 대한 전반적인 다양성을 지적한다. 더 중요한 것은 이 연구가 제2형 당뇨병 발병 위험에 대해 직접 알려주지는 않는다는 점이다. 쉽게 이해하기 어려운 건강 결과에 대해 식단의 영향을 검사하는 것은 어렵기로 악명 높으며, 이를 위한 강력한 테스트는 수년에 걸쳐 특정 식단을 고수하는 많은 사람의 건강 상태를 관찰해야 한다.[38] 이중맹검(double-blind) 임상 시험에서 신약을 테스트하는 데 사용하는 것과 동일한 종류의 엄격함으로 이를 수행하려면, 참가자는 자신이 무엇을 먹고 있는지조차 몰라야 한다. 이는 분명히 불가능하다. 이것이 식이요법의 거의 모든 개입이 단기적이며 실제 질병 위험에 대한 대용물로 혈액 검사를 사용해야 하는 이유다.[39] 실제로 혈당 수치를 급등시키는 음식을 피하는 게 제2형 당뇨병 발병 위험을 줄이는 데 도움이 될 수 있다는 증거가 있지만, 의심할 여지 없이 입증된 것은 아니다.[40] 이러한 어려움으로 인해 단순한 건강 메시지를 전달하는 건 어렵다.

분명히 드러난 것은 장내 마이크로바이옴, 식단, 생리학이 서로 깊숙이 얽혀 있는 그림이다. 각각은 그 자체적인 측면에서 정교하게 복잡하다. 어떻게 상호 작용하는지는 훨씬 더 복잡하다.[41] 모든 사람의 마이크로바이옴에는 우리가 아직 확인하지 못한 세균을 포함해 수많은 다른 유형의 세균이 있다.[42] 그들의 식단에는 하루 중 다른 시간에 다양한 양을 먹는 수천 가지 화학 물질이 포함된다. 그리고 모든 사람의 기본 생리학은 유전, 면역 체계 상태, 감염 이력 등에 의해 형성된다. 과학과 건강한 식생활을 구성하는 것이 무엇인지를 이해하기 위해 빅데이터와 컴퓨터 알고리즘의 도움으로만 파악 및 분석할 수 있는 이 복잡성이 이제 연구의 방향을 결정한다. 엘리나브와 세갈의 연구는 식이요법, 영양학 및 마이크로바이옴의 과학이 어떻게 혁명적인 단계에 진입하고 있는지 보여준다.

그렇게 되면 우리는 수많은 정치적, 사회적, 윤리적 문제를 고려해야 할 것이다. 식이요법을 해본 사람이라면 누구나 잘 알겠지만, 우리의 식습관은 우리에게 좋은 음식의 종류를 **아는** 것만으로 이뤄지지 않는다. 글로벌 기업은 저항할 수 없는 것처럼 보이는 지방, 소금, 설탕의 매우 맛난 조합으로 식품과 음료를 생산 및 판매하는 데 성공한다.[43] 정부 정책은 흡연과 마찬가지로 상업적 이익의 균형을 맞추는 데 도움이 될 수 있다.[44] 최근, 몇몇 정부는 설탕을 많이 함유한 음료에 대해 세금이나 부과금을 도입함으로써 사람들의 설탕 섭취량을 낮추려고 노력해왔다. 헝가리에서 2011년에 처음 설탕 관련 세금을 도입했고, 프랑스가 2012년에 뒤를 이었다. 영국은 2018년 4월 이를 도입했으며, 곧이어 여러 회사가 음료에 과세 기준 이하의 설탕을 함유하도록 제품을 재구성했다.[45] 적어도 대부분의 의료 비용을 세금으로 지급하는 영국에서는 이 정책에 대한 간단한 재정적 논쟁이 있다. 영국에서 제2형 당뇨병 환자의 직접 치료 비용은 연간 88억 파운드(약 13조 9300억 원—옮긴이)로 추산된다. 그러나 엘리나브와 세갈의 비전이 실현되고 개별적인 영양이 인간의 건강에 막대한 영향을 미친다는 게 분명해지면 다음과 같은 질문이 제기될 것이다. 개인의 마이크로바이옴 분석과 개별적인 식단 계획이 세금으로 지급되는 일상적인 예방 의료의 일부가 되어야 할까? 영양 제품, 식이요법 및 의약품 사이의 경계는 어디인가? 영양에 대한 개입과 식단 계획이 더 발전함에 따라, 그것들은 확실히 우리가 일반 의약품에 적용하는 것처럼 엄격한 검사를 거쳐야 하고, 공정하고 효율적으로 쓰여야 한다. 모든 과학이 무르익음에 따라 새로운 정책을 개발해야 한다. 이는 우리가 먹고 마시는 것과 같은 일상생활의 중요한 부분과 관련이 있을 때 특히 중요하다.

말할 필요도 없이, 마이크로바이옴은 식단과 영양의 영역을 넘어 우리에게 중요하다. 사실, 인간의 건강이나 질병과 관련이 없는 상태는 거의 없다. 인간 마이크로바이옴의 변종은 자폐증, 천식, 다발성경화증, 암 및 염증성 장 질환 같은 다양한 질병과 관련이 있다.[46] 그러나 중요한 점은 이것이 (지금까지는) 상관관계일 뿐이라는 것이다. 사람의 마이크로바이옴 변종이 직접 질병을 유발하거나 증상을 악화시키는지 테스트하는 것은 매우 어렵다.[47]

많은 실험실에서 인간 유래 미생물을 무균 쥐로 옮기는 효과를 연구해 이를 시도했다. 예를 들어, 한 실험에서는 34쌍의 일란성 쌍둥이 대변에서 추출한 미생물을 사용했는데, 한 쌍은 다발성경화증이 있고 다른 한 쌍은 그렇지 않았다. 세척 후 미생물을 이미 다발성경화증과 같은 증상을 보이는 질병에 걸리기 쉬운 쥐에 이식했다. 놀랍게도 다발성경화증에 걸린 쌍둥이에게서 세균을 받은 쥐는 질병에 걸릴 가능성이 훨씬 더 커졌다.[48] 같은 방식으로 염증성 장 질환을 앓는 사람들의 미생물을 같은 질병에 걸리기 쉬운 쥐에 이식했다. 이번에는 옮겨진 세균이 동물의 증상을 악화시켰다.[49] 이러한 결과는 미생물이 질병의 발병 가능성이나 증상의 심각성에 직접적 영향을 미칠 수 있다는 것을 암시한다. 그러나 이 한 가지 요인이 어떻게 그렇게 많은 다른 유형의 질병에 영향을 미치는지는 분명하지 않다.

즉, 우리가 모든 종류의 질병에 대처하는 방식에 영향을 미치는 것으로 이미 알려진 인체의 한 측면이 있다. 바로 면역 체계다. 마이크로바이옴이 우리에게 영향을 미치는 여러 가지 방법 중 하나는 면역 체계를 통해서다. 잠재적으로 매우 중요한 세균에 대한 노출과 면역 체계 상태 사이의 일반적 연관성을 최초로 제안한 인물 중 한 명은 런던 세인트 조지 병원의 전염병학자 데이비드 스트라찬(David Strachan)이었다. 이른바 위생 가설로 알려진 이론이다.

1만 7000명 넘는 아이들을 대상으로 한 설문 조사를 통해 스트라찬은 그들이 꽃가루 알레르기에 걸렸는지 여부가 가족의 규모, 특히 형제의 수와 관련이 있다는 것을 알아냈다.[50] 가족이 많을수록 알레르기 발생 가능성이 적었다. 그는 규모가 큰 가정이 더 많은 감염의 영향을 받을 가능성이 있으며, 아마도 어린 시절 감염에 많이 노출되면 꽃가루 알레르기를 예방하는 데 어떤 식으로든 도움이 될 거라고 판단했다. 이는 일반적으로 초기에 '더러운' 환경이 알레르기를 예방하는 데 도움을 줄 거라는 대담한 생각으로 이어졌다. 위생 가설은 오늘날에도 여전히 우리의 생각을 주도하고 있지만, 스트라찬이 예측할 수 없었던 장내 미생물의 중요성 때문에 이에 대한 관점이 바뀌었다. 한때 면역세포는 장내 세균과 직접적인 물리적 접촉을 하지 않는다고 여겼다. 설령 접촉하더라도 공격하기보다는 무시한다고 생각했다. 우리는 이제 이게 사실이 아님을 안다.

미생물은 인간의 식도·위·소장·대장 및 직장 전체에 존재하지만, 그 양은 매우 다양하다. 많은 유형의 세균이 위장의 산에 의해 죽거나 많이 증식하는 게 억제되므로 상대적으로 소수만이 서식한다. 대부분의 영양소를 흡수하는 소장은 6미터 길이의 접힌 관으로 일부 세균이 산다. 그리고 가장 많은 세균이 음식 이동의 마지막 부분인 1.5미터 길이의 대장에 서식한다. 대장 내부에는 두꺼운 점액층으로 덮인 상피세포가 늘어서 있다. 일부 세균은 이 두꺼운 점액에 침투하지만, 대부분은 점액 표면이나 상부에 있는 더욱 유동적인 점액층 내에 산다. 반면 면역세포는 상피세포 아래 조직에 있다. 세균이 있는 장내 관 안에 있는 게 아니라 그것을 둘러싼 세포 조직 안에 있는 것이다. 그곳에서 면역세포는 상피세포층을 뚫고 침범하려는 세균으로부터 우리를 보호할 태세를 갖추고 있다. 이러한 설정은 세균이 장을 떠나려 시도하지 않는 한 면역세포가 장내 세균과 직접 접촉하지 않는다는 걸 의미하는 듯싶다. 사실 우리가 오늘날 알고 있는 바와 같이, 면역세포는 장을 감싸고 있는 상피세포층을 관통하고 점액 내부와 점액 위에 사는 세균과 직접 접촉하는 돌출부를 가지고 있다.

질문은 다음과 같다. 면역세포가 신체의 다른 곳에서 세균에 대해 반응하는 것처럼 이러한 장내 세균에 대해 반응하지 않는 이유는 무엇인가? 그렇다고 면역세포가 신체의 다른 곳에서 발견되는 세포와 완전히 다른 유형이라는 것은 아니다. 세균도 마찬가지다. 오히려 장내 환경에 있는 그 어떤 것이 면역세포가 다르게 행동하게끔 한다. 결정적으로 면역세포가 장내 세균을 감지하면 공격을 억제할 뿐만 아니라 실제로 장 건강의 유지 역할을 하는 화학 물질과 단백질을 분비한다.[51]

이러한 사실은 우리가 면역 체계를 다른 방식으로 바라볼 것을 요구한다. 우리는 면역 체계의 임무가 질병을 일으키는 세균, 바이러스, 곰팡이 및 기타 침입자를 파괴하는 것으로 생각하는 경향이 있다. 하지만 그러한 일을 하긴 해도 그게 전부는 아니다. 예를 들어, 우리는 이미 자궁에서 면역 체계가 임신 중에 태반을 만드는 데 도움을 준다는 사실을 알고 있다. 마찬가지로 면역 체계는 대장의 상피세포 내막을 유지하고, 거기에 허용되는 세균의 종류를 통제하는 걸 포함해 장에서 다른 일을 맡는다.

반대로 장내 미생물은 우리의 면역 체계를 개발하고 유지하는 데 도움을 준다. 장내 미생물이 이런 일을 하는 한 가지 방법은 단쇄 지방산(short chain fatty acid)이라고 부르는 분자의 생산을 통해서다. 이 분자들은 세균이 식물 섬유를 분해해 에너지를 얻는 화학적 반응에서 생성된다.[52] 자세히 살펴보면, 장내 세균은 아세트산, 프로피온산 및 부티르산(또는 부티레이트)이라는 세 가지 단쇄 지방산을 높은 수준으로 생성한다. 이 중 마지막 부티레이트는 조절(regulatory) T세포 또는 T regs(공룡 티라노사우루스를 T. Rex라고 부르는 것처럼)라고 하는 면역세포의 활동을 촉진한다.[53] 이 세포들은 다른 면역세포의 활동을 멈추는 전문가다. 이것은 면역 체계가 신체를 훼손하지 않기 위해 하는 필수적인 작용이다. 다른 단쇄 지방산은 면역세포뿐만 아니라 소화관 내벽의 상피세포에도 영향을 주지만, 이러한 다른 과정은 잘 알려지지 않았다. 대략 전반적으로 말하자면, 이 세 가지 지방산 분자의 높은 수준은 면역 체계를 진정시켜 '항염증' 환경을 만든다. 특히 놀라운 것은 이 분자들이 장의 국소 부위 면역세포뿐 아니라 몸 전체의 면역 체계에도 영향을 미치는 것으로 보인다는 점이다.

알레르기는 실제로 해롭지 않은데도 해로운 것으로 잘못 알려진 것(우리가 면역 체계의 과잉 반응이라고 여길 수도 있는 것)에 대한 바람직하지 않은 면역 반응으로 인해 발생한다. 그래서 면역 반응을 억제하는 데 도움을 주거나 신체가 그렇게 할 수 있는 능력을 발달시키는 데 도움을 주는 무언가는 이론적으로 알레르기를 예방하는 데 도움을 줄 것이다. 분명히 장내 마이크로바이옴의 구성과 관련해 어떤 것은 면역 체계가 정확하게 이런 방식으로 발달하도록 돕는다. 이러한 것은 고섬유 식단을 제공한 실험용 쥐가 장에서 높은 수준의 단쇄 지방산을 생성한 사실로 뒷받침된다. 이는 그 실험용 쥐가 쥐 버전의 알레르기 천식에 걸릴 가능성이 적다는 것과 관련이 있다.[54]

지금까지 알려진 것과 일치하는 한 가지 그럴듯한 과정은 고섬유질 식단이 섬유질에서 번성하는 장내 세균의 수를 늘려 높은 수준의 단쇄 지방산이 생성된다는 것이다. 이러한 단쇄 지방산 분자는 장에서 작용할 뿐만 아니라 혈액으로 몸 전체를 순환하며 다른 기관의 면역세포에 영향을 준다. 그러나 단쇄 지방산 분자들이 대부분 골수의 면역세포에 영향을 미친다는 일부 증거가 있는데, 골수는 면역세포가 발달하는 중요한 장소이기 때문에 잠재적으로 또 다른 단서가 될 수 있다. 아마도 골수의 면역세포가 단쇄 지방산에 노출되면, 골수에서 신체의 세포 조직과 기관으로 이동하기 전에 반응성을 적절한 수준으로 설정하는 데 도움을 줄 것이다. 이런 일이 일어나지 않으면 알레르기의 근본 원인인, 원치 않는 면역 반응이 일어날 가능성이 더 커진다. 이를 입증하듯 어린아이들을 대상으로 한 소규모 연구에서, 알레르기가 있는 아이들의 대변은 단쇄 지방산 수치가 더 낮다는 것을 발견했다.[55] 그러나 다시 말하지만, 이 모든 과정은 그럴듯할 뿐 입증된 것은 아니다. 예를 들어, 어린아이에 대한 소규모 연구에서 이러한 관찰은 하나의 연관성만 있을 뿐이다.

비록 마이크로바이옴이 면역 체계의 발달과 알레르기 발생 가능성에 중요하다 할지라도, 우리는 그것이 알레르기에 대한 우리의 성향에 영향을 미치는 모든 것, 즉 유전자, 흡연, 나이, 알레르기 유발 물질에 대한 노출 그리고 많은 다른 것들과 비교해 얼마나 큰 영향을 미치는지는 아직 모른다. 우리는 여기서 지식의 최전선에 있다. 우리는 여전히 알레르기에 대한 마이크로바이옴 기반의 약을 개발하기에 충분하지 않은 단편적인 정보를 가지고 있을 뿐이다.

그러나 알레르기가 아니라 감염을 멈추게 하는 것으로 입증된, 마이크로바이옴을 기반으로 한 한 가지 유형의 약이 있다. 바로 대변 이식이다.

대변 이식은 단어가 풍기는 것처럼 간단하면서도 이상하다. 프로세스는 수행 장소에 따라 다르지만 대략 다음과 같이 작동한다. 신선한 대변 샘플을 수집해 실험실로 전달하면, 가정용 믹서기 정도 수준인 첨단 기기로 뒤섞는다. 그렇게 덩어리를 푼 다음 매끄럽고 점도가 좋은지 확인하기 위해 체로 거른 후, 넓은 플라스틱 주사기로 흡입한다. 그에 앞서 혈액 검사를 통해 기증자에게 간염, HIV 또는 기타 감염이 없는지 확인하고, 대변 자체도 감염 및 기생충 검사를 받아야 한다. 모든 검사 결과가 명확해지면 이제 대변 샘플을 옮길 차례다.

정맥 주사로 진정제를 투여해 환자가 잠들거나 거의 잠들 수 있도록 한다. 환자는 몇 시간 동안 액체만 섭취하고 전날 밤에는 완하제

(laxative: 배변을 쉽게 하도록 돕는 약·음식·음료—옮긴이)를 먹었을 것이다. 이어 직경 1센티미터가량의 길고 유연한 대장 내시경을 직장(直腸)을 통해 삽입한다. 튜브 끝에 달린 카메라가 대장 위쪽에서 사진을 전송한다. 준비를 마치면, 튜브의 다른 끝에 부착된 주사기를 눌러 대변을 천천히 투입한다. 때로는 파트너나 가족에게서, 때로는 낯선 사람에게서 샘플을 얻기도 한다.

이 절차를 변형하면 대변 자체를 포장하거나 대변에서 분리된 세균을 캡슐로 포장한 다음 직장으로 투입하거나 입으로 삼킬 수도 있다. 또 다른 방법은 환자의 코를 통해 튜브로 이식물을 직접 위 속에까지 전달하는 것이다. 이런 경우는 위산의 생성을 멈추게 하는 약물도 사용한다. 그렇지 않으면 많은 이식물이 위산에 의해 죽을 수도 있다. 어떤 방법을 사용하든 그 과정이 당혹스럽고 걱정스러울 수 있음은 말할 필요도 없다. 아마도 의료 전문가가 수행하는 것이 훨씬 더 안전하겠지만, 대변 이식이 때때로 집에서 이뤄지는 이유 중 하나일 것이다. DIY(Do-It-Yourself) 설명서는 온라인에서 쉽게 구할 수 있지만, 곧 살펴보게 될 이유로 권장하지는 않는다.

놀랍게도, 상대적으로 낮은 수준의 이 시술은 적어도 생명을 위협하는 한 가지 상황에서 유익하다. 일반적으로 시디프(*C. diff.*)로 알려진, 클로스트리디오이데스 디피실레(*Clostridioides difficile*)라는 세균에 의한 반복적인 장 감염이 그것이다. 1935년 처음 분리된 시디프는 분리 및 배양이 어려운 세균의 일종이라는 뜻으로 그런 학명을 얻었다.[56] 일반적으로 시디프 감염은 항생제로 치료할 수 있지만, 일부 균주는 내성이 생겼다. 내성을 가진 시디프의 균주 '슈퍼 버그'는 발생 빈도가 증가해 문제를 일으키고 있다.[57] 일반적 증상에는 경련, 발열 및 심한 설사가 포함되며 대부분 사람은 이내 회복되지만, 시디프 감염을 통제하지 못하면 치명적일 수 있다.

뜻밖에도 시디프는 일부 사람의 장에 자연적으로 존재한다. 따라서 이러한 유형의 세균이 불가피하게 위험한 것은 아니다. 문제는 노인 환자, 암이나 염증성 장 질환 같은 특정한 질병을 앓는 사람, 또는 면역력이 약화한 사람에게서 더 많이 발생할 가능성이 크다는 것이다. 이것은 화학 요법이나 스테로이드 복용의 부작용처럼 발생할 수 있다. 역설적이게도 광범위한 항생제는 시디프의 위험을 증가시켜 문제를 일으킬 수 있다. 이게 항생제를 피해야 하는 이유는 아니다. 항생제는 위험한 세균 감염을 치료해 생명을 구하는 데 없어서는 안 될 필수 요소다. 그러나 원치 않는 부작용 때문에 장에 정상적으로 상주하는 세균을 포함해 목표물 이외의 세균을 공격할 수 있다. 이러한 미생물 다양성의 손실은 시디프 세균이 번성할 기회를 제공한다. 항생제를 최근에 투여했든 이미 그것이 존재했든 간에 말이다.

시디프를 연구하고 있는 한 여성 과학자는 확실하게 입증된 의학적 조언으로 받아들여지지 않고 있는 한 가지 일화를 내게 전해주었다. 자신이 장기간 항생제를 복용해야 할 때, 장내 마이크로바이옴을 안정시키기 위해 특별히 섬유질이 풍부한 식단을 채택했다고 말이다.[58] 그녀의 생각은 높은 수준의 섬유질이 적어도 원칙적으로는 항생제의 원하지 않는 부작용의 균형을 맞추는 데 도움을 주는 정상적인 장내 세균을 증식시킬 수 있을지 모른다는 것이었다.[59] 이것이 도움을 줄지는 아무도 추측할 수 없다. 시디프 감염 치료에 널리 용인된 유일한 마이크로바이옴 기반 개입은 '건강한' 마이크로바이옴을 환자의 장에 직접 대변 이식하는 것이다. 이게 작동하는 데는 두 가지 이유가 있는 것으로 여겨진다.[60] 첫째, 기증받은 세균은 영양소 및 기타 자원을 두고 시디프 세균과 경쟁한다. 둘째, 기증받은 세균은 장 면역 체계에 영향을 미치며, 이는 차례로 시디프를 억제하는 데 도움을 준다.

이러한 이해는 새로운 것이지만, 대변 이식 자체에 대한 아이디어는 오래된 것이다. 오래전인 4세기에 중국 의사 갈홍(葛洪)은 건강한 사람의 대변을 사용해 심각한 설사를 치료했다.[61] 더욱 최근인 1958년, 그러니까 아직 마이크로바이옴에 대해 많이 알려지기 훨씬 이전에 시디프 감염일 가능성이 있는 4명의 환자가 대변 이식으로 치료를 받았다.[62] 덴버 재향군인의학센터의 외과 과장 벤 아이즈먼(Ben Eiseman)은 "생각이 있으면 시도하기만 하면 되는 시대"[63]였기 때문에 이 과정을 수행했다. 아이즈먼의 생각은 그 당시 항생제가 여전히 효과적이어서 성공하지 못했다.[64] 이제 항생제 내성 시디프의 등장으로 절차의 근거가 훨씬 더 명확해졌다. 2013년 네덜란드에서 수행한 한 소규모 실험은 매우 성공적이었기에 조기에 중단되었다. 왜냐하면 감염된 환자들로 이뤄진 대조군(실험 결과가 제대로 도출되었는지 알아보기 위해, 즉 연구 재현을 위해 애초의 실험군과 같은 요건을 하나도 가하지 않은 집단—옮긴이)이 대변 이식받는 걸 막는 것은 비윤리적이었을 것이기 때문이다.[65] 이후로 많은 시도가 비슷한 성공을 거두었다.[66]

그럼에도 불구하고 이는 여전히 실험적인 절차이며, 2019년에는 73세의 한 남성이 대변 이식을 받고 사망했다. 그가 이식받은 대변이 검사에서 빠진 한 대장균 균주 계열에 의해 오염되었기 때문이다.[67] 그 세균은 흔히 여행자에게 설사를 일으키는 균이었으나, 환자의 면역력이 약해져 그 영향이 더 컸다. 또 다른 환자는 같은 기증자의 대변 이식에 악영향을 받았으나, 발열과 기침으로 병원에 입원해 항생제를 투여받고 회복했다. 어딘가에는 기록되지 않은 대변 이식으로 인한 다른 감염 사례가 거의 확실히 존재할 것이다.

재발성 시디프 감염을 치료하기 위해 미국 의료 센터에서 매년 수행하는 1만 건의 대변 이식은 이러한 위험보다 이점이 더 크다. 그러나 대변 이식을 통한 다른 질병 치료의 경우 이점은 덜 명확하다. 대변 이식이 또 다른 감염, 자가 면역 질환, 정신 질환 등을 치료하는 데 도움이 되는지를 테스트하기 위해 수백 건의 임상 시험이 진행 중이다.[68] 그렇다면 (그리고 적어도 이러한 여러 상황 중 일부에서 도움이 될 수 있다면) 우리가 해결해야 할 한 가지 문제는 일관적이고 표준화된 치료를 보장하는 방법이다.

대변 이식은 의약품 복용보다 훨씬 더 많은 변수를 포함한다. 이름에서 알 수 있듯이 장기를 기증자에게서 환자에게로 옮기는 것과 훨씬 비슷하다. 모든 마이크로바이옴은 고유하며 현재 우리가 살펴본 것처럼 다양한 방법을 사용할 수 있다. 상대적 안전성과 효능을 테스트하는 것이 중요하다. 진료소와 병원은 스스로 대변을 수집하는 것보다 전문 센터에서 기증을 받는 것이 더 나을 수 있다. 이미 매사추세츠주 케임브리지의 비영리 단체 오픈바이옴(OpenBiome)과 네덜란드 대변 기증 은행을 포함해 전 세계에 몇 개의 대변 은행이 있다.[69] 그들은 혈액 은행이 수혈용 혈액을 기증받는 것처럼 대변 이식을 위해 대변을 기증받길 희망한다.

결국, 일종의 차세대 마이크로바이옴 의학이 더 나은 선택으로 자리 잡을 가능성이 있다. 그러나 여기에는 심오한 과학적 문제가 있다. 인간 마이크로바이옴의 이러한 다양성 때문에 우리는 '건강한' 것이 무엇인지 실제로 알지 못한다. 다양한 세균의 핵심 세트가 중요해 보이며, 정의에 따르면 풍부한 시디프같이 명백하게 위험한 것이 없어야 한다.[70] 그러나 이것 외에는 거의 명확한 게 없다. 몇몇 특정한 종류의 미생물이 필요하기보다는 아마도 전반적인 생태학이나 안정성이 중요할 것이다. 우리가 이런 과정을 분명히 이해한다면 건강한 미생물 혼합물을 의도적으로 제조할 수 있다. 이렇게 하면 누군가의 대변을 직접 사용할 때 발생할 변동성과 위험을 피할 수 있다.[71]

생균을 첨가한 식품 또는 보충제인 프로바이오틱스는 마이크로바이옴 조작의 대안이 될 수 있으며, 과민성대장증후군 같은 진행 중인 질병의 증상을 완화하거나 항생제 복용의 부작용을 피하는 데 도움이 된다는 증거가 있다.[72] 그러나 유럽과 미국의 관련 당국은 아직 프로바이오틱스를 의약품으로 승인하지 않았다. 대부분의 프로바이오틱스는 건강 보조 식품으로 판매되기 때문에 의약품과 같은 방식으로 검사를 받지 않는다. 에란 엘리나브를 비롯한 다른 사람들은 검사를 받지 않는 건 잘못이며, 프로바이오틱스의 효과를 확인할 수 있도록 엄격한 임상시험을 거쳐야 한다고 주장한다.[73] 엘리나브는 프로바이오틱스에 잠재력이 있다고 말한다. 그러나 현재로서는 프로바이오틱스 식품이나 보충제가 사람의 마이크로바이옴을 조작하고 질병을 치료할 수 있다는 확실한 증거가 없다.[74]

공기나 물속의 미생물을 순환시키는 집과 사무실을 만드는 것처럼 더 큰 급진적인 아이디어도 있다. 또는 세균의 치유 혼합물을 포함할 수 있는 온천 수영장은 어떤가. 이러한 아이디어는 과학과 공상과학의 경계에 있다.

그리고 여기서 마이크로바이옴 기반 개입이 감염 치료를 넘어 인간의 두뇌를 해킹할 수 있는지 생각해보자.

현미경을 활용한 접근은 확실히 사람의 행동을 바꿀 수 있다. 광견병은 잘 알려진 예다. 광견병은 단 5개의 유전자를 갖고 인간과 개한테 영향을 미치는 바이러스에 의해 발생한다. 개 한 마리는 약 1만 9000개의 유전자를 갖고 있다. 사람이 2만 1000개의 유전자를 갖고 있는 것과 비교된다. (DNA가 아니라 유전자라는 점에 유의하라. 유전자는 DNA 성분인 네 가지 염기, 즉 아데닌·구아닌·사이토신·타이민의 배열 방식을 말한다. DNA를 도서관에 비유하면, 유전자는 도서관 안에 있는 책이다. 유전자는 단백질을 형성하는 방법이라는 특정 기능이 저장된 정보라고 생각하면 된다. 인간의 세포는 37조~60조 개이고, 하나의 세포핵 안에 약 2미터의 DNA가 들어 있다—옮긴이.) 이 바이러스는 신경계와 상호작용하는 단백질을 생성해 감염된 숙주를 불안하고 공격적으로 만든다. 화난 개는 다른 개나 사람을 물어 바이러스를 퍼뜨릴 가능성이 크다. 사실, 세균이 숙주의 행동을 자신한테 유리하게 조종하는 온갖 종류의 다른 예들이 있다.[75] 예를 들어, 일부 장내 세균은 파리가 동료 세균을 더 많이 먹는 걸 선호하도록 유도할 수 있다.[76] 또 다른 세균은 효모를 먹으려는 파리의 욕구에 영향을 줄 수 있다.[77] 이러한 관찰은 잘 이해되지 않지만, 파리의 신경계와 아마도 파리의 후각에 영향을 주는 장내

세균과 관련이 있을 가능성이 있다.[78]

장내 세균이 의도적으로 인간 행동에 영향을 미칠 수 있는지는 논란의 여지가 있는 주제다. 1000명 조금 넘는 사람들을 대상으로 한 한 연구에서는 인간에게 존재한다고 우리가 믿는 일부 유형의 미생물은 높은 삶의 질과 관련이 있고, 다른 유형의 미생물은 우울증과 관련이 있음을 확인했다.[79] 다시 말하지만, 상관관계는 인과관계가 아니다. 실험을 수행한 연구진은 이러한 효과가 일부 참가자들이 항우울제를 복용했기 때문이 아니라는 것을 확인했는데, 그들이 감지한 패턴에는 다른 많은 가능한 이유가 있다. 예를 들어, 정신 건강에 문제가 있는 일부 사람은 잠을 덜 자거나 불규칙하게 먹을 수 있으며, 이것이 마이크로바이옴에 영향을 미칠 수 있다. 그럼에도 불구하고 장내 세균이 우리의 정신 건강에 직접 영향을 미치고, 세로토닌과 도파민 같은 신경 전달 물질을 생산할 가능성이 있다. 장내 세균의 분자는 뇌에 직접 도달할 수 있지만, 장과 뇌를 연결하는 미주신경(연수에서 파생한 열 번째 뇌신경으로 내장 대부분에 분포해 있다—옮긴이)에 국소적으로 작용할 수도 있다.[80]

한 예리한 이론은 만약 우리의 정신과 행동이 장내 마이크로바이옴에 의해 영향을 받는다면, 그것은 간접적일 수밖에 없다고 주장한다. 장내 미생물은 인간의 마음을 구체적으로 통제하기 위해 진화했을 것 같지 않기 때문이다. 만약 우리가 장내 마이크로바이옴을 온갖 종류의 세균 자원과 생활 공간을 놓고 다른 모든 세균과 경쟁하는 생태계로 생각한다면, 한 가지 유형의 세균이 자신의 이익만을 위해 인간 행동에 영향을 미치는 방식을 상상하기 어렵다. 왜냐하면 한 사람의 장에는 너무나 많은 종류의 세균이 있기 때문이다. 예를 들어, 한 종류의 장내 세균이 우리로 하여금 그들이 번성하는 음식을 선호하게 만든다면, 다른 세균들도 그 음식으로부터 이익을 얻어 어떤 경쟁적인 이점을 잃는 게 불가피할 것이다.[81]

장내 미생물 군집인 마이크로바이옴이 정신 상태에 간접적 영향을 미치는 경우 (신체의 모든 것이 면역 체계와 매우 밀접하게 얽혀 있으므로) 중간 매개체로 유력한 후보는 면역 체계다. 사실, 우리는 면역 체계의 활동이 우울감을 유발할 수 있다는 것을 확실히 알고 있는데, 아프거나 열이 날 때마다 그런 상황이 발생한다. 많은 것이 불분명하지만 한 가지 밝혀야 할 점은 우울증, 불안 또는 정신 건강 문제를 치료하기 위한 '모든 사람에게 적합한' 접근 방식이 거의 확실하지 않다는 것이다. 아마도 미래에는 마이크로바이옴 기반 개입이 경우에 따라 도움을 줄 것이다. 정신 건강에 도움이 된다고 알려진 살아 있는 세균을 함유한 보충제에 대한 새로운 단어가 이미 등장했다. 바로 사이코바이오틱스(psychobiotics)다.[82]

피부, 폐, 입에는 모두 장보다 훨씬 덜 알려진 마이크로바이옴이 있으며 그 각각에는 또 다른 우주가 있다. 그리고 이 장에서 우리는 세균에 대해서만 고려하고, 곰팡이와 바이러스 같은 다른 모든 유형의 미생물은 무시했다. 우리 몸 안에 거주하고 있는 세균을 감염시키는 '파지(phage)'라고 하는 바이러스 유형은 말할 것도 없다. 다시 말하지만, 우리는 그것들에 대해 거의 모른다. 다른 행성에 생명체가 있는지는 모르지만 우리 몸 안에 외계인이 있다는 것은 확실히 알고 있다. 그리고 틀림없이, 그것들은 훨씬 더 중요하다. 우리가 우리 내부에 있는 외계인에 대해 쌓고 있는 지식은 우리 삶에 엄청난 영향을 미칠 것이다. 내일이나 그다음 날은 아니겠지만 확실히 22세기에는 그럴 것이다.

6

정말 중요한 코드들

과학의 새로운 방향은 새로운 개념보다 훨씬 더 자주 새로운 도구에 의해 시작된다. 개념이 주도하는 혁명의 효과는 오래된 것을 새로운 방식으로 설명하는 것이다. 도구가 중심이 되는 혁명의 효과는 설명해야 할 새로운 것을 발견하는 것이다.

–프리먼 다이슨(Freeman J. Dyson), 《상상의 세계(Imagined Worlds)》

1960년대 중반, 칼텍의 젊은 교수 윌리엄 드레이어(William Dreyer)는 첫 번째 대학원생에게 두 가지 조언을 했다. 하나는 항상 최첨단에서 생물학을 공부할 것. 다른 하나는 과학 분야를 진정으로 변화시키고 싶다면 새로운 기술을 발명할 것.[1]

대학원생 리로이 '리' 후드(Leroy 'Lee' Hood)는 이 지침을 마음에 새겼다. 후드는 이미 새로운 아이디어를 추구하는 데 깊은 만족감을 느끼기 시작했고, 그에 따라 야망도 커지고 있었다.[2] 드레이어는 처음에 후드가 "얼뜨기이자 매우 경쟁적인 사람"[3]이라고 생각했다. 그러나 후드는 모든 학생이 그렇듯이 성숙했고, 결국 그의 연구는 멘토의 작업보다 더 유명해졌다. 실제로, 인간생물학의 다음 50년 동안 일어난 많은 일은 후드의 오랜 경력에 반영되어 있다. 그는 다른 사람들보다 조금 앞서가는 곳을 보는 재주가 있었다. 나이와 경험이 때때로 사람에게서 젊음의 의욕을 앗아가지만, 후드에게는 그런 일이 일어난 적이 없는 것 같다.

1970년 후드는 베트남 전쟁 관련 정책에 따라 국립보건원에서 3년을 보낸 후, 칼텍의 교수진에 합류했다. 하버드 대학교나 스탠퍼드 대학교에 들어갈까 생각했지만, 드레이어의 조언을 가장 잘 실천할 수 있는 곳은 칼텍이라고 생각했다.[4] 그는 생물학의 최전선에 서고 싶었고, 어떤 새로운 종류의 도구가 생물학에 큰 영향을 미칠지 생각해본 다음 그것들을 만들기 시작했다. 그리고 생물을 구성하는 분자, 즉 단백질과 유전자의 화학적 분석이 매우 느리고 대개 수작업으로 이뤄진다는 것을 깨달았다. 그는 이런 프로세스를 자동화하면 혁신적일 것이라고 생각했다.

후드는 이미 단백질에 대해 많이 알고 있었기 때문에 단백질로 시작했다. 각 유형의 단백질은 사슬로 함께 연결된 아미노산이라고 하는 고유한 구성 성분의 시퀀스(서열—옮긴이)로 이뤄져 있다. 아미노산은 20가지가 있지만, 인체에서 얼마나 많은 종류의 단백질을 아미노산이 만드는지는 아직 모른다. 인체에서 만들어지는 단백질은 2만 개 이상이 있는 게 확실하지만 미묘한 변형을 포함한다면 수십억 개가 될 수도 있다.[5] 어떤 단백질을 이해하는 건 이러한 구성 성분의 시퀀스를 확립하는 것으로 시작한다. 이는 몸에서 단백질의 역할에 대한 실마리를 제공하는데, 특히 그 단백질이 우리가 이미 알고 있는 기능을 가진 다른 종류의 단백질과 비슷하다면 더욱 그렇다. 단백질의 시퀀스를 식별하는 것은 또한 단백질 생성을 담당하는 유전자를 분리할 수 있는 중요한 단계다.

1981년 후드와 그의 동료들, 특히 가장 주목할 만한 실험실 멤버인 마이클 헝커필러(Michael Hunkapiller)는 단백질 시퀀싱(서열 분석—옮긴이)을 위한 기기를 만들었다고 발표했다.[6] 반응 체임버에서 개별 아미노산 구성 성분을 한 번에 하나씩 단백질에서 절단해 화학적으로 식별할 수 있었다. 그들의 기계는 기존의 어떤 방법보다 훨씬 더 신뢰할 수 있는 것으로 판명되었으며, 곧이어 후드의 연구실은 호르몬, 신경계 수용체, 혈액 인자, 면역세포 분비물 및 기타 많은 중요한 분석 샘플을 받았다.[7] 1983년에는 프리온(prion) 단백질이라고 부르는 것을 분석했다.[8] 인간과 동물의 여러 신경 퇴행성 질병은 '광우병'으로 알려진 것을 포함해 기형 프리온 단백질로 인해 발생할 수 있다. 이는 입증되지 않았지만, 당시에는 급진적인 개념이었다. 단백질은 그 자체로 전염병을 일으킬 수 있는 것으로 생각되지 않았고, 예를 들어 바이러스같이 유전 물질을 포함하는 어떤 것의 일부로만 여겨졌다.[9] 공동 연구자들을 대신해—스탠리 프루시너(Stanley Prusiner)가 프리온 단백질 서열을 확인한 것은 이 새로운 이해를 향한 중요한 단계였다—1997년에 헝커필러는 노벨상을 받았다.[10] 그들의 연구 덕분에 우리는 이제 프리온 단백질이 인체에 풍부하고, 잘못된 형태의 프리온 단백질이 뇌에 뭉침으로써 문제를 일으킨다는 걸 알게 되었다. 기형 프리온 단백질이 정상적인 프리온 단백질을 변형시켜 새로운 감염 입자를 생성하고 연쇄 반응으로 질병을 전파할 수 있으므로, 기형 프리온 단백질은 감염성을 띨 수 있다.[11]

명백히 발전하는 이러한 과학의 중요성에도 불구하고, 후드가 단백질 분석기와 그 밖의 다른 기기에 대한 비전을 19개 회사에 소개했을 때 아무도 관심을 두지 않았다. 어쩌면 그렇게 놀랄 일도 아니었을지 모른다. 새로운 도구나 의약품을 개발한 많은 과학자는 처음에 다른 사람들의 관심을 끌기 위해 얼마나 고심했는지 이야기한다. [아마도 이 문제의 전형적인 예는 프루시너가 2009년 버락 오바마 대통령으로부터 국가 훈장을 받을 때 만난 스티븐 새슨(Steven Sasson)이 경험했을 것이다. 당시 두 사람 모두 훈장을 받았다. 새슨은 1975년 세계 최초의 휴대용 올인원 디지털카메라를 만들고 TV 화면에 사진 표시하는 방법을 찾았지만, 이를 시연했을 때 코닥의 상사들은 그의 발명품을 일축했다. 왜냐하면 상사들은 사람들이 왜 TV 화면에서 자기들의 사진을 보고 싶어 하는지 이해할 수 없었기 때문이다.[12] 프루시너와 새슨은 죽이 잘 맞았다. 왜냐하면 프루시너가 새슨에게 벌어진 일화로 자서전을 시작했기 때문이다.[13]] 후드는 자신이 그 당시 회사들과 관계를 맺지 못한 이유 중 하나는 그가 자신의 아이디어를 잘못된 사람들, 즉 회사의 CEO나 설립자보다는 중간 관리자에게 홍보했기 때문이라고 생각한다.[14] 그러나 결국 샌프란시스코에 기반을 둔 벤처 캐피털리스트는 칼텍에 '어플라이드 바이오시스템즈(Applied Biosystems)'라는 자체 회사를 설립할 수 있도록 초기 자금을 제공했다.[15] 어플라이드 바이오시스템즈는 1982년 단백질 분석기를 판매하기 시작했고, 곧 생명공학 기기 분야에서 세계 최고의 회사 중 하나로 성장했다.[16]

어떤 월계관에도 안주하지 않고 후드의 연구실은 곧 또 다른 기계인 단백질 합성기를 생산했다. 이 기계는 아미노산 구성 성분을 절단하는 대신 화학적으로 연결함으로써 설계에 따라 단백질 분자를 생성할 수 있다. 후드의 실험실에서 단백질 합성기를 처음으로 사용한 작업 중 하나는 일반적으로 HIV에 의해 만들어지는 단백질 샘플을 만드는 것이었다. 이 단백질의 순수한 샘플을 가지고 과학자들은 분자 구조를 알아낼 수 있었고, 이는 결과적으로 제약 회사 머크(Merck)가 단백질 분해 효소 억제제를 만들어 그 작동을 멈추게 하는 데 도움을 주었다.[17] 단백질 분해 효소 억제제는 항HIV 약물로서 유용한 것으로 판명되었다. 실제로 1996년에 머크뿐만 아니라 애벗(Abbott)이 단백질 분해 효소 억제제를 약으로 사용함으로써 에이즈를 불가피하게 치명적인 질병이기보단 통제할 수 있는 질병으로 여기기 시작했다.[18]

분명히 후드는 드레이어의 조언을 따랐다. 즉, 새로운 기술의 궁극적인 영향은 초기에 예상했던 것보다 훨씬 더 클 수 있다. 그러나 지금까지 우리가 고려한 것은 이후 후드의 연구실에서 나온 것과 비교하면 희미할 정도다.

후드는 시간 낭비라고 생각하는 다수의 정규 교수 회의에 참석하지 않아도 된다는 데 동의한 후에야 41세의 나이에 칼텍의 생물학과장이 되었다.[19] 그는 대부분의 학계보다 약 5배 많은 65명을 수용할 수 있을 정도로 규모가 커진 그의 연구실에 계속 집중하기를 원했다. 연구실의 한 구성원은 이렇게 말했다. "외부 사람들은 우리가 지구를 불태우기 위해 조직된 큰 군대로 간주한다. 사실, 우리 연구실은 아메바에 가까워 무질서하고 다양한 방향으로 움직인다."[20] 1982년 후드는 각기 다른 전문 지식을 가진 소규모 팀을 구성해 유전자 시퀀싱 기계를 구축하는 임무를 부여했다. 이미 여러 해 동안 후드의 연구실에서 일한 마이클 헝커필러는 엔지니어였다. 그의 형제인 팀 헝커필러(Tim Hunkapiller)는 당시 후드의 연구실에서 컴퓨팅 전문 지식을 갖춘 대학원생이었다. 레이저에 대해 알고 있던 화학자 로이드 스미스(Lloyd Smith)가 특별히 채용되었으

며, 후드 자신도 관련 생물학에 대해 알고 있었다.[21]

유전자는 DNA로 만들어지는데, DNA는 일반적으로 머리글자로 알려진 아데닌, 타이민, 구아닌 및 사이토신의 네 가지 구성 요소가 있는 화학적 사슬이다. 본질적으로 유전자는 DNA의 가닥, 즉 As, Ts, Gs, Cs의 임의적인 순서로 된 문자열이며, 이는 세포가 일종의 단백질 분자를 생성하는 것과 같은 생물학적 지시에 해당한다. 유전자 시퀀싱은 DNA 구성 요소의 순서를 결정하는 과정이다. 아울러 유전자가 무엇을 하는지, 유전자가 우리 사이에서 어떻게 다른지, 그리고 유전학 분야 전체를 이해하는 데 필수적이다.

영국 생화학자 프레더릭 생어(Frederick Sanger)는 몇 년 전 유전자 시퀀싱을 위한 수동 프로세스를 발명했다.[22] 이 방법에서 표적 유전자는 전체가 아니라 단편으로 여러 번 복사되었으며, 각각 길이가 다르고 무작위로 생성되었다. DNA의 각 조각에 대해 올바른 순서로 구성 성분을 추가하기 위해 중합 효소 연쇄 반응 또는 PCR(polymerase chain reaction)라고 불리는 화학적 공정을 사용했다. 그러나 반응 시험관에서 생어는 방사능을 띤 소량의 A, T, G, C 대체 버전을 사용했고, 화학적 과정을 중단하고 추가되는 구성 성분을 막기 위해 화학적 구조에 약간의 수정을 가했다. 그래서 우연히 A, T, G, C의 방사능 버전이 정상적인 대응물이 자리한 염기 서열로 통합되었을 때, 그 DNA 조각은 그 끝에 하나의 방사능 구성 요소를 갖고 완성되었다. 방사능 표지 앞에 있는 구성 성분의 수를 세면, 전체 표적 유전자의 어느 위치에 말단 성분이 있는지 확인할 수 있다. 예를 들어, 10개의 구성 성분 길이이자 방사능 A로 끝난 DNA 조각은 A가 전체 시퀀스에서 열 번째 문자라는 것을 말해준다. 또 다른 조각은 11번째 구성 성분이 T였다는 것을 밝혀낼 수 있다. 충분한 수의 조각으로 결국 전체 시퀀스를 설정할 수 있다. 실제로 이 공정은 플라스틱 네모판 위에 검은 얼룩의 흐름을 생성하는 아크릴아미드(acrylamide: 독성이 있는 유기 화학 물질로 물이나 여러 용매에 용해된다. 수용성 증점제나 응집제로 많이 쓰인다—옮긴이) 젤의 큰 슬래브를 사용해 각 구성 성분의 위치를 순서대로 표시했다. 이 방법은 생어가 노벨상을 받은 독창적인 방법이었지만,[23] 느리고 지루하며 완전히 신뢰할 수는 없었다. 후드는 이 과정을 자동화하는 기계가 혁명적일 것이라는 점을 알았다.

후드의 연구팀은 모인 지 약 3주 만에 형광색 염료가 방사능 대신 DNA의 구성 요소를 표지하는 더욱 좋은 방법이 될 것이며, 레이저를 사용해 빛나게 할 수 있다는 것을 깨달았다.[24] 누가 이 중요한 아이디어를 냈는지 정확히 파악하기는 어렵다. 그 아이디어는 많은 훌륭한 아이디어와 마찬가지로 대화 중에 생겨났다. 연구팀의 화학자 스미스는 나중에 "정확히 어떻게 한 것인지는 모른다. 하지만 어떻게 했든 우리는 4염색 부분(the four-dye part)을 얻었다"[25]고 회상했다. 어쨌든 아이디어를 내는 것은 어려운 일이 아니었다. 아이디어는 순간적으로 나왔지만, 구현하기까지 3년이 걸렸다. 연구팀은 착색된 염료를 DNA에 주입하기 위해 올바른 화학 작용을 일으켜야 했고, 어떤 종류의 염료가 가장 잘 작용하는지 테스트하고, 색을 읽을 수 있는 기구를 설계하고, 원시 데이터를 유전자 배열로 컴파일(compile: 컴퓨터에서 작동할 수 있도록 기계어로 프로그램을 만드는 과정—옮긴이)하는 알고리즘을 개발하는 등 무수히 많은 작업을 수행했다. 결국 연구팀은 1986년 세계 최초로 자동화된 유전자 시퀀서(염기 서열 분석—옮긴이)를 발표했다.[26] 기자 회견에서 후드는 이 기계가 암에서 낭포성섬유증에 이르기까지 다양한 질병에 대한 이해에 막대한 영향을 미칠 것이라고 말했다.[27] 과장되게 들릴지 모르지만, 사실 그의 말은 틀리지 않았다.

기자 회견 후 일부 연구팀은 후드가 자신의 이름을 언급하지 않아서 화가 났다. 이는 마치 후드가 연구 성과를 독차지하려는 것처럼 보였을지도 모른다.[28] 또 다른 문제는 후드의 연구실에 있는 기계가 실제로는 시제품에 불과했다는 것이다. 신뢰할 수 있는 버전을 생산하기 위해 어플라이드 바이오시스템즈는 모든 종류의 기술적 문제를 해결하고, 하드웨어는 물론 공정의 화학적 성질을 개선해야 했다. 후드 자신은 실험실의 시퀀서를 자신이 만들고자 했던 페라리가 아닌 포드 모델 A라고 설명했다.[29] 결국 DNA 시퀀싱 기계를 만드는 데는 온갖 기술과 경험을 가진 많은 사람이 필요했으며, 그 개발은 향후 수십 년 동안 계속되었다.

후드의 기자 회견 직전, 약 12명의 과학자가 1985년 5월 24일 캘리포니아 샌타크루즈에 모여 한 사람의 전체 유전체를 구성하는 30억 개의 DNA 구성 성분을 모두 시퀀싱할 가능성에 대해 논의했다.[30] 후드도 거기에 참석했는데, 노벨상 수상자 월터 길버트(Walter Gilbert)와 미래의 노벨상 수상자 존 설스턴(John Sulston)이 함께 있었다.[31] 모든 사람이 후드로부터 DNA 시퀀싱 기계 얘기를 들었을 때, 분위기는 회의론에서 프로젝트의 실행 가능성에 대한 확신으로 바뀌었다.[32] 문제는 그럴 가치가 있느냐 없느냐였다. 후드는 토론이 "정말 뜨거웠다"고 회상한다.[33] 후드 자신은 인간 유전체에 대한 시퀀싱이 "모든 인간 생리학 및 발달에 대한 코드"[34]이기 때문에 그렇게 해야 한다는 것에 단호했다. 그럼에도 불구하고 모든 사람은 개인 간 유전체 차이를 설명하는 데 어려움이 있다는 것을 인정했다. 그러나 먼저 인간 유전체가 얼마나 다양한지 알기 위해서는 참조 시퀀스가 필요했다. 결국, 인간 유전체의 참조 시퀀스는 몇몇 지원자로부터 얻었고, 우리는 현재 총 30억 개의 구성 성분 중 400만~500만 개가 일반적으로 개인마다 다르다는 걸 알고 있다.[35] 또한 언젠가 인간 유전체의 시퀀스가 영구히 밝혀질 것이라는 생각도 있었다. 그렇다면 왜 지금은 아닐까?[36]

그해 말 길버트는 더욱 공식적인 과학 심포지엄에서 이 아이디어, 즉 인간 유전체에 대한 시퀀싱을 옹호했다. 그가 30억 달러의 비용을 예상하자 반응이 떠들썩했다. 청중은 생물학에 대한 미국 전체 예산이 이 단일 노력에 전용될 수 있다고 우려했다. 천문학에 사용하는 허블 우주 망원경과 물리학에 사용하는 입자 가속기 같은 과학의 다른 영역들은 큰 프로젝트에 익숙했지만, 생물학은 여전히 소규모 팀으로 이뤄진 과학이었다.

많은 과학자는 또한 인간 유전체의 많은 부분이 이른바 '쓰레기 DNA'로 보인다고 주장했는데, 그 이유는 그러한 부분이 단백질을 만들기 위한 지시를 포함하고 있는 것 같지 않았기 때문이다. 그래서 그들은 모든 것을 시퀀싱하자는 주장에 의문을 제기했다. 다행히 다른 사람들은 인간 유전체의 일부가 많이 알려져 있지 않다고 해서 그게 쓸모없을 것 같지 않다는 걸 깨닫는 선견지명이 있었다. 사실, 우리는 이제 인간 유전체의 98퍼센트가 일반적인 방식으로 단백질을 암호화하지 않는다는 걸 알고 있지만, 그 대신 수많은 다른 보물이 있다. 예를 들어, 신체의 다른 세포와 조직에서 필요한 대로 유전체의 다른 부분을 활성화하거나 비활성화하는 스위치들이 그것이다. 2020년에 이 쓰레기 또는 '어두운' 유전체 영역은 우리가 거의 이해하지 못하는 수백 개의 작은 단백질을 암호화하는 것으로 밝혀졌는데, 인간의 건강과 질병에 중요한 역할을 하는 게 거의 확실하다.[37]

후드는 처음에 생물학자의 약 80퍼센트가 인간 유전체 시퀀싱에 반대했다고 추정한다.[38] 그에 따르면 처음에는 미국 국립보건원도 이 프로젝트에 반대했다.[39] 그럼에도 불구하고 의회는 관심을 보였다. 제임스 왓슨을 포함한 저명한 인사들은 1990년 10월 '인간 유전체 프로젝트'가 공식적으로 시작될 때까지 이를 두둔했다. 모든 생물학자가 기뻐한 것은 아니다. 〈뉴욕타임스〉는 젊은 과학자가 이렇게 말했다고 보도했다. "뚱뚱한 고양이들은 모두 크림을 먹고 있는데, 나는 여기 앉아 굶고 있다."[40] ('인간 유전체 프로젝트'를 완수하려면 시간이 오래 걸리는 만큼 천문학적인 예산이 투입된다. 젊은 과학자는 이를 자신의 연구에 대한 지원이 충분히 이루어지지 않는 상황에 빗대어 표현한 것이다—옮긴이.)

한편 후드는 곤경에 처했다. 칼텍의 일부 교수진이 기금을 마련하고 연구를 홍보하기 위해 전 세계를 돌면서 평소보다 더 큰 실험실을 운영하는 그의 스타일을 좋아하지 않았기 때문이다. 후드는 이렇게 말했다. "그들은 내 큰 연구실을 싫어했지만, 나는 필요한 모든 다른 것을 위해 연구실이 커야 했다."[41] 이러한 배경은 1990년에 그의 연구진 중 한 팀이 발표 결과 중 일부를 조작한 것으로 밝혀졌을 때 도움이 되지 않았다. 후드의 연구실은 조사가 진행되는 동안 업무가 거의 멈추었다. 결국 후드 자신은 무죄로 밝혀졌다. 미래의 노벨상 수상자 제임스 앨리슨(James Allison)을 포함한 몇몇 과학자는 특히 문제를 근절하기 위해 신속하게 행동한 데 대해 후드를 지지하는 데 힘을 모았다.[42] 그럼에도 불구하고 후드는 연구 결과 조작에 분노하는 분위기에 영향을 받았고, 다른 기관들에서는 그가 다른 연구소로 옮길 가능성이 있다고 생각했다.

미식축구 경기를 관람하는 동안, 시애틀에 있는 워싱턴 대학교의 한 학과장이 마이크로소프트 설립자 빌 게이츠에게 후드에 관해 말했다.[43] 이후 그 학과장은 후드에게 시애틀에서 일련의 세 강의를 요청했고, 그 자리에 게이츠를 초대했다. 학과장의 후드 초빙은 효과가 있었다. 후드와 게이츠는 3시간 동안 저녁 식사를 하며 과학에 대해 논의했으며, 얼마 지나지 않아 게이츠는 후드의 워싱턴 대학교 교수직에 자금을 지원했다.[44] 후드는 1992년 자리를 옮긴 후 다시 한번 시대정신에 맞섰다.

후드는 다른 사람들과 마찬가지로 생물학이 대대적으로 변화해야 한다는 걸 깨달았다. 유전자, 단백질 등 생물의 구성 요소는 성공적으로 확인되었거나 또는 확인 과정에 있기 때문에 이제 새로운 도전이 부상하고 있었다. 이런 다양한 구성 요소가 모여 세포, 신체 기관, 심지어 신체 같은 전체를 만드는 방법을 발견하는 것이었다. 이는 꽤 간단한 통찰력으로 보일 수 있지만, 후드의 관점에서는 생물학 수행 방식에 근본적인 변화가 필요했다. 생물을 분해해 구성 요소를 확인하는 것은 개인이나 소규모 연구팀이 수행할 수 있다. 그러나 역학, 네트워크, 피드백 고리 등 서로 다른 부분이 상호 작용하는 방식을 이해하기 위해서는 새로운 수준의 학제 간 협업이 필요하다고 후드는 주장했다. 생물학자,

컴퓨터과학자, 수학자들이 한자리에 모여야 했다.

이 문제에 대한 자신의 견해를 설명하면서, 후드는 이전에 서로 만난 적이 한 번도 없는 6명의 시각 장애인이 우연히 코끼리를 접하는 인도 우화를 언급했다. 첫 번째 사람은 손을 내밀어 코끼리의 옆구리를 만지고는 그들이 벽을 만났다고 말한다. 두 번째 사람은 코끼리의 엄니를 만져보고는 그럴 리 없다면서, 그건 분명 창(spear)이라고 말한다. 세 번째 사람은 코끼리의 코를 만지곤 뱀을 만났다고 주장한다. 네 번째 사람은 코끼리의 다리를 만져보고 나무라고 결정 내린다. 다섯 번째 사람은 코끼리의 귀를 만져보고 부채라고 말한다. 마지막으로 여섯 번째 사람은 코끼리의 꼬리를 만져보고 그것이 밧줄이라고 말한다. 6명은 논쟁을 벌이다 결국 싸우기 시작한다.

세포가 실제로 무엇인지, 또는 질병이 실제로 무엇인지 알아내기 위한 후드의 전체론적 접근 방식은 개별 부분이 아닌 전체 시스템을 이해하는 것을 목표로 하므로 '시스템생물학'이라고 불린다. 그 아이디어는 다소 모호했으며 당시에도 완전히 새로운 것은 아니었고, 지금도 마찬가지다. 후드 자신도 기꺼이 인정했듯 컴퓨터로 생물학적 과정을 연구한다는 아이디어는 컴퓨터 자체만큼이나 오래되었다.[45] 그러나 후드가 한 일은 그 아이디어를 옹호해 지역 사회의 최우선 의제와 사람들 마음의 최전선에 밀어 넣는 것이었다. 그는 2000년에 시애틀에 시스템생물학연구소를 공동 설립했다. 물론 그런 것을 갖추기 위해서는 많은 정치적 논쟁과 소동을 거쳐야 했다. 후드는 상금과 특허뿐만 아니라 자신이 공동 설립한 회사들로부터 얻은 재산과 수백만 달러의 돈을 시스템생물학연구소에 투자했다.[46] 얼마 지나지 않아 시스템생물학은 모든 지역에서 유행하게 되었다. 예를 들어, 2007년 영국 학술 기관의 한 보고서에서는 시스템생물학에 3억 2500만 파운드를 투자하라고 권장했다.[47]

후드에게 DNA 시퀀싱 기계 개발에서 '인간 유전체 프로젝트' 및 시스템생물학의 부상에 이르기까지 이 모든 것은 질병을 다루는 새로운 방식의 정점이다. 그는 이를 P4〔Predictive(예측의), Preventive(예방의), Personalised(개인화한), Participatory(참여하는)〕 의학이라고 부른다. 2018년 9월 한 과학 회의에서 후드는 "의학의 미래는 우리가 과거에 경험했던 것과 매우 다를 것이다"[48]라고 말했다. 그는 테스트 및 계산 능력의 극적인 발전이 우리 모두가 어디서나 접근할 수 있는 개인화한 생물학 및 의료 데이터의 집적된 '클라우드'를 온라인으로 사용할 수 있게끔 해줄 것이라고 주장한다. 이를 면밀히 조사해 우리 몸의 건강 상태를 드러낼 수 있다는 것이다.

이 아이디어에 관한 시범 연구를 위해 후드는 미국 국립보건원으로부터 자금을 얻는 데 실패했지만, 그 자신의 특징을 살려 어쨌든 자선 기부를 통해 연구 자금을 충분히 모았다. 188명이 자신들의 전체 유전체를 시퀀싱했고, 연구팀은 그들의 혈액, 타액, 소변 및 대변 샘플을 3개월마다 분석했다. 이 프로젝트는 앞 장에서 논의한 엘리나브 및 세갈의 것과 다소 비슷했지만, 후드의 연구팀은 더 광범위한 건강 문제를 조사했다. 후드는 허블 망원경이 우주를 위해 존재했듯 각 개인을 위해 생산한 데이터 클라우드를 사람의 신체에 대한 계시로, 그들의 건강과 행복에 대한 전례 없는 깊은 잠수(dive)로 비유했다.[49] 이를 통해 모든 사람은 건강 개선 방법을 제공받았다. 이 연구에 직접 참여한 후드는 자신의 몸이 비타민 D 섭취를 늘려야 한다는 걸 알았다. 비타민 D

가 부족하면, 그는 골다공증이나 알츠하이머병에 걸릴 가능성이 높을 터였다.[50]

일부에서는 표준 건강 검진으로 이 값비싼 시범 연구에서 확인한 대부분 문제를 알 수 있다고 주장했다. 후드는 데이터를 점점 더 많이 통합함에 따라 실행 가능한 결과가 정교하게 늘어날 것이라고 반론했다. 우리가 한 개인의 데이터 클라우드를 더 주의 깊게 읽는 법을 배우면, 그 개인이 건강해지기 위해 무엇을 해야 하는지와 관련해 예상치 못한 것들을 드러낼 거라고 그는 주장한다. 20세기 의학은 질병이 발생한 후 이를 퇴치하려고 노력했지만, 21세기 의학은 질병이 발병하기 전에 알아채는 데 초점을 맞출 것이라고 후드는 말한다.[51] 그는 적어도 한 가지 측면에서 옳다. 데이터 확보가 점점 더 쉬워지고 있다는 점이다. 한때 인간 유전체를 시퀀싱하는 데 수년이 걸리고 수억 달러가 필요했다. 이제 인간 유전체를 시퀀싱하는 데 몇백 달러 이하가 들고 하루 만에 모든 걸 완료할 수 있다.

2015년 후드는 사람의 유전자·대변·혈액 및 타액을 분석하고, 이를 토대로 건강 상태를 알아내기 위해 애리베일(Arivale)이라는 회사를 공동 설립했다. 그러나 수많은 테스트를 실행하는 데 드는 수천 달러의 비용은 사람들이 감당하기에 비쌌고, 회사는 결국 4년 후 파산했다.[52] 그러나 애리베일의 이러한 일반적 아이디어는 다른 곳에서 구체화되고 있다. 또 다른 게놈 개척자 크레이그 벤터(Craig Venter)가 휴먼 롱제비티(Human Longevity Inc.)를 공동 설립한 것이다. 이 회사도 건강 문제의 조기 발견을 위해 유전자 시퀀싱 및 기타 테스트 제품군의 사용을 목표로 하고 있다.[53] 23앤드미(23andMe) 같은 유전자 검사 회사에는 자신의 건강이나 조상에 대해 알고 싶어 하는 수백만 명의 사람이 등록했다.

분명히 여러 다른 사람들도 이 여정의 많은 부분에서 후드와 비슷한 아이디어를 가지고 있었다. 그러나 이 분야에 도전한 1000명의 과학자 중에서 후드는 우리를 여기까지 이르게 하는 데 주도적 역할을 했다. 인체의 유전적 청사진을 손에 든 수많은 회사가 이를 사용하는 방법을 좇고 있다. 누구든 인생을 몇 페이지로 요약할 때 엄청난 속도를 내지만, 후드의 경우 정말 빠르게 움직였다. 그 결과 우리의 생물학, 특히 유전자에 대한 엄청난 양의 정보가 축적되었고, 앞으로 더 많은 정보가 쌓일 예정이다. 우리는 이제 우리가 누구이고 어떻게 살아갈지에 대해 그 모든 것이 의미하는 바를 이해하는 방법을 찾아야 한다.

같은 유전자를 가진 두 사람, 즉 일란성 쌍둥이는 같은 사람이 아니다. 모든 사람은 유전자의 집합 그 이상이다. 그럼에도 불구하고 우리 중 어떤 것은 유전적 유산에서 비롯된다. 비록 우리가 유전적 유산이 무엇인지 정의하려 애쓴다 하더라도, 어느 정도 수준에서는 타고난 성격 같은 것이 유전적으로 전수된다. 이런 이유로 유전과학은 오랫동안 인간의 가장 오래된 논쟁 중 하나인 '자연 대 양육'에 대한 낡은 논쟁 중 하나를 해결하기 위한 관문으로 여겨져왔다. 자연 대 양육 논쟁은 우리의 개성과 정체성을 이해하는 데 핵심이다. 무엇이 유전적이고 유전적이지 않은지를 마침내 밝혀냄으로써 말이다. 그러나 후드와 다른 많은 사람의 연구 덕분에 밝혀진 현실은 다소 다르게 드러났다. 우리의 유전적 유산을 깊이 파고들수록, 모든 게 더 복잡하고 더 엉망인 것처럼 보인다.

개인의 성격 특성은 특히 우리의 유전 암호에서 찾기 어려운 것으로 밝혀졌다. 예를 들어, 지능을 살펴보자. 4장에서 언급했듯 지능이 실제로 무엇인지, 그리고 지능 측정 방법을 아는 데는 커다란 문제가 있다. 하지만 지능을 IQ 테스트 점수나 한 사람의 교육 성취도 수준 같은 좁은 방식으로 정의하더라도, 우리는 아직 이러한 측정치에 큰 영향을 미치는 유전적 변이를 발견하지 못했다. 특정 질병은 제외하고 말이다. 오히려 수백 개의 유전자 변이가 각각 약간의 영향을 미치는 것으로 보인다.[54] 이러한 사실은 '지능' 같은 특성이 간단한 방식으로 암호화되지 않는다는 걸 의미한다. 엄청난 다양성과 미묘함은 수백 개의 변수를 가진 암호화 시스템의 불가피한 결과다.

엄청난 다양성과 미묘함은 인간에 대한 유전자 개입을 고려할 수 있는 모든 시도를 심히 복잡하게 만들었다. 2장에서 살펴보았듯 체외수정, 배아 유전자 검사, 유전자가위와 관련한 유전자 편집 도구 등을 통해 질병 유발 유전자의 부담이 아이들에게 전가되지 않도록 하는 기술이 현존한다. 유전자가위의 개척자 제니퍼 다우드나가 말했듯 "우리는 유전병이 끝나는 시작점에 가까이 있는지 모른다".[55] 그러나 유전학의 복잡성은 기술적인 문제는 차치하고 (비록 몇몇 유전적 변이의 집합이 단일 배아에서 선택되어 사전 예방 차원에서 제거될 수 있다 하더라도) 거의 확실히 어떤 개입에 의해서도 무심코 영향을 받을 수 있는 다른 특징이 있다는 것을 의미하며, 이러한 가능성은 거의 무한히 지대한 영향을 끼치고 헤아리기 힘든 연쇄 효과를 초래한다. 이러한 사실은 '지능' 같은 특정한 기질을 띠기 위해 배아를 선택하거나 바꾸는 것이 불가능하다는 걸 의미한다. 왜냐하면 지능을 어떻게 정의하든 이런 종류의 것은 우리의 유전자에 어떤 간단한 방법으로도 기록되지 않기 때문이다.

대신 유전과학이 영향을 끼쳐 그 파급력이 가장 크게 느껴진 분야는 아마도 암 치료일 것이다. 후드가 개척자 역할을 한 일종의 빅데이터 분석과 결합한 유전과학을 통해서 말이다. 2013년 영화배우 앤절리나 졸리는 〈뉴욕타임스〉에 자신의 양쪽 가슴을 제거한 방법과 그 이유에 관한 이야기를 기고했다. 졸리는 어머니, 할머니, 이모를 암으로 잃은 터였다. 유전자 검사에서 그녀는 자신에게 BRCA 1으로 알려진 특정 유전자에 돌연변이가 있다는 사실을 알게 되었다. 그녀는 유방암에 걸릴 확률이 87퍼센트였다. 졸리는 "나는 내 아이들에게 나를 유방암으로 잃을까 봐 두려워할 필요가 없다고 말할 수 있다"고 썼다. "나는 내 여성성을 절대 약화하지 않는 강력한 선택을 했음을 강렬하게 느낀다."[56] 그 기사는 언론의 광풍을 일으켰고, 수백만 명이 유전자 검사와 그 의미에 대해 깨닫는 분수령이 되었다. 이후 2015년 졸리는 난소암 위험을 줄이기 위해 난소와 나팔관을 제거하는 추가 수술을 받았다. 수술 직전의 혈액 검사에서 일부 염증 표지가 발견되었고, 이것이 암의 초기 징후일 수 있다고 했기 때문이다. 그녀는 다시 〈뉴욕타임스〉에서 자신의 경험에 대해 이렇게 썼다. "이러한 결정을 내리기는 쉽지 않다. 그러나 모든 건강 문제를 통제하고 정면으로 대처하는 것은 가능하다."[57]

바이러스나 세균이 몸에 들어오는 방식으로 암을 유발하는 단일 또는 갑작스러운 사건은 거의 없다. 오히려 질병을 특징짓는 세포 증식 그룹은 통제 불능의 집단이며 자연과 양육의 복잡한 혼합으로부터 어느 정도 시간을 두고 발생한다. 예를 들어, 흡연이 폐암을 유발한다는 것은 모두 알고 있다.[58] 그러나 평생 동안 담배를 피우고도 폐암을 앓은

적이 없는 사람이 많다는 것은 다른 교란 요인이 많다는 걸 의미한다. 마찬가지로 모든 종류의 식품이 암과 관련해 수많은 언론의 머리기사를 장식했지만, 대부분의 연구는 여전히 해석하기 매우 어렵고 정부나 보건 기관에 명확하고 선언적인 조언을 제공하지 못한다. 지침은 중요하며 금연하는 건 확실히 좋은 조언이다. 그러나 최근 암과 관련한 발견에서 드러난 것은 곧 살펴보겠지만, 해야 할 일과 하지 말아야 할 일의 단순한 목록이 아닌 다른 것이다.

1986년 사람이 암에 걸릴 위험을 나타내는 '높은 침투도'에 큰 영향을 미치는 첫 번째 유전자가 확인되었다. RB 1이라고 불리는 유전자의 변이는 희귀한 소아 안구 종양과 관련이 있는 것으로 밝혀졌다.[59] 1987년부터 이 유전자에 대한 분석을 환자에게 제공했으며, 이는 명확하고 즉각적인 영향을 미쳤다. 소아 안구 종양 위험에 처한 어린이는 선별 검사를 받을 수 있었고, 음성 판정을 받으면 더는 마취 상태에서 눈을 검사하지 않아도 되었다.[60] 1990년대 내내 유방암과 두 유전자 BRCA 1과 BRCA 2('유방암 1' 및 '유방암 2'의 약어이며 일반적으로 '브라카' 1 또는 2라고 부른다) 사이의 연관성을 포함해 특정 암에 대한 감수성과 관련 있는 많은 다른 유전자가 확인되었다. BRCA 1과 BRCA 2 유전자 중 하나에서 문제가 있는 돌연변이를 물려받은 여성은 80세 이전에 유방암에 걸릴 확률이 약 70퍼센트에 달하지만, 정확한 위험 수준은 가족력이나 다른 요인에 달려 있다.[61] 이게 바로 앤절리나 졸리 가족의 암 유병률이 그녀의 위험을 심하게 가중시킨 이유다.

유방암 환자의 BRCA 1 또는 BRCA 2 돌연변이 확인은 많은 방식으로 그들의 삶에 영향을 미친다. 그들은 암 덩어리 제거 수술을 받는 대신, 한쪽 또는 양쪽 가슴을 제거하는 유방절제술을 졸리처럼 받을 수도 있다. 그들은 또한 졸리가 했던 것처럼 난소암의 위험 증가를 완화하기 위해 추가 수술을 선택할 수도 있다. 그들에게 특정 유형의 약물 치료를 제공할 가능성도 크다. 어떤 상황에서는 BRCA 1 또는 BRCA 2 돌연변이를 가진 사람이 체외수정 후 배아를 선별해 그런 문제가 자녀에게 전달되지 않도록 선택할 수 있다. 그리고 위험을 물려받았을지 모르는 가족 구성원에게도 이러한 결정은 시사하는 바가 많다.

앤절리나 졸리의 특별한 상황은 예외가 아니다. BRCA 1 또는 BRCA 2의 질병 유발 돌연변이는 400명 중 1명꼴로 발생한다. 그러나 BRCA 1 또는 BRCA 2의 돌연변이는 전체 유방암 사례의 5퍼센트라는 작은 부분만을 설명한다.[62] 다른 유전적 변이도 유방암과 관련이 있지만, BRCA 1 또는 BRCA 2보다 희귀하고 사람에게 미치는 위험의 영향이 적다. 일반적으로 어떤 암이 유전되는 정도는 그 암의 유형에 따라 아주 다르다. 이와 관련해 유방암은 상당히 전형적인데, 유전된 유전자와 가족력이 전체 사례의 약 10퍼센트를 차지한다. 이는 암에 걸린 대부분 환자의 암에 대한 감수성을 출생 때부터 예측할 수는 없다는 걸 의미한다. 그리고 이러한 사실은 유방암에 걸린 대부분의 사람이 그들의 자녀에게 높은 위험을 물려주지는 않는다는 걸 의미한다. 그럼에도 불구하고, 예를 들어 바이러스 감염으로 인한 암을 제외하고, 대부분의 암은 유전적인 게 아니라 사람이 평생을 살면서 세포로부터 획득한 유전자 돌연변이의 결과다. 암은 다음과 같이 발생한다.

세포가 분열할 때마다 새로 형성된 딸세포는 모세포와 아주 약간 다른 DNA를 얻는다. 이는 모세포의 DNA가 복사될 때 관련 효소가 가끔 잘못된 구성 성분을 삽입하기 때문이다. 예를 들어, DNA의 두 나선 가닥이 더는 적절하게 일치하지 않기 때문에 종종 실수가 발견되고, 그리고 다른 효소들이 이에 대한 오류를 수정한다. 그러나 이른바 'DNA 복구 메커니즘'이라고 부르는 이러한 점검은 완벽하지 않으며, 때로는 변화가 지속되기도 한다. 가령 'A'는 시퀀스의 어딘가에서 'G'로 바뀔 수 있다. 대략적으로, 30억 개의 문자열에서 약 10개의 문자는 세포가 분열할 때마다 변경된다. 거의 항상 이러한 변경은 효과가 없다. 그러나 때때로 예를 들어, 유전자가 제대로 작동하지 못하게끔 하는 돌연변이가 발생할 수 있다.[63] 어떤 돌연변이는 심지어 유전자가 과도한 양의 단백질을 생성하도록 하거나 비정상적인 활동을 하는 단백질 버전을 만들도록 할 수도 있다. 시간이 지남에 따라 일련의 돌연변이가 축적되어, 세포 분열에 대한 정상적인 통제력을 상실하고 과도하게 증식해 암이 될 수 있다. 어떤 종류의 암은 다른 암보다 더 흔하다. 예를 들어, 폐암은 뇌암보다 더 흔하다. 이에 대한 한 가지 설명은 폐같이 세포가 가장 자주 뒤집히는 조직과 장기는 결과적으로 암 돌연변이를 축적할 가능성이 더 크다는 것이다.[64] 예를 들어, 담배 연기와 자외선 그리고 특정 화학물질이 돌연변이 비율을 증가시키는데, 이러한 것들이 암에 걸릴 확률을 높이는 한 가지 원인이다.

이는 사람의 암세포에 대한 유전자 분석이 종종 치료 방향을 정하는 데 도움을 줄 수 있는 이유다. 한 가지 예를 들어보자. 만약 폐암 환자의 암세포가 EGFR(epidermal growth factor receptor: 표피 성장 인자 수용체) 유전자의 돌연변이를 포함하는 것으로 밝혀지면, 이는 수요에 반응하기보다는 지속적으로 활성인 EGFR 단백질 버전을 생성한다는 걸 의미한다.[65] 폐암 환자의 암세포는 EGFR 억제제라고 부르는 약물 치료에 반응할 가능성이 더 크다.[66] 이를 위해 2020년 744개의 각기 다른 연구 센터 연구자들로 이뤄진 컨소시엄이 2600개 이상의 암 샘플 유전자 서열을 보고했다.[67] 정교한 클라우드 컴퓨팅, 테라바이트 규모의 데이터 및 수많은 알고리즘은 전례 없는 깊이의 분석을 제공했다. 암에 관한 이전 연구와 달리 한때 '쓰레기'라고 불렸던 유전체 일부를 포함해 전체 유전체를 분석했다. 이를 통해 암과 관련한 몇 가지 시퀀스가 새롭게 발견되었다. 평균적으로 각 사람의 암에는 4~5개의 '운전자 돌연변이(driver mutation)'가 포함된 것으로 나타났다. 이는 세포에 증식할 수 있는 특별한 능력을 부여해 암을 직접 촉진하는 유전체의 변화다. 암을 직접 유발하지는 않지만, 암을 수반하는 다른 많은 돌연변이는 진단에서 사용할 수 있는 패턴으로 발생한다는 게 밝혀졌다. 이런 돌연변이는 '승객 돌연변이(passenger mutation)'로 분류한다.[68] 아마도 가장 중요한 것은 많은 정보로부터 암의 발병 궤적, 즉 유전자 돌연변이가 발생하는 순서를 추론할 수 있고, 암에 대한 임상적 진단이 명백해지기 훨씬 전에 세포 내부의 비밀 메시지, 암의 시작을 알리는 신호 등과 관련한 여러 돌연변이가 발생하는 것으로 추정된다는 점이다.

연구된 모든 암의 약 절반은 발달 과정에서 초기 돌연변이가 단 9개의 유전자에서 발생하는 것으로 확인되었다.[69] 이론적으로는 이러한 돌연변이를 발생 직후에 발견할 수 있다면, 암의 위험을 실제 발병 시기보다 몇 년, 아마도 수십 년 전에 진단할 수 있을 것이다. 현재로서는 불가능하지만 이런 아이디어는 진지하게 받아들여지고 있다. 그러한 돌연변이를 탐지할 수 있는 한 가지 방법은 혈액에서 순환하고 자유롭게

떠다니는 DNA 조각을 분석하는 것이다.

인간의 혈액에서 무세포(cell-free) 유전 물질은 1948년부터 알려져왔지만, 그것을 분석할 수 있을 만큼 민감한 기술을 우리는 비교적 최근에야 갖추었다. 표면적으로 이 기술은 언제든지 개인의 유전적 건강을 감시할 수 있는 방법을 제공한다. 문제는 우리가 이 유전 물질의 기원을 완전히 이해하지 못하기 때문에 모니터링 대상이 명확하지 않다는 데 있다. 암 환자의 경우 순환하는 DNA 수준이 종종 증가하는데, 아마도 암세포가 면역 체계에 의해 사멸하거나 일부 암세포가 죽으면서 자연적으로 다른 걸로 대체 및 전환되기 때문일 수 있다. 이러한 경우 암에서 유래한 순환 DNA는 종종 여전히 혈액 안 전체 무세포 DNA의 작은 부분이기는 하나, 진단 도구로 사용할 수 있는 돌연변이가 포함되어 있다. 예를 들어, '비소세포폐암'으로 알려진 특정 유형의 폐암의 경우, 순환하는 혈액 DNA에서 EGFR 유전자의 돌연변이 유무를 감지할 수 있다.[70] 미래에는 혈액 내 무세포 DNA의 분석이 더욱 민감해질 것이다. 이를 통해 결국 사전에 암이라는 질병을 발견할 수 있을지 여부를 말하기는 어렵지만, 가능하기는 하다.

논의해야 할 다른 아이디어도 많다. 세포에서 분비되고 혈액에서 순환하는 유전자와 단백질의 작은 꾸러미(1장에서 언급한, 세포에서 방출된 작은 소포의 무리)도 암 발생 메시지를 담고 있을 수 있다.[71] 이런 경우는 동물에서 이미 입증되었다. 췌장암에 걸리기 쉬운 실험용 쥐의 경우, 소포 표식자(marker)는 MRI 스캔으로 발견하기 전에 문제를 드러낼 수 있다.[72] 동일한 표식자가 인간 췌장암 환자의 소포에도 존재하는데, 그 표식자의 혈액 내 수치는 신체 내 암의 양인 '종양 부담'과 관련이 있다.

그래서 비록 작은 세포에서 유래한 소포가 몸에서 무슨 일을 하는지에 대한 많은 근본적인 의문이 남아 있지만, 소포는 건강 진단용으로, 아마도 암이나 다른 질병이 완전히 발달하기 전에 찾아내는 데 사용할 수 있을 것이다.[73]

3장에서 논의한 것처럼 혈액에 대한 심층 세포별 분석도 여기에서 중요한 역할을 할 수 있다. 일부 면역세포는 DNA가 손상된 경우, 즉 암세포 같은 것에 반응해 그 특성이 약간 바뀌어 검출될 수 있다. 특정 항목을 얼마나 일찍 진단할 수 있을지는 분명하지 않지만, (다시 말하건대) 이것이 동물에서 가능하다는 증거가 있다. 쥐의 면역세포 분비 수준을 관찰함으로써 과학자들은 종양 재발을 매우 조기에 감지할 수 있었다.[74]

마이크로바이옴 또한 암 및 기타 질병의 초기 징후를 포함할 가능성이 있다. 이는 (암과 관련된 신체의 다른 변화의 결과에) 간접적이기는 하지만 사람의 장내 미생물 구성 자체가 일부 유형의 암에 대한 감수성을 부여할 수 있다는 증거다.[75] 사람의 장내 마이크로바이옴은 또한 암 치료를 안내하는 데 도움이 될 수 있다.[76] 예를 들어, 장내 마이크로바이옴의 구성을 기반으로 한 특정 면역 요법에 반응할 가능성이 있는 환자를 식별할 수 있다.[77] 실험용 쥐의 경우, 11가지 종류의 혼합 세균으로 마이크로바이옴을 형성하면 암에 대한 특정 유형의 면역 요법 결과를 개선할 수 있다.[78]

사실, 이러한 모든 가능성은 거의 모든 유형의 질병 진단 또는 치료에 똑같이 적용된다. 단일 유전자 돌연변이가 직접 질병을 유발하는 것은 매우 드물지만, 유전자 변이는 우리 각자를 거의 모든 질병에 다소 취약하게 만든다.[79] 우리가 살펴보았듯 마이크로바이옴 구성은 수많은 질병과 연관되어 있으며, 엑소좀과 순환 혈액 DNA는 덜 탐구되어 있긴 하지만, 그것들도 건강과 질병의 상태에 따라 다양할 가능성이 있다.

우리의 호흡이나 손바닥의 땀을 분석하는 것처럼 건강을 관찰하고 질병을 감지하기 위한 더 대담한 아이디어가 많이 등장했다. 또한 전화기를 만지는 우리의 습관에 대한 정보를 수집하는 앱이 우울증을 진단할 수 있다는 아이디어도 있다.[80] 이러한 방법을 의료 분야에서 얼마나 강력하게 사용할지 여부는 적절하게 통제된 테스트를 해보아야 한다. 사람들은 특히 신체와 행동이 천성적으로 다양하기 때문이다. 그렇다면 아마도 유용한 접근법은 (시간의 경과에 따른) 개인에 대한 충분한 데이터를 수집하고, 정상적인 신체 기능의 기준을 설정함으로써 이러한 변화에 대처하는 것이다.[81] 크고 작은 기업들이 이를 수용했으며, 모든 종류의 예측 의학에서 대유행이 일고 있다.

한편으론 정말 중요한 장면이 펼쳐지고 있다. 우리 각자는 고유하다. 우리는 유전자와 양육, 무엇을 언제 먹고, 얼마나 자고 운동하며 스트레스를 받는지, 오염 물질이나 꽃가루와 세균에 얼마만큼 노출되는지. 그리고 무수히 많은 기타 속성들의 조합이다. 그러나 이 모든 심오한 특성과 관련해 질병을 표시하고 그 질병에 대처하기 위한 새로운 틀을 제공하는 반복적인 패턴의 유한한 집합도 있다. 우리는 암에 대해 생각하는 데 익숙하다. 예를 들어, 암에 걸리지 않기 위해 해야 할 일과 하지 말아야 할 일의 간단한 목록으로 생각하는 데 익숙하다. 담배를 피우지 말고, 자외선 차단제를 사용하고, 이 음식이나 저 음식을 좀 더 혹은 덜 먹기 등이 있다. 그러나 이뿐만 아니라 암과 그 밖의 질병에 대해 다른 방식으로 생각할 필요가 점점 더 커지고 있다. 발생 확률의 관점에서 말이다. 실제로 인체를 분석하는 이 모든 새로운 방법은 앤절리나 졸리가 따른 정확한 유형의 정보(즉, 개인적 위험 수준)를 점점 더 많은 사람에게 제공할 것이다.

우리 자신에 대해 계속해서 늘어나는 깊은 지식을 통해 우리는 해방되고 힘을 얻는다고 느낄지도 모른다. 그러나 확률은 저울질하기 어렵다. 2015년 졸리의 행동은 우리 모두가 직면하게 될 상황, 즉 끊임없이 증가하는 생물학적 개인 정보로 인해 수많은 어려운 결정을 내려야 하는 상황을 만들었다. 향후 20년 이내에 암이나 다른 질병에 걸릴 위험이 5분의 1이라는 걸 알려주는 무언가를 확인했다는 건 당신에게 무엇을 의미할까? 4분의 1이면 다를까? 20년이 아니라 5년 이내는 어떨까? 어떤 시점에서 약물이나 수술에 위험이 따른다는 걸 알고도 예방 조치로 약을 먹거나 수술을 받기로 할까? 이런 정보 때문에 당신이 희생자로 느껴지는가? 당신의 정체성에 영향을 미칠까?

이 책을 쓰게 된 계기는 다음과 같은 이야기 때문이었다. 옷가게 계산대에서 루비(Ruby)는 휴대전화로 전화를 받았다. 루비는 그 여성이 전에 한 번 본 적 있는 유전 상담사임을 알아차리고, 5분 후에 다시 전화해 달라고 부탁했다. 루비는 옷값을 치르고 차에 가서 혼자 기다렸다. 유전 상담사의 목소리에서 뭔가 올 게 온 것 같은 느낌이 들었다.

여자는 약 10분 후에 다시 전화를 걸어 루비의 유전자 검사 결과가 나왔고, 그녀한테 실제로 그들이 찾고 있던 돌연변이가 있다고 말했다.

루비는 심장에 영향을 미치는 결합 조직 장애로 36세에 사망한 아버지로부터 잘못된 유전자를 물려받았다. 이런 소식을 들을 상황은 아닌 것 같았다. 어떻게 이런 일이 일어날 수 있단 말인가? 루비는 유전 상담사가 다른 전문가를 소개해주겠다고 말한 것을 어렴풋이 기억했다. 그리고 루비는 자신의 자녀도 검사를 받아야 하는지 고려해야 했다. 전화 통화는 약 5분 동안 계속되었다. 유전 상담사가 루비에게 질문이 있느냐고 물었지만, 그녀는 할 말이 생각나지 않았다. 루비는 통화를 끝내고 남편한테 전화를 걸어 울었다. 루비가 가장 속상했던 것은 아이들이 위험에 처해 있다는 생각 때문이었다.

그 후 몇 주 동안 루비는 정보를 검색하고, 논문을 읽고, 희귀 유전 질환에 대한 전문가가 되기 위해 노력했다. 루비는 많은 걸 알아낼 수는 없었다. 과학자가 아닌지라 어떤 정보가 신뢰할 수 있는 것인지 구별하기도 어려웠다. 루비는 이 특정 유전자의 돌연변이와 결합 세포 조직 문제 사이의 연관성이 최근에야 발견되었다는 사실을 알았다. 몇 년 전만 해도 이 질병은 존재하지 않았다. 적어도 질병의 이름은 없었다.

시간이 지남에 따라 몇 가지 세부 사항이 드러났다. 아무도 루비 가족의 특별한 돌연변이를 다른 누구에게서 본 적이 없었다. 그래서 루비의 상황을 어떻게 해야 할지 알기가 매우 어려웠다. 그녀의 심장병 위험은 확실히 증가했지만, 그게 어느 정도인지는 누구도 장담할 수 없었다. 그녀는 앤절리나 졸리에 대해 알고 있었다. 그러나 이 상황은 다른 느낌이었다. 졸리는 유방암에 걸릴 확률이 매우 높다는 말을 들었으나, 루비의 상황은 훨씬 명확하지 않았다.

루비가 주차장에서 통화를 하고 다른 의료 전문가를 찾아가기까지

6개월 이상이 걸렸다. 루비는 먼저 심장 전문의를 만나보았다. 그리고 각각의 진료 예약이 연이어 다른 의사들과의 만남을 촉발했다. 그 결과 루비는 정기적으로 신체검사를 받고, 혈압을 낮추기 위해 약을 먹기 시작했다. 그녀는 이 약을 예방책으로 평생 복용해야 할 터였다. 루비는 또한 갑자기 몸이 흔들리는 어떤 행동도 피하라는 말을 들었다. 이것이 실제로 의미하는 게 모호해 또 다른 걱정거리가 생겼다. 예를 들어, 계속 농구를 해야 할까? 결정은 루비에게 달렸고, 온라인에는 갖가지 의견이 올라와 있었다. 다른 작은 것들도 큰 영향을 미쳤다. 루비는 항상 해외에서 휴가 보내는 걸 좋아했는데, 이제는 여행 보험에 가입하기가 유난히 어려워졌다. 아무도 그녀의 몸 상태를 제대로 분류하는 방법을 알지 못했기 때문이다.

루비는 나에게 이 이야기를 직접 해주었다. 궁극적으로 루비가 직면한 어려움은 과학의 가장자리에 너무나 많은 불확실성이 있다는 것이다. 루비는 자신의 유전적 유산에 대한 정보를 받는 게 확실히 더 낫다고 생각한다. 루비의 경우 발생할 수 있는 실제 문제의 위험을 낮추기 위해 할 수 있는 일이 있기 때문이다. 그러나 루비가 실제로 아프지 않다는 걸 이해하는 데는 오랜 시간이 걸렸다. 그녀는 단지 아플 위험이 있었다. 사실, 실제로 바뀐 건 아무것도 없었다. 그녀는 자신에게 가능한 미래를 알게 되었을 뿐이다. 하지만 일단 이런 것을 알게 되면, 마치 몰랐던 것처럼 사는 건 불가능하다.

과학과 의학의 성배는 질병을 멈추는 것이다. 특히 질병에 걸리기 전에 예방하는 것이다. 일부 질병의 경우 백신, 깨끗한 물, 개선된 위생시설을 통해 이미 이를 달성했다. 이제 인체의 작동 방식에 대한 패턴과 코드가 공개되면서 질병 멈추기를 이뤄내는 새로운 방법이 등장하고 있다. 우리는 이 새로운 기회를 포착해야 하지만, 실제로는 맞서 싸워야 할 도전과 의도하지 않은 결과도 있다.

나는 책을 써 내려가지 않으면 책을 쓸 수 없다는 말을 들은 적이 있다. 내가 이 글, 특히 루비의 이야기를 써야 했던 이유는 우리 모두가 특정 질병에 어느 정도 취약하기 때문이다. 따라서 과학이 발전하고 우리가 우리 자신에 대해 점점 더 많이 알게 되면 언젠가는 모두가 루비와 비슷한 상황에 놓일 것이다. 우리의 정신과 정체성을 가지고 장난을 치며 건강과 생활 방식에 대해 어려운 결정을 내리도록 요구하는 추정치와 확률로 가득 찬 상황 말이다. 내가 이 책을 쓴 것은 우리에게 이 문제에 대처하는 방법에 대한 답이 있기 때문이 아니다. 그 문제에 대처하기 위한 배경을 이해하는 게 도움이 될지 모르기 때문이라는 단순한 이유로 책을 썼다.

이 모든 것, 즉 '신체의 비밀'이 우리 삶에서 의미하는 바는 여전히 균형에 있다. 우리는 모두 차선책이라는 데이터에 빠져 있다. 또는 우리 모두는 특별하다. 어떻게 보느냐에 따라 다를 뿐이다. 우리는 단순히 유전자, 세포, 마이크로바이옴 또는 뇌가 아니다. 우리는 이 모든 것이다. 우리는 이 모든 것 이상이다. 이로써 다음과 같은 사실이 드러난다. 우리의 몸이 중요하지만 그게 중요한 전부는 아니다. 우리가 우리 자신과 타인을 보는 방법, 즉 우리가 사는 이야기와 우리가 살아가는 철학은 그만큼 중요하다. 맥락은 모든 것이며, 그중 일부만이 그 어떤 책이든 선물하고자 바랄 수 있는 전부다.

7

이 모든 게 무얼 의미하는가

"자, 지금이야." 목소리가 말했다. …… "이래도 내가 망상인가?"

–허버트 조지 웰스(Herbert George Wells), 《투명인간(The Invisible Man)》

아기들은 이제 일상적으로 체외수정을 통해 태어나고, 장기 이식은 보편화했으며, 영국의 암 생존율은 최근 몇 년 동안 대략 2배가 되었다. 하지만 이 모든 성과는 앞으로 일어날 일에 비하면 아무것도 아니다. 인간생물학의 발전이 전례 없는 속도로 가속화하고 있다. 이제 건강을 정의하고, 선별하고, 조작하는 전적으로 새로운 방법과 세포, 세균, 식이요법 그리고 인간의 뇌에 대한 완전히 새로운 생각들, 더 나아가 임신 방법에 대한 많은 생각이 떠오르고 있다. 단지 지난 수십 년에서 다음 수십 년으로, 몇 가지 세부 사항이 여기저기에서 조정되며 굽이치는 것이 아니다. 우리는 사실상 인간생물학의 모든 측면에서 혁명의 정점에 있다.

자연에 대한 생물학적 조작으로 인한 거대한 세계적 격변은 이전에도 일어난 적이 있다. 인류가 농작물, 가축, 애완동물을 길들이기 시작했을 때, 이는 결국 도시의 발전, 복잡한 경제 및 정치적 위계질서로 이어졌다. 그 어떤 것도 예측할 수 없었고, 처음의 목적도 아니었다. 이러한 변화는 차례로 전염병의 확산, 돈과 권력 같은 다른 문제들로 이어졌다. 마찬가지로 오늘날 인간생물학의 새로운 발전이 100년 또는 1000년 후 우리 삶에 어떤 영향을 미칠지 예측하는 것은 불가능하다. 여행은 이제 막 시작되었을 뿐이고, 우리가 다음에 어디로 갈지 알려줄 지도는 없다. 그러나 인간생물학의 이런 6개 영역에서 얻은 발견을 종합함으로써 이러한 과학 혁명이 이전 혁명과는 매우 다른 방식으로 우리에게 영향을 미칠 거라는 게 분명해졌다.

농업과 산업 그리고 디지털 혁명이 우리의 환경과 사회에 영향을 끼쳤지만, 새로운 인간생물학은 우리 각자에게 개별적·육체적·심리적으로 새로운 힘을 부여한다. 그리고 우리 개개인은 그것들을 어떻게 배치할지 그리고 언제 배치할지 스스로 결정해야 할 필요가 있다. 예를 들어, 가까운 장래에 우리는 우리 자신의 대변과 혈액 성분을 분석한 알고리즘을 통해 영양학적 조언을 받을지 결정해야 한다. 우리 몸의 세포는 특히 면역 체계와 관련해 자세히 조사될 것이고, 그 결과는 우리가 이런저런 특정한 문제를 일으키기 쉽다는 걸 보여줄 것이다. 그런 다음 우리는 다양한 예방 조치를 취할지 결정할 필요가 있다. 이보다 더 심각한 것은 명명된 어떤 위험에 처해 있다는 걸 아는 지식으로부터 우리의 자아의식이 바뀔 거라는 점이다.

머지않아 우리는 다른 사람들이 거의 확실히 예방 조치 등을 할 것이라는 지식을 바탕으로 우리의 인지 능력을 향상시킬 기회에 직면할 것이다. 확실히 이는 또한 우리의 자아의식에 변화를 줄 것이다. 왜냐하면 특히 약물이 일에서의 성공이나 교육적 성취에 영향을 미칠 수 있다면, 그 의미를 바꿀 것이기 때문이다. 또한 우리는 우울증을 완화하거나 어떤 식으로든 감정을 다독일 약물을 사용할지 결정할 필요가 있을 것이다. 그리고 이러한 결정이 우리 자신에게 충분히 어려운 게 아닌 것처럼, 우리는 아이들이 태어나기 전을 포함해 우리 아이들을 위해서도 선택을 해야 할 필요가 있을 것이다. 이 모든 딜레마는 우리 삶에 엄청난 영향을 미칠 테고, 우리 각자는 그것들을 탐색하기 위해 과학과 직접 접촉해야 할 것이다.

그럼에도 불구하고 심지어 지금도, 과학적 정보는 해시태그와 리트윗의 소란 속에서 고군분투하고 있다. 예를 들어, 누구를 믿어야 할지 불확실하고, 아마도 과학에서 당연한 것으로 여기는 권위에 회의적일 수 있는 부모는 그들의 자녀에게 예방 접종을 하도록 하는 충고를 거부할지도 모른다. 그래프와 데이터는 상황을 설명하는 데 도움을 줄 수 있지만, 과학이 작동하는 방식에 대한 더 깊은 이해도 필요하다. 과학적 아이디어, 특히 인체의 새로운 과학에 대한 광범위한 논의가 사회와 우리 개개인에게 이보다 더욱 중요한 적은 없었다.

이 모든 것을 함께 바라보면 또 다른 것 역시 명백해진다. 가즈오 이시구로(石黒一雄: 일본계 영국 작가—옮긴이)의 《파묻힌 거인(The Buried Giant)》(2015)에서는 신비로운 안개인 암용(she-dragon)의 숨결이 영국 마을에 내려와 사람들의 기억을 바꾼다. 즉, 그들이 누구인지, 그리고 그들이 서로 어떻게 관련되어 있는지에 대한 이해를 바꾼다. 실생활에서 이와 조금이라도 유사한 게 있다면, 그건 아마도 과학 지식의 확산일 것이다. 이시구로의 소설에서 한때 적이었던 사람들은 안개가 과거

사건에 대한 기억을 흐리게 할 때 서로 화해한다. 우리의 기본적 본성을 드러내고 우리가 누구이며 무엇인지를 밝히는 과학은 우리를 하나로 묶는 힘이기도 하다. 그러나 이시구로의 소설 속 용의 안개가 상실과 건망증을 가져왔다면, 과학적 지식은 우리 자신을 보는 새로운 방식을 열어줌으로써 정반대의 방식으로 도움을 준다.

과학은 종종 우리에게 정확성과 정밀함을 가져다주는 것으로 인식된다. 물론 과학은 여러 가지 방법으로 그렇게 한다. 그렇지 않으면 우리는 자동차나 아이폰을 갖지 못했을 것이다. 그러나 우리가 인체를 더 깊이 연구할수록 우리 자신이 그렇게 정밀하게 정의되지 않는다는 걸 더 많이 발견하게 된다. 우리는 근본적으로 역동적이고 가소적(외부의 힘에 의해 물체가 변형된 후, 그 힘이 없어져도 원래 상태로 돌아오지 않는 성질—옮긴이)이며 인간도 아닌 세포의 우주와 얽혀 있다. 거의 마법과 같다. 이러한 사실은 역사적으로 분열을 조장하고 독단적이었던 견해를 무효화시킨다. 예를 들어, 인종적 순수성은 말도 안 된다. 전 세계에 걸쳐 유전자 변이의 대략적인 지리적 분포가 있지만, 경계가 모호하고 모든 사람은 다른 모든 사람과 연관되어 있다. 은유가 아니라 사실이다. 과학은 이러한 인간의 다양성을 이해하고 제대로 인식하는 데 필수적이다. 그 다양성이 우리가 인식했던 것보다 훨씬 더 크고 심오하다는 사실이 점점 더 드러나고 있다.

그러나 과학이 우리를 이 새로운 시대로 인도함에 따라, 우리는 이런 지식과 그 적용이 전반적으로 새로운 세계 분열의 원천이 되지 않도록 주의해야 한다. (허세 부리듯 가능성만 많은 아이디어와 기회에 대한 설명으로) 이 책을 쓰면서, 세계의 많은 지역에 아직도 기본적인 위생 시설이 부족하다는 점이 계속 떠올랐다. 수십억 개의 세포가 함께 작용해 우리를 만드는 방법을 이해하는 것은 확실히 고귀한 탐구이며, 우리가 발견한 많은 게 인간 질병의 새로운 치유와 치료법으로 이어질 것이다. 하지만 우리는 의료에 대한 세계적 접근에서 문제를 보는 걸 놓칠 정도로 현혹당해서는 안 된다. 과학은 더 많은 것을 끊임없이 추구하지만 소수의 사람만을 위한 것이어서는 안 된다.

이 책 서두에서 나는 레오나르도 다빈치의 〈모나리자〉에 대해 생각하는 데는 많은 방법이 있다고 언급했다. 그러나 파리 루브르 박물관에 걸려 있는 실물은 놀라울 정도로 작다. 77×53센티미터의 작은 직사각형 안에 그 모든 소란이 담겨 있다. 우리 각자는 또한 측량할 수 없을 정도로 광대한 우주에서 점 하나보다 작은 존재이지만, 우리는 모두 받아들일 수 없는 정도의 장엄함을 지니고 있다. 우리 자신의 신체 내부를 여행하는 것은 우리가 시작한 모험 중 가장 위대하고, 가장 감동적이며, 아마도 가장 중요한 모험일 것이다.

감사의 글

나는 특히 이 책을 위해 인터뷰한 모든 분께 감사드린다. Eric Betzig, Moshe Biton, Paul Brehm, Ali Brivanlou, Martin Chalfie, Matthew Cobb, Sheena Cruickshank, Eran Elinav, Paula Garfield, Jerome de Groot, Muzlifah Haniffa, Leonore Herzenberg, Leroy Hood, Susan Kimber, Jack Kreindler, Jeff Lichtman, Jennifer Lippincott-Schwartz, Elizabeth Mann, Ashley Moffett, Werner Müller, Paul Norman, Luke O'Neill, Jordan Orange, Berenika Plusa, Jon Price, Aviv Regev, Andrew Sharkey, Sachi Shimomura, Elizabeth Simpson, Christoph Wülfing, Magdalena Zernicka-Goetz.

또한 특정 이슈를 해결하는 데 도움을 준 다른 많은 이들에게도 감사드린다. Murray Buchanan, George Church, Michael Dustin, John Hammer, Gareth Howell, Konrad Krzewski, Kathleen Nolan, Seth Scanlon, Santiago Zelenay. 아울러 이 책의 모든 텍스트와 초기 버전을 읽어준 이들에게도 매우 감사하다. Judith Allen, Moshe Biton, David Brough, Matthew Cobb, Andrew Doig, Eran Elinav, Khodor

Hazime, Matthew Hepworth, Gareth Howell, Viki Male, James Nicholls, Camille Rey, Karoliina Tuomela, Jonathan Worboys. 그리고 유익한 코멘트를 제공해준 익명의 동료 리뷰어에게도 고맙다. 말할 필요도 없이 이 책에 있는 어떤 오류든 나 혼자만의 책임이다. 또한 오랜 세월 동안 내 생각을 이끌어준 연구팀의 모든 구성원에게 감사를 표한다.

보들리 헤드(Bodley Head) 출판사의 편집자 윌 해먼드(Will Hammond)는 유난히 협조적이었고, 이 책의 세부 사항뿐만 아니라 전체적인 형태에 큰 영향을 끼쳤다. 내가 쓴 세 권의 책 모두에 온갖 면에서 엄청난 도움을 준 저작권 대리인 캐럴라인 하드먼(Caroline Hardman)에게도 깊은 감사를 드린다. 프린스턴 대학교 출판사의 앨리슨 칼렛(Alison Kalett)은 중요한 피드백과 논평을 해주었고, 크리스티 헨리(Christie Henry)는 이 책을 처음부터 응원해주었다. 이 둘에게 감사드린다. 그레이엄 코스터(Graham Coster)는 텍스트를 교열해주었고, 수많은 나날의 마지막까지 계속될 것 같았던 미주의 문제를 해결해주었다. 보들리 헤드의 로런 하워드(Lauren Howard)와 미아 퀴벨-스미스(Mia Quibell-Smith)에게도 이 책을 준비하고 출간하는 마지막 단계에 큰 도움을 준 데 대해 감사드린다.

다른 차원에서, 나의 부모님 매릴린(Marilyn)과 제럴드(Gerald) 그리고 우리 가족 모두의 지속적인 지원에 고마움을 전한다. 무엇보다도 이 여정을 함께 해주어서 나의 아내 케이티(Katie)와 우리의 아이들 브리오니(Briony)와 잭(Jack)에게 감사하다.

주

1 초고해상도 세포들

1. 진정한 현미경이 언제 어떻게 발명되었는지는 정확히 알 수 없다. 누가 현미경을 먼저 만들었는지 확신하기 어려운 한 가지 이유는 일단 아이디어가 나오면 빠르게 복사할 수 있기 때문이다. 최소한 각기 다른 네덜란드 기기 제조업체 네 곳이 현미경 생산에 대해 공식 인정을 받았다. 또한 물체를 시각적으로 확대하는 도구는 실제 현미경보다 오래전에 사용되었다. 사실, 인류가 작은 물체를 보기 위해 물로 가득 찬 구(sphere, 球)를 처음 사용한 이래로, 고대 그리스와 다른 곳에서 인류는 배율의 힘으로 도구를 사용하는 걸 즐겨왔다. 이에 대한 자세한 내용은 예를 들면 다음을 참조하라. Bardell, D., 'The Biologists' Forum: The invention of the microscope', *BIOS* 75 (2004), pp. 78-84.
2. 1660년부터 1669년까지 기록한 새뮤얼 피프스의 일기는 당시 런던의 일상을 엿볼 수 있는 중요한 통찰로 널리 인정받고 있다. 1665년 1월 21일 일기에는 다음과 같은 문구가 있다. "나는 잠자리에 들기 전에 내 방에서 2시까지 앉아 내가 읽은 책 중 가장 기발한 책인 훅 씨의 《현미경 관찰(Microscopical Observations)》을 읽었다."
3. 훅은 의도적으로 그의 미세한 관찰을 일상생활과 연결했다. 예를 들어, 이(louse) 자체를 단독으로 보여주는 게 아니라 사람의 머리카락에 달라붙어 있는 모습을 보여주었다.
4. 레이우엔훅은 1677년 자신의 발견에 대해 설명하는 편지를 왕립학회에 보냈다. 당시 그는 정자가 유전과 관련이 있는 게 아니라 일종의 동물이나 기생충이라고 생각했다. 나중에는 정자가 자손을 만드는 데 필수적이라고 생각했지만, 그것이 완전한

배아를 포함하고 있다고 잘못 생각했다. 정자와 난자 세포에 대한 현대적 견해가 등장하기 시작한 것은 1840년대에 세포 이론이 나온 후 얼마 지나지 않아서였다. 이에 대한 자세한 설명은 Cobb, M., *The Egg and Sperm Race* (Free Press, 2006)을 참고하라.

5. Lauterbach, M. A., 'Finding, defining and breaking the diffraction barrier in microscopy—a historical perspective', *Optical Nanoscopy* 1, (2012), 8.
6. 1873년에 발표된 아베의 유명한 논문은 현미경의 해상도가 빛의 파장에 의해 제한된다는 것을 명시적으로 언급해 유명해졌다. 하지만 다른 많은 과학자 또한 현미경이 근본적인 한계를 가지고 있다는 우리의 이해에 기여했다. 1874년 독일의 의사이자 과학자 헤르만 폰 헬름홀츠(Hermann von Helmholtz)는 아베와 같은 결론에 도달한 상세한 수학적 분석을 발표했다. 그는 아베의 연구에 대해 알기 전에 분석을 마쳤다고 말했다.
7. 전자현미경의 원리는 전자 빔이 빛을 대체한다는 점을 제외하고는 일반 광학현미경과 유사하다. 전자의 파장이 빛보다 훨씬 짧기 때문에 전자현미경에서 더 높은 해상도를 얻을 수 있다. 코일형 전자석 또는 솔레노이드는 유리 렌즈를 직통의 전자 빔으로 대체하고, 전자 빔은 광전자 증배관으로 감지된다.
8. Chang, K., 'Osamu Shimomura, 90, Dies; Won Nobel for Finding a Glowing Protein', *New York Times*, 24 October 2018.
9. Shimomura, O., 'The discovery of aequorin and green fluorescent protein', *Journal of Microscopy and Ultrastructure* 217 (2005), pp. 1-15.
10. 시모무라 사치와의 인터뷰(2019년 2월 18일).
11. Davenport, D. and Nicol, J. A. C., 'Luminescence in Hydromedusae', *Proceedings of the Royal Society of London*, Series B—Biological Sciences 144 (1955), pp. 399-411.
12. Olson, E. R., Martin, J. G., Anich, P. S. and Kohler, A. M., 'Ultraviolet fluorescence discovered in New World flying squirrels (Glaucomys)', *Journal of Mammology*, gyy177 (2019), https://doi.org/110.1093/jmammal/gyy1177.
13. 폴 브렘(Paul Brehm)과의 인터뷰(2019년 1월 28일).
14. 시모무라 사치와의 이메일 서신(2019년 2월 21일).
15. Shimomura, O., Shimomura, S. and Brinegar, J. H., *Luminous Pursuit: Jellyfish,*

GFP, and the Unforeseen Path to the Nobel Prize (World Scientific, Hackensack, New Jersey, 2017).

16. 위의 책.
17. 시모무라 사치와의 인터뷰(2019년 2월 18일).
18. Shimomura, O., Johnson, F. H. and Saiga, Y., 'Extraction, purification and properties of aequorin, a bioluminescent protein from the luminous hydromedusan, Aequorea', *Journal of Cellular and Comparative Physiology* 59 (1962), pp. 223-239. 이는 이 두 단백질에 대한 첫 번째 보고서였다. 논문의 강조점은 에쿼린(aequorin)이라는 칼슘에 민감한 단백질을 분리하는 것이었지만 녹색 단백질의 존재 또한 언급했다.
19. 다른 많은 과학자도 GFP의 분리와 도구 개발에 참여했다. 예를 들어, 하버드 대학교의 제임스 모린과 존 '우디' 헤이스팅스는 많은 발광 유기체와 단백질을 연구했으며, 이 논문에서 녹색 형광 단백질이라는 이름을 만들었다. Morin, J. G. and Hastings, J. W., 'Energy transfer in a bioluminescent system', *Journal of Cellular Physiology* 77 (1971), pp. 313-318.
20. 그 연설은 당시 터프츠 대학교의 신경생물학자 폴 브렘이 했다. 브렘은 GFP 분리 및 이해의 선구자 중 한 명인 제임스 모린 밑에서 해양 생물의 발광을 연구하는 박사 연구를 수행했다. 뉴욕 주립대학교에서 브렘은 또한 시모무라와 함께 밝게 빛나는 거미불가사리류 오피옵실라(*Ophiopsila*: 불가사리류와 밀접한 관련이 있는 동물의 일종—옮긴이)를 연구했다.
21. 이것은 예쁜꼬마선충(*C. elegans*)이었다. 챌피는 이 벌레를 연구한 최초의 신경생물학자 시드니 브레너와 함께 박사후연구원으로 일했다. 그는 이 작은 벌레가 접촉에 어떻게 반응할 수 있는지 이해하고 싶었고, 아마도 GFP가 동물의 어디에서 촉각 민감 유전자가 활성화해 있는지 보고할 수 있을 것이라고 생각했다.
22. 마틴 채플의 2008년 노벨상 강연. 마틴 채플은 2008년 12월 8일 스톡홀름 대학교의 아울라 마그나 강당에서 노벨상 강연을 했다. 온라인에서 이를 확인할 수 있다. https://www.nobelprize.org/prizes/chemistry/2008/chalfie/lecture.
23. Prasher, D. C., Eckenrode, V. K., Ward, W. W., Prendergast, F. G. and Cormier, M. J., 'Primary structure of the Aequorea victoria green-fluorescent protein', *Gene* 111 (1992), pp. 229-233.

24. 챌피의 연구실 대학원생 기아 유스커천과 연구실 기술자 유안 투(Yuan Tu)는 세균과 벌레에서 각각 GFP 유전자를 처음으로 발현시켜 녹색을 띠게 했다.
25. Chalfie, M., Tu, Y. and Prasher, D. C., 'Glow Worms—A New Method of Looking at C. elegans Gene Expression', *Worm Breeder's Gazette* 13 (1993), p. 19.
26. Chalfie, M., Tu, Y., Euskirchen, G., Ward, W. W. and Prasher, D. C., 'Green fluorescent protein as a marker for gene expression', *Science* 263 (1994), pp. 802-805.
27. 마틴 챌피와의 인터뷰(2019년 1월 21일).
28. 스크립스 해양연구소(Scripps Institution of Oceanography)의 프레더릭 츠지(Frederick Tsuji) 또한 1994년 챌피와 프래셔의 저명한 논문 발표 직후 세균에서 GFP가 발현될 수 있다고 썼다.
29. Bhattacharjee, Y., 'How bad luck and bad networking cost douglas prasher a nobel prize', *Discover*, April 2011.
30. Chang, K., 'Man who set stage for a nobel now lives a life outside science', *New York Times*, 16 October 2008.
31. 마틴 챌피와의 이메일 서신(2019년 1월 26일).
32. Zimmer, M., *Illuminating Disease: An Introduction to Green Fluorescent Proteins* (Oxford University Press, 2015).
33. Sherwell, P., 'The scientist, the jellyfish protein and the Nobel Prize that got away', *Telegraph*, 11 October 2008.
34. Chang, 'Osamu Shimomura, 90, Dies …', 앞의 신문.
35. 에릭 베치그와의 인터뷰(2019년 2월 6일).
36. 사실 많은 과학적 이야기와 마찬가지로 레이저의 발명은 매우 복잡하다. 예를 들어, Nick Taylor, *Laser: The Inventor, the Nobel Laureate, and the Thirty-year Patent War* (Simon and Schuster, New York, 2000) 참조. 1964년 노벨 물리학상은 레이저의 발명과 관련 연구로 찰스 타운스(Charles Townes), 니콜라이 바소프(Nicolay Basov), 알렉산드르 프로호로프(Aleksandr Prokhorov)가 받았다. 그러나 시어도어 메이먼(Theodore Maiman)과 고든 굴드(Gordon Gould)를 비롯한 다른 이들도 레이저 발명의 공로를 인정받는다. 특허를 둘러싼 싸움은 약 30년 동

안 지속되었으며, 레이저의 발견은 법적으로 가장 논쟁의 여지가 있는 과학적 발명 중 하나가 되었다.

37. Betzig, E., 'Proposed method for molecular optical imaging', *Optics Letters* 20 (1995), pp. 237-239.
38. 에릭 베치그의 2014년 노벨상 강연. 에릭 베치그는 2014년 12월 8일, 스톡홀름 대학교 아울라 마그나 강당에서 노벨상 강연을 했다. 온라인에서 이를 확인할 수 있다. https://www.nobelprize.org/prizes/chemistry/2014/betzig/lecture/.
39. 위의 강연.
40. 위의 강연.
41. 에릭 베치그와의 이메일 서신(2019년 2월 6일).
42. 에릭 베치그와의 인터뷰(2019년 2월 6일).
43. 헤스의 거실에 있는 집에서 만든 현미경은 에릭 베치그의 노벨상 강연에서 볼 수 있다.
44. Patterson, G. H. and Lippincott-Schwartz, J. A., 'Photoactivatable GFP for selective photolabeling of proteins and cells', *Science* 297 (2002), pp. 1873-1877.
45. 베치그가 기꺼이 인정하는 바와 같이, 그 이전에 아베의 법칙을 능가하는 도구를 개발한 다른 사람들이 있었다. 예를 들어, 에릭 애시〔우연히 홀로그래피의 발명가 데니스 가보(Dennis Gabor)와 함께 박사과정을 수행함〕는 아베의 법칙에 의해 부과된 한계보다 훨씬 낮은 해상도를 달성한 근접장 주사현미경(scanning near-field microscopy)을 개발했다. 이러한 유형의 현미경이 가능하도록 하는 배경 이론은 아일랜드 과학자 에드워드 싱(Edward Synge)에 의해 1928년 출판되었다. 수십 년 후인 1972년 애시는 3센티미터 마이크로파를 사용해 그 개념을 시연했다(Ash, E. A. and Nicholls, G., 'Super-resolution aperture scanning microscope', *Nature* 237 (1972), pp. 510-512). 베치그와 다른 사람들은 애시의 작업을 기반으로 오늘날에도 널리 사용하는 방법을 개발했다. 그러나 결정적으로 이러한 유형의 현미경은 예외적으로 얇은 깊이의 샘플만, 예를 들어 세포의 최상부 표면만 조사할 수 있다. 이 기술에 대한 좌절감과 벨 연구소에서 일하며 기초 과학이 예전보다 덜 평가받을 거라고 느꼈기 때문에 베치그는 잠시 과학 연구를 그만두었다.
46. 제니퍼 리핀콧-슈워츠의 연구실에 일했던 조지 패터슨은 광활성화 가능한 GFP를

만들었다. 그는 세포 내부의 다른 구획 사이에서 단백질의 움직임을 연구하길 원했기 때문에 이를 개발했다. 그는 만약 세포의 한 구획에서 GFP의 녹색빛을 활성화할 수 있다면, 그 단백질이 세포 내부로 이동한 다른 곳을 추적할 수 있다는 것을 깨달았다. 그들은 베치그를 만나기 전까지 이 버전의 GFP가 초고해상도 현미경을 가능하게 할 수 있다는 걸 알지는 못했다.

47. 제니퍼 리핀콧-슈워츠와의 인터뷰(2019년 3월 5일).
48. 위의 인터뷰.
49. Betzig, E. et al., 'Imaging intracellular fluorescent proteins at nanometer resolution', *Science* 313 (2006), pp. 1642-5.
50. 2014년 베치그의 노벨상 강연. 앞의 강연.
51. Rust, M. J., Bates, M. and Zhuang, X., 'Sub-diffraction-limit imaging by stochastic optical reconstruction icroscopy (STORM)', *Nature Methods* 3 (2006), pp. 793-795.
52. 장샤오웨이의 공식 논문은 2006년 8월 9일에 먼저 출판되었으며, 하루 뒤에 베치그와 헤스의 논문이 나왔다. 베치그와 헤스는 2006년 4월 미국 국립보건원에서 열린 회의를 통해 처음으로 연구 결과를 발표했지만 동료 검토 프로세스에 시간이 좀 걸렸다. 한 리뷰어는 그들의 새로운 현미경 이미지를 전자현미경으로 촬영한 동일한 샘플과 특별히 연관시킬 것을 요청했는데, 이는 기술적으로 매우 어려운 일이다. 장샤오웨이의 전체 프로필은 다음에 나와 있다. Vilcek, J. and Nair, P., *Proceedings of the National Academy of Science of the USA*, 117 (2020), pp. 9660-9664.
53. Hess, S. T., Girirajan, T. P. and Mason, M. D., 'Ultra-high resolution imaging by fluorescence photoactivation localization microscopy', *Biophysical Journal* 91 (2006), pp. 4258-4272.
54. 슈테판 W. 헬의 전기. NobelPrize.org. Nobel Media AB 2014. Available at https://www.nobelprize.org/prizes/chemistry/2014/hell/biographical/.
55. 슈테판 헬의 가장 유명한 혁신의 디딤돌은 1994년 에른스트 슈텔처(Ernst Stelzer)와 함께 작업하면서 성공적으로 시연한 4Pi 현미경의 개발이었다. 이 현미경은 샘플 양쪽에 있는 2개의 대물렌즈를 사용해 현미경의 축방향 해상도를 향상시킨다.
56. 튜브 모양의 레이저 빔을 만드는 방법에는 여러 가지가 있다. 실제로, 이 방법은

종종 특수 유리판을 통해 레이저 빛을 전달하는 것을 포함한다. 이 작동 방식에 대한 세부 사항은 복잡하며, 실제로 어떤 방법이 초고해상도 현미경에 가장 적합한지 테스트하는 많은 연구 논문이 있다.

57. 여기에 당신이 생각했을지도 모르는 미묘함이 있다. 아베의 법칙에 따르면 예리한 빛의 고리도 흐려진다. 이것은 사실이지만, 실제로는 도넛 모양의 레이저 강도(및 다른 요인)를 조절해 첫 번째 레이저가 부딪히는 곳 바깥쪽 가장자리에서 거의 모든 분자가 비활성화하도록 할 수 있다. 이 기술을 향상시키는 몇 가지 변형도 있다. 한 가지 일반적인 접근 방식은 '문이 있는(gated) STED'라고 부른다. 이 설정에서는 짧은 지연 후에 빛이 수집되므로 외부 가장자리 분자가 어두워질 시간이 있는지 확인하는 데 유용하다.

58. Hell, S. W. and Wichmann, J., 'Breaking the diffraction resolution limit by stimulated emission: stimulated-emission-depletion fluorescence microscopy', *Optical Letters* 19 (1994), pp. 780-782.

59. Klar, T. A., Jakobs, S., Dyba, M., Egner, A. and Hell, S. W., 'Fluorescence microscopy with diffraction resolution barrier broken by stimulated emission', *Proceedings of the National Academy of Sciences of the USA* 97 (2000), pp. 8206-8210.

60. Lippincott-Schwartz, J., 'Profile of Eric Betzig, Stefan Hell, and W. E. Moerner, 2014 Nobel Laureates in Chemistry', *Proceedings of the National Academy of Sciences of the USA* 112 (2015), pp. 2630-2632.

61. Dickson, R. M., Cubitt, A. B., Tsien, R. Y. and Moerner, W. E., 'On/off blinking and switching behaviour of single molecules of green fluorescent protein', *Nature* 388 (1997), pp. 355-358.

62. 또 다른 초고해상도 기술은 노벨상에서 직접 인정받지는 않았지만 널리 쓰이고 있다. 이 기술은 위치와 방향이 여러 번 바뀌는 미세한 빛 줄무늬로 샘플을 비추는 것과 관련이 있어 컴퓨터 계산으로 고해상도 정보를 추출할 수 있다. SIM(structured illumination microscopy)이라 부르는 이 방법은 아베의 법칙을 능가하지만 베치그와 헬 및 그들의 동료들이 개발한 기술과 비교하면 미미하다. 그러나 SIM의 장점은 빠르고 살아 있는 세포를 장기간 촬영하는 데 적합하다는 것이다. 마츠 구스타프손(Mats Gustafsson)은 SIM 현미경을 발명했지만 안타깝게도 2011년 51세의

나이에 뇌암으로 사망했다. 베치그는 "그는 많은 논문을 쓰지 않았지만, 그가 쓴 모든 논문은 SIM 현미경에 대한 경전이었다"〔*Nature Methods* 8 (2011), p. 439〕라고 썼다.
63. 2014년 베치그의 노벨상 강연, 앞의 강연.
64. 에릭 베치그와의 인터뷰(2019년 2월 6일).
65. Dreifus, C., 'Life Over the Microscope', *New York Times*, 1 September 2015.
66. 여기에 나오는 얘기는 그가 그날 연설에서 한 말을 반영한 것으로, 그의 강의 공식 녹취록과는 아주 조금 다르다. 강의는 다음에서 확인할 수 있다. https://www.nobelprize.org/prizes/chemistry/2014/betzig/lecture/.
67. 대식세포(macrophages)가 세균을 파괴하는 데 효율적이지 않다는 사실을 포함해 케디악-히가시증후군 환자의 면역 체계에는 또 다른 문제가 있다.
68. Gil-Krzewska, A. et al., 'An actin cytoskeletal barrier inhibits lytic granule release from natural killer cells in patients with Chediak-Higashi syndrome', *Journal of Allergy and Clinical Immunology* 142 (2018), pp. 914-927.
69. Brynner, R. and Stephens, T., *Dark Remedy: The Impact of Thalidomide and its Rival as a Vital Medicine* (Basic Books, 2001).
70. Lagrue, K., Carisey, A., Morgan, D. J., Chopra, R. and Davis, D. M., 'Lenalidomide augments actin remodeling and lowers NK-cell activation thresholds', *Blood* 126 (2015), pp. 50-60.
71. 이 특별한 이야기를 강조하긴 하지만, 물론 나는 지금까지 내 연구실에서 일한 63명의 박사과정 학생과 박사후연구원 모두에게 큰 빚을 지고 있다. 매주 열리는 연구실 회의 때마다 아이디어가 집단적으로 우리 사이를 오가며, 우리 각자는 여러 가지 방식으로 다른 사람들의 영향을 받는다.
72. 제니퍼 리핀콧-슈워츠와의 인터뷰, 앞의 인터뷰.
73. Hirschberg, K. et al., 'Kinetic analysis of secretory protein traffic and characterisation of golgi to plasma embrane transport intermediates in living cells', *Journal of Cellular Biology* 143 (1998), pp. 1485-1503.
74. '현미경학자들이 제니퍼 리핀콧-슈워츠를 인터뷰한다'(하워드 휴스 의학연구소). 인터뷰는 피터 오툴(Peter O'Toole)이 2020년 8월 27일 진행했다. 온라인에서 확인할 수 있다. https://www.youtube.com/watch?v=XiofXaNnMZQ.

75. Nixon-Abell, J. et al., 'Increased spatiotemporal resolution reveals highly dynamic dense tubular matrices in the peripheral ER', *Science* 354 (2016), aaf3928.
76. Xu, K., Zhong, G. and Zhuang, X., 'Actin, spectrin, and associated proteins form a periodic cytoskeletal structure in axons', *Science* 339 (2013), pp. 452-456.
77. 2018년 11월 5일, UC버클리 대학교에서 열린 장샤오웨이의 획기적 연구 수상 심포지엄 연설(Breakthrough Prize Symposium talk)에서 그녀는 직접적으로 질문을 받았다. 왜 이전에는 전자현미경을 활용해 이런 구조를 그 누구도 보지 못했는지에 대해 말이다. 그녀는 고리를 구성하는 단백질의 얼룩을 돕기 위해 쓰이는 세제가 그것의 구조를 방해하기 때문이라고 생각한다고 대답했다. 그녀의 연설은 온라인에서 확인할 수 있다. https://www.youtube.com/watch?v=KmIaUQa-QyQ.
78. Sigal, Y. M., Zhou, R. and Zhuang, X., 'Visualising and discovering cellular structures with super-resolution microscopy', *Science* 361 (2018), pp. 880-887.
79. 이 발견은 수익성이 있는 것으로 밝혀졌다. 2019년 장샤오웨이는 '초고해상도 이미징(imaging)을 개발해 세포의 숨겨진 구조를 발견'한 공로로 300만 달러 상당의 생명과학혁신상을 수상했다. 이 상은 구글, 페이스북 등의 기업이 후원하고 있다.
80. Harding, C. V., Heuser, J. E. and Stahl, P. D., 'Exosomes: looking back three decades and into the future', *Journal of Cell Biology* 200 (2013), pp. 367-371.
81. Raposo, G. et al., 'B lymphocytes secrete antigen-presenting vesicles', *Journal of Experimental Medicine* 183 (1996), pp. 1161-1172.
82. Valadi, H. et al., 'Exosome-mediated transfer of mRNAs and microRNAs is a novel mechanism of genetic exchange between cells', *Nature Cell Biology* 9 (2007), pp. 654-659.
83. Davis, D. M., 'Intercellular transfer of cell-surface proteins is common and can affect many stages of an immune response', *Nature Reviews Immunology* 7 (2007), pp. 238-243.
84. van Herwijnen, M. J. et al., 'Comprehensive Proteomic Analysis of Human Milk-derived Extracellular Vesicles Unveils a Novel Functional Proteome

Distinct from Other Milk Components', *Molecular and Cellular Proteomics* 15 (2016), pp. 3412-3423.

85. Boulanger, C. M., Loyer, X., Rautou, P. E. and Amabile, N., 'Extracellular vesicles in coronary artery disease', *Nature Reviews Cardiology* 14 (2017), pp. 259-272.

86. Hoshino, A. et al., 'Tumour exosome integrins determine organotropic metastasis', *Nature* 527 (2015), pp. 329-335.

2 인간의 시작

1. Knight, K., 'Does my son prove babies with gene defects can cure themselves in the womb?' *Daily Mail*, 7 April 2016.
2. 마그달레나 제르니츠카-고에트스와의 인터뷰(2019년 4월 11일).
3. Vogel, G., 'Pushing the limit', *Science* 354 (2016), pp. 404-407.
4. 2019년 4월 제르니츠카-고에트스가 나에게 말하길, 타르코프스키는 박사과정 학생을 일반 연구실처럼 그렇게 받아들이지 않았다고 한다. 오히려 타르코프스키는 학생들을 단순히 그의 연구실에서 작업하도록 했다. 제르니츠카-고에트스는 두 가지 다른 설치류, 즉 실험용 쥐와 제방 들쥐 혹은 쥐와 쥐 사이의 구성 요소로 배아 만드는 작업을 맡았다. 이 작업은 끝을 맺지 못했다. 그녀는 배아세포의 핵은 다른 종 배아세포의 세포질에서 생존할 수 없다는 것을 발견했다. 제르니츠카-고에트스가 팔이 부러져 당분간 실험을 하지 못하게 됐을 때, 그녀는 타르코프스키에게 박사 학위 논문을 써도 되는지 물었고, 그는 그렇게 하라고 말했다.
5. Evans, M. J. and Kaufman, M. H., 'Establishment in culture of pluripotential cells from mouse embryos', *Nature* 292 (1981), pp. 154-156.
6. 1981년 12월, 샌프란시스코에 있는 캘리포니아 대학교의 게일 마틴(Gail Martin) 또한 배아줄기세포를 분리해 배양하는 방법을 발표했다.
7. 에번스는 배아줄기세포가 유전적으로 변형될 수 있다는 것을 증명했다. 그는 그렇게 변형된 세포를 실험용 쥐 배아에 다시 적용해 새로운 유전 물질을 가진 동물이 태어날 수 있다는 걸 보여주었다. 이게 바로 에번스가 2007년 노벨상을 수상하는 데 인용된 주요 성과였다.

8. 2007년 마틴 에번스의 노벨상 수상 강연. 마틴 J. 에번스 경이 스웨덴 카롤린스카 연구소(Karolinska Institutet)에서 2007년 12월 7일 행한 노벨상 수상 강연. 온라인에서 확인 가능하다. https://www.nobelprize.org/prizes/medicine/2007/evans/lecture/.
9. 이 배아들은 실험실 쥐의 자궁에 이식되어 건강한 새끼로 성장했는데, 녹색으로 빛나는 해파리 단백질이 정상적인 발달을 방해하지 않는다는 것을 보여준다.
10. Zernicka-Goetz, M. et al., 'Following cell fate in the living mouse embryo', *Development* 124 (1997), pp. 1133-1137.
11. Piotrowska-Nitsche, K. and Zernicka-Goetz, M., 'Spatial arrangement of individual 4-cell stage blastomeres and the order in which they are generated correlate with blastocyst pattern in the mouse embryo', *Mechanisms of Development* 122 (2005), pp. 487-500.
12. Tarkowski, A. K., 'Experiments on the development of isolated blastomers of mouse eggs', *Nature* 184 (1959), pp. 1286-1287.
13. Vogel, G., 'Embryology. Embryologists polarized over early cell fate determination', *Science* 308 (2005), pp. 782-783.
14. Zernicka-Goetz, M., 'Cleavage pattern and emerging asymmetry of the mouse embryo', *Nature Reviews olecular Cell Biology* 6 (2005), pp. 919-928.
15. 마그달레나 제르니츠카-고에트스는 스탠퍼드 대학교에서 열린 2016 차일드엑스(Childx) 심포지엄에서 소아 및 산모 건강에 대해 연설했다. 그녀의 강연은 온라인에서 확인 가능하다. https://www.youtube.com/watch?v=7cZhuXTvfis.
16. 위의 강연.
17. Zhang, H. T. and Hiiragi, T., 'Symmetry Breaking in the Mammalian Embryo', *Annual Review of Cell and Developmental Biology* 34 (2018), pp. 405-426.
18. 이는 제르니츠카-고에트스를 비롯한 다른 연구실에서, 각 세포에서 유전자 활동의 특정 프로필이 활성화해 있음을 보여줌으로써 입증되었다. 함께 발표된 두 논문에서 이러한 결과를 알렸다. White, M. D. et al., 'Long-Lived Binding of Sox2 to DNA Predicts Cell Fate in the Four-Cell Mouse Embryo', *Cell* 165 (2016), pp. 75-87; and Goolam, M., et al., 'Heterogeneity in Oct4 and Sox2 Targets Biases Cell Fate in 4-Cell Mouse Embryos', 위의 저널, pp. 61-74.

19. 2017년 5월 29일 월요일, 헤이 페스티벌(Hay Festival: 영국의 문학 축제—옮긴이) 중 마그달레나 제르니츠카-고에트스는 (내가 의장을 맡은) 강연 '생명의 시작—과학은 얼마나 멀리 나아가야 하나?'에서 이렇게 회상했다.
20. 그녀의 실험실 팀은 다음과 같이 비정상적인 세포를 포함한 배아를 만들었다. 그들은 처음에 완전히 결함 있는 배아를 생산하기 위해 약물을 사용했다. 그런 다음 이 배아에서 분리된 비정상 세포를 건강한 배아의 다른 세포와 결합해 모자이크 배아를 만들었다.
21. Bolton, H. et al., 'Mouse model of chromosome mosaicism reveals lineage-specific depletion of aneuploid cells and normal developmental potential', *Nature Communications* 7 (2016), 11165.
22. Loke, Y. W., *Life's Vital Link: The Astonishing Role of the Placenta* (Oxford University Press, 2013).
23. Vestre, K., *The Making of You: A Journey from Cell to Human* (Profile Books, Wellcome Collection, 2019).
24. Yutkey, K. E. and Kirby, M. L., 'Wherefore heart thou? Embryonic origins of cardiogenic mesoderm', *Developmental Dynamics* 223 (2002), pp. 307-320.
25. Yamaguchi, Y. and Yamada, S., 'The Kyoto Collection of Human Embryos and Fetuses: History and Recent Advancements in Modern Methods', *Cells Tissues Organs* 205 (2018), pp. 314-319.
26. Leeton, J., 'The early history of IVF in Australia and its contribution to the world (1970-1990)', *Australian and New Zealand Journal of Obstetrics and Gynaecology* 44 (2004), pp. 495-501.
27. Edwards, R. and Steptoe, P., *A Matter of Life: The Story of a Medical Breakthrough* (Hutchinson, 1980).
28. 위의 책.
29. 2018년 7월 9일 발행된 코니 오바치(Connie Orbach)의 런던 과학박물관 블로그의 글 '진 퍼디, 잊힌 체외수정의 개척자'는 온라인에서 확인할 수 있다. https://blog.sciencemuseum.org.uk/jean-purdy-the-forgotten-ivf-pioneer/.
30. Brown, L., *My Life as the World's First Test-tube Baby* (Bristol Books CIC, Bristol, 2015).

31. 이 엄청난 성과는 수년간의 노력을 바탕으로 이루어졌다. 예를 들어, 1969년 보고된 첫 번째 단계, 즉 실험실 접시에 담긴 인간 정자와 인간 난자의 수정은 알려진 것보다 쉽지 않은 위업이었다. 가령 난소 생체 검사에서 인간 난자의 공급원을 요구하고, 정자를 활성화하거나 '촉진'시키는 조건을 찾는 것 등이 어려웠다. 후자는 약한 알칼리성 환경을 필요로 하는 것으로 판명되었다. 이에 대한 내용은 다음에 발표되었다. Edwards, R. G., Bavister, B. D. and Steptoe, P. C., 'Early stages of fertilisation in vitro of human oocytes matured in vitro', *Nature* 221 (1969), pp. 632-635. 예를 들어, 하버드 대학교의 존 록(John Rock)과 컬럼비아 대학교의 랜드럼 셰틀스(Landrum Shettles)에 의해 실험실 접시에 담긴 인간 난자와 정자 사이의 수정이 이루어졌다는 이전 발표가 몇 건 있었지만, 그러한 주장은 신뢰할 수 없거나 적어도 명확하게 입증되지 않았다.
32. Rorvik, D., 'The embryo sweepstakes: The winner will be a brave new baby conceived in a test-tube and then planted in a womb', *New York Times*, 15 September 1974.
33. Edwards and Steptoe, *A Matter of Life*, 앞의 책.
34. Johnson, M. H., Franklin, S. B., Cottingham, M. and Hopwood, N., 'Why the Medical Research Council refused Robert Edwards and Patrick Steptoe support for research on human conception in 1971', *Human Reproduction* 25 (2010), pp. 2157-2174.
35. Faddy, M. J., Gosden, M. D. and Gosden, R. G., 'A demographic projection of the contribution of assisted reproductive technologies to world population growth', *Reproductive Biomedicine Online* 36 (2018), pp. 455-458.
36. Shahbazi, M. N. et al., 'Self-organisation of the human embryo in the absence of maternal tissues', *Nature Cell Biology* 18 (2016), pp. 700-708.
37. 이 보고서는 공식적으로 '인간 수정 및 발생학 조사위원회 보고서'로 알려져 있다. 이 보고서는 1984년 출판되었는데, 1978년에 나온 구어체의 '워녹 보고서'와 혼동해선 안 된다. 후자의 공식 명칭은 '장애 아동 및 청소년 교육조사위원회 보고서'다. 1978년 워녹 보고서는 또한 선구적이고 엄청난 영향력을 행사해 교육 통합을 위한 법안을 만들고 장애를 다루는 사회의 방식을 변화시켰다.
38. Hyun, I., Wilkerson, A. and Johnston, J., 'Embryology policy: Revisit the 14-

day rule', *Nature* 533 (2016), pp. 169-171.

39. Ditum, S., 'Public intellectuals have never been more vital. Let Mary Warnock be a guide', *Guardian*, 24 March 2019.

40. Warnock, M., *A Memoir: People and Places* (Duckworth, 2000).

41. Hurlbut, J. B, et al., 'Revisiting the Warnock rule', *Nature Biotechnology* 35 (2017), pp. 1029-1042.

42. Neaves, W., 'The status of the human embryo in various religions', *Development* 144 (2017), pp. 2541-2543.

43. 분명히 하자면, 이것은 종교에 대한 경시가 아니다. 문화적 관점이 과학적, 의학적 견해에 지대한 영향을 미친 사례는 무수히 많다. 또 다른 예를 들어 Guy Leschziner는 *The Nocturnal Brain: Nightmares, Neuroscience and Secret World of Sleep* (Simon and Schuster, 2019)에서 히스테리의 감정적 문제는 한때 남성 중심의 의료 전문가들에 의해 자궁이 정상 위치에서 이동함으로써 발생하는 여성들 특유의 상태로 간주되었다고 설명한다.

44. 현행 규칙과 법률에 대한 논의를 재개하는 것은 체외수정 치료에도 부정적 결과를 초래할 수 있다. 이론의 여지는 있지만, 1980년대에는 오늘날보다 도덕적인 문제에 대해 공손하게 토론하는 것이 더 쉬웠다고 할 수 있다. 워녹은 2017년 〈네이처 바이오테크놀로지〉와의 인터뷰에서 "트위터와 이메일 시대에 우리 위원회가 대중과 소통하지 않은 것에 진심으로 감사드린다"고 말했다.

45. Appleby, J. B. and Bredenoord, A. L., 'Should the 14-day rule for embryo research become the 28-day rule?' *MBO Molecular Medicine* 10 (2018), e9437.

46. Yan, W., 'An interview with Magdalena Zernicka-Goetz', *Biology of Reproduction* 96 (2017), pp. 503-504.

47. Morris, S. A. et al., 'Dynamics of anterior-posterior axis formation in the developing mouse embryo', *Nature Communications* 3 (2012), p. 673.

48. Zernicka-Goetz, M. and Highfield, R., *The Dance of Life: Symmetry, Cells and How We Become Human* (W. H. Allen, 2020).

49. Deglincerti, A, et al., 'Self-organisation of the in vitro attached human embryo', *Nature* 533 (2016), pp. 251-254.

50. 알리 브리반루와의 인터뷰(2019년 6월 24일).

51. 위의 인터뷰.

52. 위의 인터뷰.

53. 위의 인터뷰.

54. Chronopoulou, E. and Harper, J. C., 'IVF culture media: past, present and future', *Human Reproduction Update* 21 (2015), pp. 39-55.

55. Sunde, A. et al., 'Time to take human embryo culture seriously', *Human Reproduction* 31 (2016), pp. 2174-2182.

56. Swain, J. E. et al., 'Optimizing the culture environment and embryo manipulation to help maintain embryo developmental potential', *Fertility and Sterility* 105 (2016), pp. 571-587.

57. Khosravi, P. et al., 'Deep learning enables robust assessment and selection of human blastocysts after in vitro fertilisation', *npj Digital Medicine* 2 (2019), 21.

58. Hannah Fry는 *Hello World: How to Human in the Age of the Machine* (Doubleday, 2018)에서 기계 학습 알고리즘에 대한 주의 사항을 설명한다. 기계가 문제를 해결하기 위한 자체 경로를 학습하면, 해답에 도달하는 방법을 이해하기가 쉽지 않을 수 있다. 예를 들어, 한 이미지 인식 알고리즘은 픽셀들의 흐릿한 집합(fuzzy set)을 자동차였다라고 주장할 수 있는데, 한 픽셀이 변경되고 나서는 그것이 개라고 주장할 것이다. 우리가 쉽게 이해할 수 없는 방식으로 문제를 해결하는 알고리즘에 의존하는 것은 힘든 일이다.

59. Capalbo, A. et al., 'Implementing PGD/PGD-A in IVF clinics: considerations for the best laboratory approach and management', *Journal of Assisted Reproduction and Genetics* 33 (2016), pp. 1279-1286.

60. 독립적이지만 정부를 대표해 일하는 영국 규제 당국의 승인을 받아 PGD가 선별할 수 있는 유전자 변형 목록은 다음에서 확인할 수 있다. https://www.hfea.gov.uk/pgt-m-conditions/.

61. de Melo-Martín, I., 'The challenge for medical ethicists: Weighing pros and cons of advanced reproductive technologies to screen human embryos during IVF', *Human Embryos and Preimplantation Genetic Technologies* (eds Sills, E. S. and Palermo, G. D.) pp. 1-10 (Academic Press, 2019).

62. Davis, D. M., *The Compatibility Gene* (Penguin, UK; Oxford University Press,

USA, 2013).

63. Solomon, A., *Far from the Tree: Parents, Children and the Search for Identity* (Chatto and Windus, 2013).

64. 폴라 가필드와의 인터뷰(2019년 1월 20일).

65. Hinsliff, G. and McKie, R., 'This couple want a deaf child. Should we try to stop them?' *Observer*, 9 March 2008.

66. 폴라 가필드와의 인터뷰, 앞의 인터뷰.

67. Savulescu, J., 'Education and debate: Deaf lesbians, "designer disability" and the future of medicine', *British Medical Journal* 325 (2002), pp. 771-773.

68. 폴라 가필드와의 인터뷰, 앞의 인터뷰.

69. Savulescu, 'Education and debate …', 앞의 논문.

70. Lovell-Badge, R., 'CRISPR babies: a view from the centre of the storm', *Development* 146 (2019), dev175778.

71. Doudna, J. and Sternberg, S., *A Crack in Creation: The New Power to Control Evolution* (The Bodley Head, 2017).

72. 2019년 10월 7일, 캘리포니아 스크립스 해양연구소에서 녹음한 제니퍼 다우드나의 2019 니렌버그 공익과학상 수상 강연 '유전자가위 기술과 함께 미래로'는 온라인에서 확인할 수 있다. https://www.youtube.com/watch?v=cUe-cOgpDDw.

73. Doudna, J. and Sternberg, S., *A Crack in Creation*, 앞의 책.

74. Abbott, A., 'The quiet revolutionary: How the co-discovery of CRISPR explosively changed Emmanuelle Charpentier's life', *Nature* 532 (2016), pp. 432-434.

75. Lander, E. S., 'The Heroes of CRISPR', *Cell* 164 (2016), pp. 18-28.

76. Liang, P. et al., 'CRISPR/Cas9-mediated gene editing in human tripronuclear zygotes', *Protein and Cell* 6 (2015), pp. 363-372.

77. 임상시험등록부에 따르면 선전허메이여성소아과병원(Harmonicare Shenzhen Women and Children's Hospital, 深圳和美婦儿科医院) 윤리위원회는 '인간 배아 CCR 5 유전자를 이용한 유전자 편집의 안전성 및 유효성 평가' 연구를 승인했다. 이는 나중에 "최초 신청자의 사유로 철회된 경우, 인간 배아에서 HIV 면역 유전자 CCR 5 유전자 편집의 안전성 및 유효성 평가 검토를 위한 개별 참여자 데이터를 제공할 수 없다"는 이유로 파기되었다.

78. Regalado, A., 'EXCLUSIVE: Chinese scientists are creating CRISPR babies', *MIT Technology Review*, 25 November 2019.
79. 이 5개의 동영상은 유튜브에서 볼 수 있다. https://www.youtube.com/channel/UCn_Elifynj3LrubPKHXecwQ.
80. 2019년 6월 22일, 애스펀 아이디어 축제(Aspen Ideas Festival)의 패널 토론에서 나는 줄기세포생물학 교수이자 '광저우 생물의학 및 건강 연구소'의 학장인 페이돤칭(裴端卿) 박사에게 유전자 편집 쌍둥이가 존재하는지 여부를 물었다. 그는 아직 모른다며 본격적인 조사 결과를 기다려야 한다고 답했다. 관련 세션은 온라인으로 볼 수 있다. https://www.youtube.com/watch?v=NDvgS8J5Gx8.
81. Lovell-Badge, 'CRISPR babies …', 앞의 논문.
82. Belluck, P., 'Gene-Edited Babies: What a Chinese Scientist Told an American Mentor', *New York Times*, 14 April 2019.
83. Cohen, J., '"I feel an obligation to be balanced." Noted biologist comes to defense of gene editing babies', *Science*. 온라인에서 이를 확인할 수 있다. https://www.science.org/content/article/i-feel-obligation-be-balanced-noted-biologist-comes-defense-gene-editing-babies (28 November 2018).
84. 이것은 (허젠쿠이의 작업에 대한 다른 세부 사항과 함께) 오스트레일리아 라디오 공영방송의 〈나타샤 미첼과 함께〉에서 다룬 'CRISPR 유전자 편집 아기와 그 아기를 만든 의사—무슨 일이 일어났나요?'라는 공상과학 이야기에 나와 있다. 온라인에서 이를 확인할 수 있다. https://www.abc.net.au/radionational/programs/sciencefriction/crispr-babies-what-happened-next/11163052
85. Lovell-Badge, 'CRISPR babies …', 앞의 논문.
86. Johnson, M. H. and Elder, K., 'The Oldham Notebooks: an analysis of the development of IVF 1969-1978. IV. Ethical aspects', *Reproductive Biomedicine and Society Online* 1 (2015), pp. 34-45.
87. Brown, L., Brown, J. and Freeman, S., *Our Miracle Called Louise* (Paddington Press, 1979).
88. Wie, D., 'Gene Scientist Fired by College as China Says He Broke the Law', *Bloomberg*, 22 January 2019.
89. Cyranoski, D., 'What CRISPR-baby prison sentences mean for research',

Nature 577 (2020), pp. 154-155.

3 치유를 위한 힘

1. Herzenberg, L. A. and Herzenberg, L. A., 'Genetics, FACS, immunology, and redox: a tale of two lives intertwined', *Annual Review of Immunology* 22 (2004), pp. 1-31.
2. Herzenberg, L. A., Herzenberg, L. A. and Roederer, M., 'A conversation with Leonard and Leonore Herzenberg', *Annual Review of Physiology* 76 (2014), pp. 1-20.
3. 위의 논문.
4. Herzenberg, L. A., 'The more we learn'. 온라인에서 볼 수 있다. https://www.kyotoprize.org/wp/wp-content/uploads/2016/02/22kA_lct_EN.pdf. *Kyoto Prize acceptance speech* (2006).
5. 리는 비교적 큰 유대인 이민자 커뮤니티가 있는 브라이턴비치 근처에서 자랐다. 1950년대 브라이턴비치에서의 생활에 대한 몇 가지 세부 사항은 온라인에 확인할 수 있다. http://brooklynjewish.org/neighborhoods/brighton-beach
6. Herzenberg and Herzenberg, 'Genetics, FACS …', 앞의 논문.
7. Herzenberg, L. A. and Herzenberg, L. A., 'Our NIH years: a confluence of beginnings', *Journal of Biological Chemistry* 288 (2013), pp. 687-702.
8. Herzenberg and Herzenberg, 'Genetics, FACS …', 앞의 논문.
9. 위의 논문.
10. Herzenberg, Herzenberg and Roederer, 'A conversation with Leonard and Leonore Herzenberg', 앞의 논문.
11. 리어노어 허젠버그와의 인터뷰(2019년 7월 26일).
12. Herzenberg, Herzenberg and Roederer, 'A conversation with Leonard and Leonore Herzenberg', 앞의 논문.
13. 노벨 과학상과 평화상을 동시에 수상한 라이너스 폴링(Linus Pauling)은 다른 많은 과학 지도자들과 함께 미국과학자연맹에 참여했다. 특히 매카시즘에 항의하기 위해서였다.

14. Herzenberg, 'The more we learn', 앞의 강연.
15. Herzenberg, Herzenberg and Roederer, 'A conversation with Leonard and Leonore Herzenberg', 앞의 논문.
16. 엘리자베스 심슨(Elizabeth Simpson)과의 토론(2019년 9월 3일).
17. 리어노어 허젠버그와의 인터뷰, 앞의 인터뷰.
18. 허젠버그 리는 2016년 4월 26일 방송된 미국 국영 라디오 프로그램 〈Only Human: A Birth That Launched The Search For A Down Syndrome Test〉에서 메리 해리스(Mary Harris)와 인터뷰했다. 온라인으로 이 내용을 들어볼 수 있다. https://www.npr.org/sections/health-shots/2016/04/26/475637228/only-human-a-birth-that-launched-the-search-for-a-down-syndrome-test.
19. 위의 라디오 방송.
20. 위의 라디오 방송.
21. 위의 라디오 방송.
22. Ashoor Al Mahri, G. and Nicolaides, K., 'Evolution in screening for Down syndrome', *Obstetrician and Gynaecologist* 21 (2019), pp. 51-57.
23. Herzenberg, L. A., Bianchi, D. W., Schroder, J., Cann, H. M. and Iverson, G. M., 'Fetal cells in the blood of pregnant women: detection and enrichment by fluorescence-activated cell sorting', *Proceedings of the National Academy of Sciences of the USA* 76 (1979), pp. 1453-1455.
24. Fan, H. C., Blumenfeld, Y. J., Chitkara, U., Hudgins, L. and Quake, S. R., 'Noninvasive diagnosis of fetal aneuploidy by shotgun sequencing DNA from maternal blood', *Proceedings of the National Academy of Sciences of the USA* 105 (2008), pp. 16266-16271.
25. Van Dilla, M. A., Fulwyler, M. J. and Boone, I. U., 'Volume distribution and separation of normal human leucocytes', *Proceedings of the Society for Experimental Biology and Medicine* 125 (1967), pp. 367-370.
26. Herzenberg, L. A., 'The more we learn', 앞의 강연.
27. 초기 유세포 분석기는 수은 아크 또는 할로겐램프의 빛을 사용했다.
28. Lanier, L. L., 'Just the FACS', *Journal of Immunology* 193 (2014), pp. 2043-2044.

29. 조슈아 레더버그의 연구실에 기반을 둔 2명의 엔지니어 러스 훌렛(Russ Hulett)과 윌리엄 보너(William Bonner)는 렌이 로스앨러모스 계획을 수정하는 것과 세포 분류기의 첫 번째 버전을 만드는 걸 도왔다.
30. 폴 노먼과의 인터뷰(2019년 7월 22일).
31. 엘리자베스 심슨과의 토론, 앞의 토론.
32. Zborowski, M. and Herzog, E., *Life is with People: The Culture of the Shtetl* (Schocken, New York, 1962).
33. 리어노어 허젠버그와의 인터뷰, 앞의 인터뷰.
34. Zborowski and Herzog, *Life is with People*, 앞의 책.
35. Herzenberg, Herzenberg and Roederer, 'A conversation with Leonard and Leonore Herzenberg', 앞의 논문.
36. Sweet, R. G., 'High Frequency Recording with Electrostatically Deflected Ink Jets', *Review of Scientific Instruments* 36 (1965), pp. 131-136.
37. 이것은 19세기 물리학자 펠릭스 사바르(Félix Savart)의 연구를 기반으로 한다. 그는 액체의 작은 분출이 물방울의 흐름으로 분해된다는 것을 보여주었다. 노즐을 통과한 분출물(jet)이 적절하게 진동한다면 말이다.
38. 일부 장비에서는 세포가 레이저 빔을 만났을 때 이미 물방울로 분리되어 있지만, 세포는 종종 심층 분석(interrogation)을 위해 유체역학적으로 집중시킨 다음 물방울로 분리했다.
39. 런던 임페리얼 칼리지(Imperial College London)의 유세포 분석 전문가 비키 말레(Viki Male)는 유세포 분석기의 전기판에 대해 이렇게 말했다. "현대 기계의 하우징(덮개—옮긴이)은 판을 만짐으로써 감전되는 사례가 꽤 드물지만, 충분히 오래된 기계로 훈련받은 사람이라면 우연히 충전된 판을 만졌다가 방 건너 쪽으로 던져진 일화를 갖고 있을 것이다. 이런 식으로 임무 수행 중에 감전된 모든 사람은 이상하게도 그 사실을 자랑스러워한다."
40. Hulett, H. R., Bonner, W. A., Barrett, J. and Herzenberg, L. A., 'Cell sorting: automated separation of mammalian cells as a function of intracellular fluorescence', *Science* 166 (1969), pp. 747-749.
41. 첫 번째 세포 분류기의 비용은 2013년 10월 31일자 스탠퍼드 대학교 의학 뉴스 센터의 기사 'Leonard Herzenberg, geneticist who developed key cell-sorting

technology, dies'에 인용돼 있다. 온라인에서 이를 확인할 수 있다. https://med.stanford.edu/news/all-news/2013/10/leonard-herzenberg-geneticist-who-developed-key-cell-sorting-technology-dies.html

42. Melamed, M. R., 'A brief history of flow cytometry and sorting', *Methods of Cell Biology* 63 (2001), pp. 3-17.
43. Kamentsky, L. A., Melamed, M. R. and Derman, H., 'Spectro-photometer: new instrument for ultrarapid cell analysis', *Science* 150 (1965), pp. 630-631.
44. Koenig, S. H., Brown, R. D., Kamentsky, L. A., Sedlis, A. and Melamed, M. R., 'Efficacy of a rapid-cell spectrophotometer in screening for cervical cancer', *Cancer* 21 (1968), pp. 1019-1026.
45. 렌은 1991년 녹음한 인터뷰에서 이 작동법을 설명한다. 온라인에서 확인할 수 있다. http://www.cyto.purdue.edu/cdroms/cyto10a/media/video/Herzenberghow.html.
46. Fulwyler, M. J., 'Electronic separation of biological cells by volume', *Science* 150 (1965), pp. 910-911.
47. Robinson, J. P., 'Mack Fulwyler in his own words', *Cytometry Part* A 67A (2005), pp. 61-67.
48. 뮌스터 대학교의 독일 과학자 볼프강 괴데(Wolfgang Göhde)는 표식된 세포를 셀 수 있는 최초의 기계를 설계했지만 이 기구는 세포를 분리하지는 않았다.
49. Robinson, 'Mack Fulwyler in his own words', 앞의 논문.
50. Herzenberg, 'The more we learn', 앞의 강연.
51. Herzenberg, Herzenberg and Roederer, 'A conversation with Leonard and Leonore Herzenberg', 앞의 논문.
52. Herzenberg and Herzenberg, 'Genetics, FACS …', 앞의 논문.
53. Keating, P. and Cambrosio, A., *Biomedical Platforms: Realigning the Normal and the Pathological in Late-Twentieth-Century Medicine* (MIT Press, Cambridge, Massachusetts, 2003).
54. Herzenberg, L. A, et al., 'The history and future of the fluorescence activated cell sorter and flow cytometry: a view from Stanford', *Clinical Chemistry* 48 (2002), pp. 1819-1827.

55. Herzenberg and Herzenberg, 'Genetics, FACS …', 앞의 논문.

56. 유세포 분석 시장의 추정치는 매우 다양하다. MarketsandMarkets™사의 2019년 분석은 2018년의 시장을 37억 달러로 추정한다. 온라인에서 확인 가능하다. https://www.marketsandmarkets.com/PressReleases/flow-cytometry.asp.

57. Herzenberg, Herzenberg and Roederer, 'A conversation with Leonard and Leonore Herzenberg', 앞의 논문.

58. Shapiro, H. M., 'The evolution of cytometers', *Cytometry* A 58 (2004), pp. 13-20.

59. 이것들은 동물에서 생산된 다양한 종류의 항체였으며, 특정 유형의 세포를 표식하는 능력에 관해 검사했다. 그 항체들은 오늘날 단클론 항체의 생산처럼 정확한 방식으로 이뤄지지 않았고, 그 항체들이 표시한 것들이 항상 명확하지는 않았다.

60. 좀더 구체적으로, 헤모글로빈은 4개의 단백질 사슬, 즉 2개의 α-글로빈 및 2개의 β-글로빈으로 구성된다. α-글로빈 사슬은 HBA 1과 HBA 2의 두 유전자로 암호화되고 β-글로빈 사슬은 단일 유전자인 HBB에 의해 암호화된다. 이들 각각의 단백질은 산소와 결합할 수 있는 철 함유 분자에 결합되어 있다〔이를 헴(heme)이라고 부르며, 그 자체가 많은 다른 단백질 및 유전자를 포함하는 일련의 반응으로 만들어진다〕. 이런 식으로 하나의 헤모글로빈 복합체는 4개의 산소 분자를 결합할 수 있다. 산소 수치가 높은 폐를 통해 혈액이 흐르면서 산소는 헤모글로빈에 의해 흡수된다. 그런 다음 산소는 수준이 더 낮은 신체의 다른 곳에서 방출된다.

61. Herzenberg, Herzenberg and Roederer, 'A conversation with Leonard and Leonore Herzenberg', 앞의 논문.

62. 나는 내 이전 책에서 이에 대해 더 자세히 논의했다. *The Beautiful Cure* (The Bodley Head, 2018).

63. 여기에는 항체 유전자를 자르고 섞는 작업이 포함된다. 그 자체로 훌륭하고 복잡한 과정이다.

64. 여기서 미묘한 점은 이러한 유형의 선택이 또한 골수 바깥쪽에서 어느 정도 발생할 수 있다는 것이다.

65. 조금 더 자세히 설명하면 B세포는 표면에 B세포 수용체라고 불리는, 자신이 생산할 수 있는 항체 버전을 표시한다. 이 수용체가 표적에 고정되면 B세포가 자극을 받아 증식한다. 딸 B세포 중 일부는 유용한 항체를 생산하는 공장이 된다. 다른 딸 B세포는 항체 유전자를 무작위로 돌연변이시키고 더 나은 버전의 항체가 생산되

는 경우 테스트를 받는다. 이 과정을 친화성 성숙이라고 하며, 시간이 지남에 따라 항체 면역 반응이 개선되는 이유를 설명해준다. 이 B세포 중 일부는 또한 신체에 오랫동안 거주해 동일한 위협이 다시 발생하는 경우 신체가 신속하게 대응할 수 있도록 한다. 이 과정의 세부 사항은 장기간 지속되는 면역을 구성하는 요소를 이해하고 백신을 설계하는 데 매우 중요하다.

66. Melchers, F., 'Georges Köhler (1946-95)', *Nature* 374 (1995), p. 498.
67. Kohler, G. and Milstein, C., 'Continuous cultures of fused cells secreting antibody of predefined specificity', *Nature* 256 (1975), pp. 495-497.
68. 신년 파티에서 밀스테인이 아내 및 동료들과 항체에 대해 논의하는 동안, 리 허젠버그는 골수종세포와 B세포 각각의 잡종인 불멸의 항체 생산 세포 이름을 '하이브리도마(hybridoma)'로 짓자고 제안했다. 이 이름이 굳어져서 항체를 사용하는 생물학 실험실에 잘 알려져 있다. 사실상 모든 생물학 실험실에서 그렇다.
69. Springer, T. A., 'Cesar Milstein, the father of modern immunology', *Nature Immunology* 3 (2002), pp. 501-503.
70. Rajewsky, K., 'The advent and rise of monoclonal antibodies', *Nature* 575 (2019), pp. 47-49.
71. Grilo, A. L. and Mantalaris, A., 'The Increasingly Human and Profitable Monoclonal Antibody Market', *Trends in Biotechnology* 37 (2019), pp. 9-16.
72. Guise, G., 'Margaret Thatcher's influence on British science', *Notes and Records of the Royal Society of London* 68 (2014), pp. 301-309.
73. Marks, L. V., *The Lock and Key of Medicine: Monoclonal Antibodies and the Transformation of Healthcare* (Yale University Press, 2015).
74. 위의 책.
75. Koprowski, H. and Croce, C., 'Hybridomas revisited', *Science* 210 (1980), p. 248.
76. Croce, C. M., 'Hilary Koprowski (1916-2013): Vaccine pioneer, art lover, and scientific leader', *Proceedings of the National Academy of Sciences of the USA* 110 (2013), p. 8757.
77. Springer, 'Cesar Milstein …', 앞의 논문.
78. Harding, A., 'Profile: Sir Greg Winter; humaniser of antibodies', *Lancet* 368

(2006), p. S50.
79. Rabbitts, T. H., 'Cesar Milstein: October 8, 1927-March 24, 2002', *Cell* 109 (2002), pp. 549-550.
80. Rada, C., Jarvis, J. M. and Milstein, C., 'AID-GFP chimeric protein increases hypermutation of Ig genes with no evidence of nuclear localisation', *Proceedings of the National Academy of Sciences of the USA* 99 (2002), pp. 7003-7008.
81. Melchers, 'Georges Köhler …', 앞의 논문.
82. 게오르게스 쾰러가 막스플랑크 연구소를 이끌게 되었을 때, 그는 계약서에 50세에 은퇴하고 연금 전액을 받을 수 있어야 한다고 구체적으로 요청했다. 이에 대한 내용은 Eichmann, *Köhler's Invention* (Birkhäuser Verlag, Springer Science, Basel, Switzerland, 2005)에 기록되어 있다. 쾰러가 실제로 조기 은퇴를 계획했는지 여부는 알려지지 않았다. 쾰러의 아내 클라우디아(Claudia)는 아이히만과 이 문제 또는 기타 개인적인 문제에 대해 논의하기를 '단호히 거부'했다.
83. Fritz Melchers, *Köhler's Invention*에 인용돼 있다.
84. Herzenberg and Herzenberg, 'Genetics, FACS …', 앞의 논문.
85. 이것은 HIV가 확인된 직후인 1984년에 발견되었다. Klatzmann, D. et al., 'T-lymphocyte T4 molecule behaves as the receptor for human retrovirus LAV', *Nature* 312 (1984), pp. 767-768; Dalgleish, A. G. et al., 'The CD4 (T4) antigen is an essential component of the receptor for the AIDS retrovirus', *Nature* 312 (1984), pp. 763-767.
86. Doitsh, G. and Greene, W. C., 'Dissecting how CD4 T cells are lost during HIV infection', *Cell Host & Microbe* 19 (2016), pp. 280-291.
87. 글로벌 HIV 및 에이즈 통계: '유엔 에이즈 계획(UNAIDS)'이 출판한 2019 팩트 시트. 온라인에서 열람 가능하다. https://www.unaids.org/en/resources/fact-sheet (Accessed September 2019).
88. Horowitz, A. et al., 'Genetic and environmental determinants of human NK cell diversity revealed by mass cytometry', *Science Translational Medicine* 5 (2013), 208ra145.
89. Smith, S. L. et al., 'Diversity of peripheral blood human NK cells identified by single-cell RNA sequencing', *Blood Advances* 4 (2020), pp. 1388-1406.

90. Horowitz et al., 'Genetic and environmental determinants …', 앞의 논문.
91. Spitzer, M. H. and Nolan, G. P., 'Mass cytometry: single cells, many features', *Cell* 165 (2016), pp. 780-791.
92. Shalek, A. K. et al., 'Single-cell transcriptomics reveals bimodality in expression and splicing in immune cells', *Nature* 498 (2013), pp. 236-240.
93. 모셰 비톤과의 인터뷰(2019년 12월 17일).
94. 아비브 레게브와의 인터뷰(2020년 8월 17일).
95. Montoro, D. T. et al., 'A revised airway epithelial hierarchy includes CFTR-expressing ionocytes', *Nature* 560 (2018), pp. 319-324.
96. 모셰 비톤과의 인터뷰, 앞의 인터뷰.
97. 연구팀이 그들의 방법이 효과가 있는지 의심한 것은 아니다. 예를 들어, 그들은 망막에 존재하는 모든 세포에 대한 사전 연구를 통해 이를 확인했다.
98. 아비브 레게브와의 인터뷰, 앞의 인터뷰.
99. 모셰 비톤과의 인터뷰, 앞의 인터뷰.
100. Plasschaert, L. W. et al., 'A single-cell atlas of the airway epithelium reveals the CFTR-rich pulmonary ionocyte', *Nature* 560 (2018), pp. 377-381.
101. 1989년 동시에 발표된 3개의 논문에서 이 발견을 보고했다. Kerem, B. et al., 'Identification of the cystic fibrosis gene: genetic analysis', *Science* 245 (1989), pp. 1073-1080; Riordan, J. R. et al., 'Identification of the cystic fibrosis gene: cloning and characterization of complementary DNA', *Science* 245 (1989), pp. 1066-1073; Rommens, J. M., et al. 'Identification of the cystic fibrosis gene: chromosome walking and jumping', *Science* 245 (1989), pp. 1059-1065.
102. Travaglini, K. J. and Krasnow, M. A., 'Profile of an unknown airway cell', *Nature* 560 (2018), pp. 313-314.
103. 아비브 레게브와의 인터뷰, 앞의 인터뷰.
104. Rozenblatt-Rosen, O., Stubbington, M. J. T., Regev, A. and Teichmann, S. A., 'The Human Cell Atlas: from vision to reality', *Nature* 550 (2017), pp. 451-453.
105. 아비브 레게브와의 인터뷰, 앞의 인터뷰.
106. Hiby, S. E. et al., 'Association of maternal killer-cell immunoglobulin-like

receptors and parental HLA-C genotypes with recurrent miscarriage', *Human Reproduction* 23 (2008), pp. 972-976.
107. Vento-Tormo, R. et al., 'Single-cell reconstruction of the early maternal-fetal interface in humans', *Nature* 563 (2018), pp. 347-353.
108. Davis, D. M. *The Compatibility Gene* (Penguin, UK; Oxford University Press, USA, 2013).
109. Colucci, F., 'The immunological code of pregnancy', *Science* 365 (2019), pp. 862-863.
110. 무즐리파 하니파와의 인터뷰(2019년 9월 11일).
111. 무즐리파 하니파와의 토론(2019년 11월 7일).
112. 잭 크레인들러(Jack Kreindler)와의 인터뷰(2020년 8월 13일).

4 다양한 색깔을 지닌 뇌

1. Rapport, R. L. *Nerve Endings: The Discovery of the Synapse* (W.W. Norton, New York, 2005).
2. 1906년 12월 11일, 카밀로 골지의 노벨상 수상 강연, *Published in Nobel Lectures, Physiology or Medicine 1901-1921* (Elsevier, Amsterdam, 1967). 온라인에서 볼 수 있다. https://www.nobelprize.org/uploads/2018/06/golgi-lecture.pdf.
3. Wacker, D. et al., 'Crystal Structure of an LSD-Bound Human Serotonin Receptor', *Cell* 168 (2017), pp. 377-89.
4. Wang, S. et al., 'Structure of the D2 dopamine receptor bound to the atypical antipsychotic drug risperidone', *Nature* 555 (2018), pp. 269-273.
5. 양전자 방출 단층 촬영(PET) 스캔을 통해 또한 인간의 뇌 내부에서 무슨 일이 일어나고 있는지 볼 수 있다. PET 스캔은 일반적으로 광범위한 응용 분야를 가지고 있다. 뇌 활동을 분석하는 데 쓰이는 한 가지 방법은 에너지로 포도당을 사용하는 뇌 영역을 강조하기 위해 방사성 포도당 추적자를 이미지화하는 것이다. PET 스캔보다 fMRI로 뇌 활동을 이미지화하는 것이 더 나은 해상도를 보여주는 경향이 있지만, 각 기술에는 장단점이 있으며 때로는 두 가지 유형의 스캔을 모두 사용한다.
6. 상세히 살펴보면, fMRI는 상당히 복잡하다. 자기장은 신체의 수소 양성자를 정렬하

는 데 쓰인다. 그런 다음 전파를 사용해 양성자를 정렬 상태에서 밀어낸다. 이어서 양성자들이 다시 정렬로 이완되면, 양성자는 fMRI 기계가 포착하는 신호를 방출한다. 신호 강도는 수소 양성자의 주변 환경에 따라 다르다. (산소를 공급한 혈액과 산소를 제거한 혈액에서 다르다.) 그 차이는 미묘하며 이 기술은 통계적 테스트와 컴퓨터 분석에 의존해 측정한다. 2009년 fMRI를 사용해 완전히 죽은 연어의 뇌 활동을 연구한 유명한 실험이 있었다. 죽은 물고기한테 사회적 상황에 처한 인간의 일련의 사진을 보여주었고, fMRI 스캔을 분석해 그에 따른 결과로 발생하는 뇌 활동을 밝혀냈다. 실험은 fMRI 스캔 결과를 제대로 분석하지 않으면, 죽은 물고기가 사람 사진을 보고 있는 경우에도 온갖 종류의 가짜 결과가 발생할 수 있다는 걸 보여주었다. MRI와 fMRI 스캔이 어떻게 작동하는지에 대한 훌륭한 웹 리소스는 온라인에서 확인할 수 있다. 이것은 옥스퍼드 대학교에서 주최하고, 한나 데블린(Hannah Devlin)이 텍스트를 제공했으며, 루비 왁스(Ruby Wax)가 내레이션을 맡은 짧은 애니메이션을 포함하고 있다. https://www.ndcn.ox.ac.uk/divisions/fmrib/what-is-fmri/introduction-to-fmri.

7. McClure, S. M. et al., 'Neural correlates of behavioral preference for culturally familiar drinks', *Neuron* 44 (2004), pp. 379-387.

8. Plassmann, H., O'Doherty, J., Shiv, B. and Rangel, A., 'Marketing actions can modulate neural representations of experienced pleasantness', *Proceedings of the National Academy of Sciences of the USA* 105 (2008), pp. 1050-1054.

9. 또 다른 특히 놀라운 예는 더는 참을 수 없을 때까지 초콜릿을 먹도록 요청받은 초콜릿 애호가의 뇌 활동 분석에서 나왔다. 처음에 초콜릿 애호가가 초콜릿을 즐기고 있을 때는 억지로 계속 먹어야 했던 마지막과 달리 뇌의 다른 부분이 빛을 발했다. PET 영상을 사용해 뇌 활동을 포착한 이 연구는 다음에 실려 있다. Small, D. M., Zatorre, R. J., Dagher, A., Evans, A. C. and Jones-Gotman, M., 'Changes in brain activity related to eating chocolate: from pleasure to aversion', *Brain* 124 (2001), pp. 1720-1733.

10. 무수히 많은 다른 예들이 있다. 다음을 보라. Sahakian, B. J. and Gottwald, J., Sex, *Lies and Brain Scans* (Oxford University Press, Oxford, 2017).

11. Azevedo, F. A. et al., 'Equal numbers of neuronal and nonneuronal cells make the human brain an isometrically scaled-up primate brain', *Journal of*

Comparative Neurology 513 (2009), pp. 532-541.

12. Ecker, J. R. et al., 'The BRAIN initiative cell census consortium: lessons learned toward generating a comprehensive brain cell atlas', *Neuron* 96 (2017), pp. 542-557.
13. Allen, N. J. and Barres, B. A., 'Glia—more than just brain glue', *Nature* 457 (2009), pp. 675-677.
14. 신경아교세포의 열등한 상태는 아교를 뜻하는 그리스어를 차용함으로써 강조된다. 하지만 한 가지 흥미로운 실험을 하자면, (기증된 인간의 태아에서 파생한) 인간의 신경아교세포를 주입한 쥐는 향상된 학습과 기억력을 보여주었다. 다음을 보라. Han, X. et al., 'Forebrain engraftment by human glial progenitor cells enhances synaptic plasticity and learning in adult mice', *Cell Stem Cell* 12 (2013), pp. 342-353.
15. 제프 릭트먼과의 인터뷰(2019년 10월 9일).
16. Lichtman, J. W., Livet, J. and Sanes, J. R. A., 'Technicolour approach to the connectome', *Nature Reviews Neuroscience* 9 (2008), pp. 417-422.
17. Livet, J. et al., 'Transgenic strategies for combinatorial expression of fluorescent proteins in the nervous system', *Nature* 450 (2007), pp. 56-62.
18. Matz, M. V. et al., 'Fluorescent proteins from nonbioluminescent Anthozoa species', *Nature Biotechnology* 17 (1999), pp. 969-973.
19. 릭트먼의 연구실에 있던 박사후연구원 장 리벳이 이에 대해 많은 아이디어를 가지고 있었다. 그는 브레인바우에 대한 첫 번째 논문의 저자였다.
20. Steenhuysen, J., '"Brainbow" paints mouse neurons in bright colors', *Reuters*, 31 October 2007. 온라인에서 볼 수 있다. https://www.reuters.com/article/us-brain-colors/brainbow-paints-mouse-neurons-in-bright-colors-idUSN3131568320071031.
21. 제프 릭트먼과의 인터뷰, 앞의 인터뷰.
22. 위의 인터뷰.
23. Weissman, T. A. and Pan, Y. A., 'Brainbow: new resources and emerging biological applications for multicolor genetic labeling and analysis', *Genetics* 199 (2015), pp. 293-306.
24. 2013년 1월 18일, 제프 릭트먼은 캘리포니아 패서디나에 있는 칼텍에서 행한 테드×

칼텍(TED×Caltech)의 '커넥토믹스(Connectomics)' 강연에서 이에 대해 말했다. 온라인에서 확인할 수 있다. http://www.tedxcaltech.com/content/jeff-lichtman.html.
25. Sporns, O., Tononi, G. and Kotter, R., 'The human connectome: A structural description of the human brain', *PLOS Computational Biology* 1 (2005), e42.
26. Sporns, O., *Discovering the Human Connectome* (MIT Press, Cambridge, MA, USA, 2012).
27. Seung, S., *Connectome: How the Brain's Wiring Makes Us Who We Are* (Allen Lane, London, 2012).
28. Seung, S., 'I am my connectome', TEDGlobal 2010. 온라인에서 볼 수 있다. https://www.ted.com/talks/sebastian_seung.
29. Blakemore, S.-J., *Inventing Ourselves: The Secret Life of the Teenage Brain* (Doubleday, London, 2018).
30. 매슈 콥과의 인터뷰(2019년 10월 18일).
31. 제프 릭트먼과의 인터뷰(2019년 10월 9일).
32. 위의 인터뷰.
33. Lakadamyali, M., Babcock, H., Bates, M., Zhuang, X. and Lichtman, J., '3D multicolor super-resolution imaging offers improved accuracy in neuron tracing', *PLOS One* 7 (2012), e30826.
34. Sanes, J. R., 'After Cajal: from black and white to colour', in *Portraits of the Mind: Visualizing the Brain from Antiquity to the 21st Century* 'ed. Schoonover, C.' (Abrams, New York, 2010).
35. Ford, A. and Peat, F. D., 'The role of language in science', *Foundations of Physics* 18 (1988), pp. 1233-1242.
36. Bargmann, C., Denk, W. and Graybiel, A., 'The Kavli Prize winners'. Interview by Darran Yates, *Nature Reviews Neuroscience* 13 (2012), pp. 670-674.
37. Denk, W. and Horstmann, H., 'Serial block-face scanning electron microscopy to reconstruct three-dimensional tissue nanostructure', *PLOS Biology* 2 (2004), e329.
38. 덴크는 그 당시엔 몰랐지만, 나중에 비슷한 아이디어가 일찍이 1981년에 보고되었다는 사실을 알았다. Leighton, S. B. 'SEM images of block faces, cut by a

miniature microtome within the SEM—a technical note', *Scanning Electron Microscopy* (1981), pp. 73-76.

39. 사실 칼날의 날카로움을 가장 잘 측정하는 방법은 그 자체로는 거의 없는 연구 분야다. 정말 많은 요인이 관련되어 있기 때문이다. 예를 들어 다음을 보라. Schuldt, S., Arnold, G., Kowalewski, J., Schneider, Y. and Rohm, H., 'Analysis of the sharpness of blades for food cutting', *Journal of Food Engineering* 188 (2016), pp. 13-20.

40. Helmstaedter, M. et al., 'Connectomic reconstruction of the inner plexiform layer in the mouse retina', *Nature* 500 (2013), pp. 168-174.

41. Kim, J. S. et al., 'Space-time wiring specificity supports direction selectivity in the retina', *Nature* 509 (2014), pp. 331-336.

42. Bae, J. A. et al., 'Digital museum of retinal ganglion cells with dense anatomy and physiology', *Cell* 173 (2018), pp. 1293-1306, e1219.

43. Abbott, A., 'Crumb of mouse brain reconstructed in full detail', *Nature* 524 (2015), p. 17.

44. 제프 릭트먼은 2018년 7월 6일 미국 우즈홀 해양생물학연구소에서 열린 '뇌의 구조가 기능을 드러낼 수 있을까?'라는 강연에서 이를 언급했다. 온라인으로 확인할 수 있다. (원문의 링크를 접속해보니, 페이지를 찾을 수 없다고 나온다. 같은 이름의 강연은 다음에서 볼 수 있다. https://www.youtube.com/watch?v=sfYilqesx3s—옮긴이.)

45. Kasthuri, N. et al., 'Saturated reconstruction of a volume of neocortex', *Cell* 162 (2015), pp. 648-661.

46. 제프 릭트먼 '뇌의 구조가 기능을 드러낼 수 있을까?' 강연, 앞의 강연.

47. 제프 릭트먼과의 이메일 서신 교환(2019년 11월 6일).

48. Abbott, A., 'Neuroscience: solving the brain', *Nature* 499 (2013), pp. 272-274.

49. 월드 사이언스 페스티벌: 제프 릭트먼과의 Q&A는 2018년 4월 11일 라이브로 스트리밍되었다. https://www.youtube.com/watch?v=h14hcBrqGSg.

50. 니컬 톰슨(Nichol Thomson)은 각각 약 50나노미터 두께의 벌레 조각을 잘라 전자현미경으로 사진을 찍었다. 컴퓨터 기술은 이미지를 자동화 방식으로 분석하기에는 너무 원시적이어서 존 화이트(John White)와 아일린 사우스게이트(Eileen

Southgate)라는 2명의 과학자가 수동으로 이미지를 분석했다. 이미지를 분석하는 작업이 너무 힘들었기 때문에 톰슨이 찍은 많은 이미지는 오늘날까지 연구된 적이 없다. 톰슨은 이전에 빅터 로스차일드 경(Lord Victor Rothschild)의 기술자로 일한 경험이 있는 숙련된 전자현미경학자였지만, 시드니 브레너는 회고록(*My Life in Science*, as told to Lewis Wolpert, Science Archive Limited, 2001)에서 톰슨을 고용하는 데 큰 어려움을 겪었다고 회상한다. 톰슨이 정식 고등교육을 받지 않았기 때문이다. 브레너는 "사람들이 자격에 대해 걱정하기 시작했을 때 나는 그것이 완전히 말도 안 되는 소리라고 생각했다"고 말한다.

51. White, J. G., Southgate, E., Thomson, J. N. and Brenner, S., 'The structure of the nervous system of the nematode' *Caenorhabditis elegans*', *Philosophical Transactions of the Royal Society of London. B, Biological Sciences* 314 (1986), pp. 1-340.
52. Cook, S. J. et al., 'Whole-animal connectomes of both *Caenorhabditis elegans sexes*', *Nature* 571 (2019), pp. 63-71.
53. Goodman, M. B. and Sengupta, P., 'How *Caenorhabditis elegans* senses mechanical stress, temperature, and other physical stimuli', *Genetics* 212 (2019), pp. 25-51.
54. Bargmann, C. I. and Marder, E., 'From the connectome to brain function', *Nature Methods* 10 (2013), pp. 483-490.
55. 커넥톰을 표현하는 방법을 찾는 것은 커넥톰을 이해하는 데 핵심이다. 지금 떠오르는 건 아르헨티나의 이야기꾼 호르헤 루이스 보르헤스(Jorge Luis Borges)의 우화다. 〔나는 나의 책(*The Compatibility Gene*, Allen Lane, 2013)에서 이에 대해 언급한 바 있다.〕 "한때 지도 제작 기술이 찬양 및 존경받는 제국이 있었다. 지도 제작자 조합은 제국을 지도로 완벽하게 묘사하려는 궁극적 야망을 가지고 있었다. 그러나 이러한 것, 즉 그곳에 있는 모든 걸 한 점 한 점 묘사하는 것은 제국 자체와 정확히 같은 크기의 지도를 만들어낼 뿐이었다. 위대한 사람들의 작업은 전혀 쓸모없는 것으로 끝이 났다. 완벽한 지도는 버려졌고, 다음 세대들은 지도술을 덜 중요하게 생각했다." 마찬가지로, 뇌에 대한 완전하고 정확한 지도는 우리가 뇌의 실제 작동 방식을 찾을 때까지 뇌 자체만큼 복잡하고 이해할 수 없을 것이다.
56. Portman, D. S., 'Neural networks mapped in both sexes of the worm', *Nature*

571 (2019), pp. 40-42.
57. 'Insights of the decade. Stepping away from the trees for a look at the forest: Introduction', *Science* 330 (2010), pp. 1612-1613.
58. Hegemann, P. and Nagel, G., 'From channelrhodopsins to optogenetics', *EMBO Molecular Medicine* 5 (2013), pp. 173-176.
59. Nagel, G. et al., 'Channelrhodopsin-2, a directly light-gated cation-selective membrane channel', *Proceedings of the National Academy of the Sciences of the USA* 100 (2003), pp. 13940-13945.
60. Crick, F., 'The impact of molecular biology on neuroscience', *Philosophical Transactions of the Royal Society, London B: Biological Sciences* 354 (1999), pp. 2021-2025.
61. Zemelman, B. V., Lee, G. A., Ng, M. and Miesenbock, G., 'Selective photostimulation of genetically charged neurons', *Neuron* 33 (2002), pp. 15-22.
62. Boyden, E. S., 'A history of optogenetics: the development of tools for controlling brain circuits with light', *F1000 Biology Reports* 3 (2011), p. 11.
63. 2004년 7월 1일, 다이서로스 실험실의 노트에 따르면, 그는 빛으로 전환 가능한 채널 단백질의 여러 종류를 시험하고 있었으며, 어떤 것이 잘 작동하는지 알아보기 위해 뉴런에서 발현시킬 수 있는 다른 도구들도 사용했다.
64. Smith, K., 'Neuroscience: Method man', *Nature* 497 (2013), pp. 550-552.
65. 'Insights of the decade', 앞의 논문.
66. Boyden, E. S., Zhang, F., Bamberg, E., Nagel, G. and Deisseroth, K., 'Millisecond-timescale, genetically targeted optical control of neural activity', *Nature Neuroscience* 8 (2005), pp. 1263-1268.
67. Deisseroth, K., 'Optogenetics: 10 years of microbial opsins in neuroscience', *Nature Neuroscience* 18 (2015), pp. 1213-1225.
68. Deisseroth, K. et al., 'Next-generation optical technologies for illuminating genetically targeted brain circuits', *Journal of Neuroscience* 26 (2006), pp. 10380-10386.
69. Colapinto, J., 'Lighting the brain: Karl Deisseroth and the optogenetics breakthrough', *New Yorker*, 18 May 2015.

70. '유능한 신경 종양 전문의; 미셸 몬제의 프로필', 루드윅 암연구소 2019년 연구 하이라이트. 온라인에서 확인할 수 있다. https://www.ludwigcancerresearch.org/success-story/ludwigs-annual-research-highlights-report/.
71. Adkins, T., 'Curing The Uncurable: Meet Dr Michelle Monje, the researcher powering cures for deadly brain tumors', in *Alex's Lemonade Stand Foundation Blog* 18 July 2018. 온라인에서 확인할 수 있다. https://www.alexslemonade.org/blog/2018/07/curing-uncurable-meet-dr-michelle-monje-researcher-powering-cures-deadly-brain-tumors.
72. 당신은 이러한 종류의 실험용 쥐에 의한 치료가 필요하다고 생각하는지, 잔인하다고 생각하는지 또는 둘 다인지에 대한 자신의 견해가 있을 것이다. 말할 필요도 없이 그러한 작업에는 엄격한 윤리적 승인이 필요하며, 이는 당연히 획득하고 철저히 준수해야 한다.
73. Adamantidis, A. R., Zhang, F., Aravanis, A. M., Deisseroth, K. and de Lecea, L., 'Neural substrates of awakening probed with optogenetic control of hypocretin neurons', *Nature* 450 (2007), pp. 420-424.
74. Chen, I., 'The Beam of Light That Flips a Switch That Turns on the Brain', *New York Times*, 14 August 2007.
75. Colapinto, J., 'Lighting the brain …', 앞의 기사.
76. Deisseroth K., 'Optogenetics, iBiology Science Stories', recorded September 2016. 온라인에서 확인할 수 있다. https://www.ibiology.org/neuroscience/optogenetics/.
77. Bandelow, B. and Michaelis, S., 'Epidemiology of anxiety disorders in the 21st century', *Dialogues in Clinical Neuroscience* 17 (2015), pp. 327-335.
78. 위의 논문.
79. Perez, C. C., *Invisible Women: Exposing Data Bias in a World Designed for Men* (Chatto and Windus, London, 2019).
80. Tye, K. M. et al., 'Amygdala circuitry mediating reversible and bidirectional control of anxiety', *Nature* 471 (2011), pp. 358-362.
81. Kim, S. Y. et al., 'Diverging neural pathways assemble a behavioural state from separable features in anxiety', *Nature* 496 (2013), pp. 219-223.

82. Jennings, J. H. et al., 'Distinct extended amygdala circuits for divergent motivational states', *Nature* 496 (2013), pp. 224-228.
83. Ungless, M. A., Whistler, J. L., Malenka, R. C. and Bonci, A., 'Single cocaine exposure in vivo induces long-term potentiation in dopamine neurons', *Nature* 411 (2001), pp. 583-587.
84. Chen, B. T. et al., 'Rescuing cocaine-induced prefrontal cortex hypoactivity prevents compulsive cocaine seeking', *Nature* 496 (2013), pp. 359-362.
85. Terraneo, A. et al., 'Transcranial magnetic stimulation of dorsolateral prefrontal cortex reduces cocaine use: A pilot study', *European Neuropsychopharmacology* 26 (2016), pp. 37-44.
86. Ekhtiari, H. et al., 'Transcranial electrical and magnetic stimulation (tES and TMS) for addiction medicine: A consensus paper on the present state of the science and the road ahead', *Neuroscience & Biobehavioural Reviews* 104 (2019), pp. 118-140.
87. Ferenczi, E. and Deisseroth, K., 'Illuminating next-generation brain therapies', *Nature Neuroscience* 19 (2016), pp. 414-416.
88. Maher, B., 'Poll results: look who's doping', *Nature* 452 (2008), pp. 674-675.

5 우리 안의 타자들

1. 예를 들어, 한 기기에서 유전자 조각은 병렬로 분석 가능한 일련의 시퀀스별 템플릿 배열에서 캡처할 수 있다.

2. Rose, C., Parker, A., Jefferson, B. and Cartmell, E., 'The Characterization of Feces and Urine: A Review of the Literature to Inform Advanced Treatment Technology', *Critical Reviews in Environmental Science and Technology* 45 (2015), pp. 1827-1879.
3. Aziz, R. K., 'A hundred-year-old insight into the gut microbiome!' *Gut Pathogens* 1 (2009), p. 21.
4. LeBlanc, J. G. et al., 'Bacteria as vitamin suppliers to their host: a gut microbiota perspective', *Current Opinion in Biotechnology* 24 (2013), pp. 160-168.

5. Fredrik Bäckhed, 'CRC 1182 host-microbe Interviews, Normal Gut Microbiota in Metabolic Diseases: an interview by Thomas Bosch', 20 December 2018. 온라인에서 볼 수 있다. https://www.youtube.com/watch?v=hVzH8XY326s.
6. Bäckhed, F. et al., 'The gut microbiota as an environmental factor that regulates fat storage', *Proceedings of the National Academy of the Sciences of the USA* 101 (2004), pp. 15718-15723.
7. Ley, R. E. et al., 'Obesity alters gut microbial ecology', *Proceedings of the National Academy of the Sciences of the USA* 102 (2005), pp. 11070-11075.
8. Turnbaugh, P. J. et al., 'An obesity-associated gut microbiome with increased capacity for energy harvest', *Nature* 444 (2006), pp. 1027-1031.
9. Yong, E., *I Contain Multitudes: The Microbes Within Us and a Grander View of Life* (The Bodley Head, London, 2016).
10. Ley, R. E., Turnbaugh, P. J., Klein, S. and Gordon, J. I., 'Microbial ecology: human gut microbes associated with obesity', *Nature* 444 (2006), pp. 1022-1023.
11. Goodrich, J. K. et al., 'Human genetics shape the gut microbiome', *Cell* 159 (2014), pp. 789-799.
12. 2017년 11월 16일, 독일 슐레스비히에서 열린 키엘 생명과학(Kiel Life Science) 연례 수련회에서 에란 엘리나브는 '건강과 질병의 상호 작용에서 마이크로바이옴을 관리한다'에 대해 강연했다. 온라인으로 이를 볼 수 있다. https://youtu.be/2sfPHdhXJoE.
13. 에란 엘리나브와의 인터뷰(2020년 2월 18일).
14. Jenkins, D. J. et al., 'Glycemic index of foods: a physiological basis for carbohydrate exchange', *American Journal of Clinical Nutrition* 34 (1981), pp. 362-366.
15. Spector, T., *The Diet Myth; The Real Science Behind What We Eat* (Weidenfeld and Nicolson, London, 2015).
16. Collaboration, N.C.D.R.F., 'Trends in adult body-mass index in 200 countries from 1975 to 2014: a pooled analysis of 1698 population-based measurement studies with 19.2 million participants', *Lancet* 387 (2016), pp. 1377-1396.

17. Webb, P. et al., 'Hunger and malnutrition in the 21st century', *British Medical Journal* 361 (2018), k2238.
18. Collaboration, N.C.D.R.F., 'Worldwide trends in body-mass index, underweight, overweight, and obesity from 1975 to 2016: a pooled analysis of 2,416 population-based measurement studies in 128.9 million children, adolescents, and adults', *Lancet* 390 (2017), pp. 2627-2642.
19. Gardner, C. D. et al., 'Effect of Low-Fat vs Low-Carbohydrate Diet on 12-Month Weight Loss in Overweight Adults and the Association With Genotype Pattern or Insulin Secretion: The DIETFITS Randomized Clinical Trial', *JAMA* 319 (2018), pp. 667-679.
20. Segal, E., Elinav, E. and Adamson, E., *The Personalized Diet: The Pioneering Program to Lose Weight and Prevent Disease* (Grand Central Life and Style, New York, 2017).
21. 위의 책.
22. 에란 엘리나브와의 인터뷰, 앞의 인터뷰.
23. Chiu, C.-J. et al., 'Informing food choices and health outcomes by use of the dietary glycemic index', *Nutrition Reviews* 69 (2011), pp. 231-242.
24. 에란 엘리나브와의 인터뷰, 앞의 인터뷰.
25. Zeevi, D. et al., 'Personalized nutrition by prediction of glycemic responses', *Cell* 163 (2015), pp. 1079-1094.
26. Cha, A. E., 'This diet study upends everything we thought we knew about "healthy" food,' *Washington Post*, 20 November 2015.
27. Segal, Elinav and Adamson, *The Personalized Diet*, 앞의 책.
28. 위의 책.
29. Lecture by Eran Elinav on 'Host Microbiome Interactions …', 앞의 강연.
30. 에란 세갈은 2019년 3월 14일부터 15일까지 캘리포니아주 라호이아(La Jolla)의 스크립스 리서치 전환연구소(Scripps Research Translational Institute)에서 열린 개인화된 의학의 미래 콘퍼런스에서 이러한 세부 사항을 발표했다. 온라인으로 확인할 수 있다. https://youtu.be/S26fCwDeiy0.
31. Zeevi et al., 'Personalized Nutrition …', 앞의 논문.

32. 좋은 식단과 나쁜 식단은 기록된 모든 정보를 살펴보는 전문가나 컴퓨터 알고리즘에 의해 직접 설계되었다. 어느 쪽이든 결과는 비슷했다. 컴퓨터가 설계한 식단의 경우, 12명의 참가자 중 10명이 일주일 동안 좋은 식단 계획의 혜택을 받았다.

33. Zmora, N., Zeevi, D., Korem, T., Segal, E. and Elinav, E., 'Taking it personally: personalized utilization of the human microbiome in health and disease', *Cell Host Microbe* 19 (2016) pp. 12-20.

34. BBC는 엘리나브와 세갈을 촬영하기 위해 이스라엘에 TV 제작진을 파견했다. 발표자인 살레야 아산(Saleyha Ahsan)은 원래 연구 참가자들에게 제공한 것과 같은 식이요법을 자신에게 적용했다. 그녀는 자신에게 좋은 음식 목록으로 아보카도, 크루아상, 요구르트, 그래놀라, 오믈렛, 초콜릿, 아이스크림이 포함되어 있다는 걸 알았다. 나쁜 음식으로는 포도, 피자, 파스타, 토마토 수프, 오렌지 주스 그리고 초밥이 있었다. 원래의 연구에서처럼 그녀의 마이크로바이옴은 좋은 식단과 나쁜 식단 주간 사이에 그 구성을 바꾸었다. 이 프로그램은 2016년 1월 27일 〈날 믿어, 내가 의사야〉의 네 번째 시리즈의 4화로 방영되었다. 엘리나브와 세갈의 인터뷰를 포함해 이 에피소드의 클립은 온라인에서 볼 수 있다. https://www.bbc.co.uk/programmes/articles/2lw8qKp7NFf7N7mhbXmsY34/why-do-some-people-put-on-weight-and-not-others-and-can-wechange-it.

35. 2016년 7월 20일 에란 세갈이 테드×루핀(TED×Ruppin)에서 행한 '인간을 위한 최선의 식단은 무엇인가?'라는 제목의 강연. 온라인에서 확인할 수 있다. https://youtu.be/0z03xkwFbw4.

36. 그들은 이걸 원하는 사람들을 돕기 위해 웹사이트와 휴대전화 앱을 만들었지만, 2020년 1월과 2021년 1월에 확인했을 때 더는 가입이 불가능했다.

37. 엘리나브와 세갈은 데이투(DayTwo: 식단 계획을 돕는 앱—옮긴이)의 과학 컨설턴트다. 이 회사가 그러한 일을 한다.

38. Eckel, R. H., 'Role of glycemic index in the context of an overall heart-healthy diet', *JAMA* 312 (2014), pp. 2508-2509.

39. Katz, D. L. and Meller, S., 'Can we say what diet is best for health?' *Annual Review of Public Health* 35 (2014), pp. 83-103.

40. Sacks, F. M. et al., 'Effects of high vs low glycemic index of dietary carbohydrate on cardiovascular disease risk factors and insulin sensitivity: the

OmniCarb randomized clinical trial', *JAMA* 312 (2014), pp. 2531-2541.

41. Kolodziejczyk, A. A., Zheng, D. and Elinav, E., 'Diet-microbiota interactions and personalized nutrition', *Nature Reviews Microbiology* 17 (2019), pp. 742-753.
42. 2019년에 발표된 한 연구에서는 영국이나 캐나다에 거주하는 20명의 대변에서 나온 세균을 조사했다. 이때 총 273종의 세균을 발견했는데, 그중 105종은 이전에 한 번도 본 적이 없는 것이었다. 다음을 보라. Forster, S. C. et al., 'A human gut bacterial genome and culture collection for improved metagenomic analyses', *Nature Biotechnology* 37 (2019), pp. 186-192.
43. Moss, M., *Salt, sugar, fat: how the food giants hooked us* (WH Allen, London, 2013).
44. Ng, M. et al., 'Smoking prevalence and cigarette consumption in 187 countries, 1980-2012', *JAMA* 311 (2014), pp. 183-192.
45. Rimmer, A., 'Don't scrap the sugar tax, doctors tell Johnson', *British Medical Journal* 367 (2019), p. 17051.
46. Schirmer, M., Garner, A., Vlamakis, H. and Xavier, R. J., 'Microbial genes and pathways in inflammatory bowel disease', *Nature Reviews Microbiology* 17 (2019), pp. 497-511.
47. Walter, J., Armet, A. M., Finlay, B. B. and Shanahan, F., 'Establishing or exaggerating causality for the gut microbiome: lessons from human microbiota-associated rodents', *Cell* 180 (2020), pp. 221-232.
48. Berer, K. et al., 'Gut microbiota from multiple sclerosis patients enables spontaneous autoimmune encephalomyelitis in mice', *Proceedings of the National Academy of the Sciences of the USA* 114 (2017), pp. 10719-10724.
49. Britton, G. J. et al., 'Microbiotas from humans with inflammatory bowel disease alter the balance of gut Th17 and RORgammat(+) regulatory T cells and exacerbate colitis in mice', *Immunity* 50 (2019), pp. 212-224.
50. Strachan, D. P., 'Hay fever, hygiene, and household size', *British Medical Journal* 299 (1989), pp. 1259-1260.
51. Rakoff-Nahoum, S., Paglino, J., Eslami-Varzaneh, F., Edberg, S. and

Medzhitov, R., 'Recognition of commensal microflora by toll-like receptors is required for intestinal homeostasis', *Cell* 118 (2004), pp. 229-241.

52. 단쇄 지방산은 1~6개의 탄소 원자로 구성되며, 수소 원자가 붙어 있고 한쪽 끝에 카복실기(-COOH)가 있다.

53. 2013년에 독립적으로 이뤄진 세 가지 연구는 장내 미생물이 조절 T세포라고 부르는, T세포의 생산과 활동을 촉진하는 단쇄 지방산을 분비한다는 걸 알아냈다. T세포는 다른 면역세포를 약화하거나 조절하는 데 관여한다. 논문들은 다음과 같다. Arpaia, N. et al., 'Metabolites produced by commensal bacteria promote peripheral regulatory T-cell generation', *Nature* 504 (2013), pp. 451-455; Atarashi, K. et al., 'Treg induction by a rationally selected mixture of Clostridia strains from the human microbiota', *Nature* 500 (2013), pp. 232-236; Smith, P. M. et al., 'The microbial metabolites, short-chain fatty acids, regulate colonic Treg cell homeostasis', *Science* 341 (2013), pp. 569-573.

54. Trompette, A, et al., 'Gut microbiota metabolism of dietary fiber influences allergic airway disease and hematopoiesis', *Nature Medicine* 20 (2014), pp. 159-166.

55. Bottcher, M. F., Nordin, E. K., Sandin, A., Midtvedt, T. and Bjorksten, B., 'Microflora-associated characteristics in faeces from allergic and nonallergic infants', *Clinical & Experimental Allergy* 30 (2000), pp. 1590-1596.

56. Hall, I. C. and O'Toole, E., 'Intestinal flora in newborn infants with a description of a new pathogenic anaerobe, Bacillus difficilis', *American Journal of Diseases of Children* 49 (1935), pp. 390-402.

57. Kelly, C. P. and LaMont, J. T., 'Clostridium difficile—more difficult than ever', *New England Journal of Medicine* 359 (2008), pp. 1932-1940.

58. 엘리자베스 만(Elizabeth Mann)과의 인터뷰(2020년 1월 22일).

59. Scott, N. A. et al., 'Antibiotics induce sustained dysregulation of intestinal T cell immunity by perturbing macrophage homeostasis', *Science Translational Medicine* 10 (2018), eaao4755.

60. Khoruts, A. and Sadowsky, M. J., 'Understanding the mechanisms of faecal microbiota transplantation', *Nature Reviews Gastroenterology & Hepatology*

13 (2016), pp. 508-516.
61. Shi, Y. C. and Yang, Y. S., 'Fecal microbiota transplantation: Current status and challenges in China', *JGH Open* 2 (2018), pp. 114-116.
62. Eiseman, B., Silen, W., Bascom, G. S. and Kauvar, A. J., 'Fecal enema as an adjunct in the treatment of pseudomembranous enterocolitis', *Surgery* 44 (1958), pp. 854-859.
63. Khoruts, A., 'Fecal microbiota transplantation—early steps on a long journey ahead', *Gut Microbes* 8 (2017), pp. 199-204.
64. 위의 논문.
65. van Nood, E. et al., 'Duodenal infusion of donor feces for recurrent Clostridium difficile', *New England Journal of Medicine* 368 (2013), pp. 407-415.
66. Hui, W., Li, T., Liu, W., Zhou, C. and Gao, F., 'Fecal microbiota transplantation for treatment of recurrent C. difficile infection: An updated randomized controlled trial meta-analysis', *PLOS One* 14 (2019), e0210016.
67. DeFilipp, Z. et al., 'Drug-resistant *e. coli* bacteremia transmitted by fecal microbiota transplant', *New England Journal of Medicine* 381 (2019), pp. 2043-2050.
68. Blaser, M. J., 'Fecal microbiota transplantation for dysbiosis—predictable risks', *New England Journal of Medicine* 381 (2019), pp. 2064-2066.
69. Terveer, E. M. et al., 'How to: establish and run a stool bank', *Clinical Microbiology and Infection* 23 (2017), pp. 924-930.
70. Lloyd-Price, J., Abu-Ali, G. and Huttenhower, C., 'The healthy human microbiome', *Genome Medicine* 8 (2016), 51.
71. Giles, E. M., D'Adamo, G. L. and Forster, S. C., 'The future of faecal transplants', *Nature Reviews Microbiology* 17 (2019), p. 719.
72. Jabr, F., 'Probiotics are no panacea', *Scientific American* 317 (2017), pp. 26-27.
73. 에란 엘리나브와의 인터뷰, 앞의 인터뷰.
74. Suez, J., Zmora, N., Segal, E. and Elinav, E., 'The pros, cons and many unknowns of probiotics', *Nature Medicine* 25 (2019), pp. 716-729.
75. Klein, S. L., 'Parasite manipulation of the proximate mechanisms that mediate social behavior in vertebrates', *Physiology and Behavior* 79 (2003), pp. 441-

449.

76. Wong, A. C. et al., 'Gut microbiota modifies olfactory-guided microbial preferences and foraging decisions in drosophila', *Current Biology* 27 (2017), pp. 2397-2404.

77. Leitao-Goncalves, R. et al., 'Commensal bacteria and essential amino acids control food choice behavior and reproduction', *PLOS Biology* 15 (2017), e2000862.

78. Yuval, B., 'Symbiosis: Gut Bacteria Manipulate Host Behaviour', *Current Biology* 27 (2017), R746-R747.

79. Valles-Colomer, M. et al., 'The neuroactive potential of the human gut microbiota in quality of life and depression', *Nature Microbiology* 4 (2019), pp. 623-632.

80. Cryan, J. F. and Dinan, T. G., 'Mind-altering micro-organisms: the impact of the gut microbiota on brain and behaviour', *Nature Reviews Neuroscience* 13 (2012), pp. 701-712.

81. Johnson, K. V. and Foster, K. R., 'Why does the microbiome affect behaviour?' *Nature Reviews Microbiology* 16 (2018), pp. 647-655.

82. Anderson, S. C., Cryan, J. F. and Dinan, T., *The Psychobiotic Revolution: Mood, Food, and the New Science of the Gut-Brain Connection* (National Geographic, Washington, 2017).

6 정말 중요한 코드들

1. Hood, L., 'A personal journey of discovery: developing technology and changing biology', *Annual Review of Analytical Chemistry* 1 (2008), pp. 1-43.

2. Timmerman, L., *Hood: Trailblazer of the Genomics Age* (Bandera Press, 2017).

3. Interview with William J. Dreyer by Shirley K. Cohen, 18 February-2 March 1999, in *Caltech Oral Histories* (https://resolver.caltech.edu/CaltechOH:OH_Dreyer_W).

4. Hood, L. E., 'My life and adventures integrating biology and technology', in

The Inamori Foundation: Kyoto Prizes and Inamori Grants, Vol. 18, pp. 110-166 (The Inamori Foundation, Japan, 2004).

5. Ponomarenko, E. A. et al., 'The size of the human proteome: the width and depth', *International Journal of Analytical Chemistry* 2016 (2016), 7436849.
6. Hewick, R. M., Hunkapiller, M. W., Hood, L. E. and Dreyer, W. J., 'A gas-liquid solid phase peptide and protein sequenator', *Journal of Biological Chemistry* 256 (1981), pp. 7990-7997.
7. 이 간단한 설명은 연구를 실제로 작동하도록 하는 데 필요한 문제 해결 및 독창성과 관련이 없다. 단백질 시퀀싱에서 한 가지 중요한 문제는 샘플이 순수해야 한다는 것이다. 단백질 혼합물이 존재하면 서로의 시퀀스를 알아내기가 매우 어렵다. 예를 들어, 연구팀이 프리온 단백질을 분석할 때 계속해서 제기된 문제 중 하나는 단백질 시퀀스의 각 위치에 2~3개의 아미노산이 존재하는 것처럼 보였다는 것이다. 처음에 과학자들은 단백질 샘플이 충분히 순수하지 않다고 가정해 다양한 분리 방법을 시도했다. 그럼에도 불구하고 그들이 무엇을 시도하든 시퀀스는 여전히 엉망이었다. 결국, 이를 연구한 과학자 중 한 명인 스티브 켄트(Steve Kent)는 각 아미노산이 서열의 각 위치에 얼마나 풍부하게 있는지 정리하기로 했다. 그렇게 해서 가장 풍부한 아미노산의 시퀀스를 기록하고, 이어 두 번째로 풍부한 아미노산 등을 계속 기록했다. 갑자기 모든 게 명확해졌다. 그가 두 번째로 풍부한 아미노산의 시퀀스를 오른쪽으로 두 자리 옮기자 가장 풍부한 아미노산의 시퀀스와 완벽하게 일치했다. 즉, 위치 1이 샘플 일부에서 위치 3으로 판명되는 일 등이 나타난 것이다. 그는 샘플이 대부분 한 종류의 단백질을 포함하고 있지만, 분리 과정에서 어떤 이유로 인해 단백질의 한쪽 끝이 깎아져 있다는 걸 깨달았다. 이러한 통찰력으로 프리온 단백질 시퀀스가 명확해졌다. 스탠리 프루시너는 자서전 《광기와 기억(Madness and Memory)》과 노벨상 강연에서 이 이야기를 자세히 설명한다.
8. Prusiner, S. B., Groth, D. F., Bolton, D. C., Kent, S. B. and Hood, L. E., 'Purification and structural studies of a major scrapie prion protein', *Cell* 38 (1984), pp. 127-134.
9. 나는 스탠리 프루시너가 하버드 대학교의 분자 및 세포 생물학과에서 세미나하는 걸 들었던 것을 기억한다(c. 1995). 그는 질병이 프리온 단백질에 의해 유발될 수 있다는 증거를 제시했지만, 일부 하버드 대학교 교수들은 완전히 확신하지 못했다. 그

중 한 가지 주장은 단백질 샘플이 질병의 실제 원인이 될 수 있는, 추적할 수 없는 양의 유전 물질에 오염되었을 수 있다는 것이었다. 프루시너는 단백질 분자만이 실제로 전염병의 단초일 수 있다는 걸 증명하기 위해 엄청난 노력을 기울여야 했다.

10. Prusiner, S. B., 'Prions', *Proceedings of the National Academy of the Sciences of the USA* 95 (1998), pp. 13363-13383.
11. Scheckel, C. and Aguzzi, A., 'Prions, prionoids and protein misfolding disorders', *Nature Reviews Genetics* 19 (2018), pp. 405-418.
12. Estrin, J., 'Kodak's first digital moment', *New York Times*, 12 August 2015.
13. Prusiner, S. B., *Madness and Memory: The Discovery of Prions—a New Biological Principle of Disease* (Yale University Press, New Haven, 2014).
14. Hood, 'A personal journey of discovery …', 앞의 논문.
15. Hood, L., 'A personal view of molecular technology and how it has changed biology', *Journal of Proteome Research* 1 (2002), pp. 399-409.
16. 시간이 지나면서 어플라이드 바이오시스템즈는 다른 회사에 인수되었다. 1993년부터 퍼킨-엘머(Perkin-Elmer), 2008년부터는 라이프 테크놀로지(Life Technologies)로 넘어갔다. 2014년에는 서모 피셔 사이언티픽(Thermo Fisher Scientific)이 라이프 테크놀로지를 인수했다.
17. Miller, M. et al., 'Structure of complex of synthetic HIV-1 protease with a substrate-based inhibitor at 2.3 A resolution', *Science* 246 (1989), pp. 1149-1152.
18. Cohen, J., 'Protease inhibitors: a tale of two companies', *Science* 272 (1996), pp. 1882-1883.
19. Hood, 'A personal journey of discovery …', 앞의 논문.
20. Ciotti, P., 'Fighting disease on the molecular front: leroy hood built a better gene machine and the world beat a path to his lab', *Los Angeles Times*, 20 October 1985.
21. 리로이 후드와의 이메일 서신 교환(2020년 11월 2일).
22. Sanger, F., Nicklen, S. and Coulson, A. R., 'DNA sequencing with chain-terminating inhibitors', *Proceedings of the National Academy of the Sciences of the USA* 74 (1977), pp. 5463-5467.

23. 이 연구로 프레더릭 생어는 1980년 노벨 화학상을 공동 수상했다. 놀랍게도 이는 그의 두 번째 노벨상이었다. 그는 인슐린 연구에 적용한 단백질 시퀀싱 방법으로 이미 1958년 노벨 화학상을 받았다. 이 글을 쓰고 있는 2021년 현재까지 노벨상을 두 번 수상한 사람은 단 4명에 불과하다.
24. Leroy Hood, 'Revolutionising Healthcare: Systems Biology and P4 Medicine', a talk given at University College, Dublin, 15 September 2016. 온라인에서 볼 수 있다. https://youtu.be/HlQcH3zgoVs
25. 데이비드 C. 브록(David C. Brock)·리처드 울리히(Richard Ulrych)의 로이드 스미스 인터뷰(2008년 3월 2일), in *Chemical Heritage Foundation, Oral History Program* (New Orleans, Louisiana).
26. Smith, L. M. et al., 'Fluorescence detection in automated DNA sequence analysis', *Nature* 321 (1986), pp. 674-679.
27. Matthews, J., 'Caltech's New DNA-Analysis Machine Expected to Speed Cancer Research', *Washington Post*, 12 June 1986.
28. Timmerman, *Hood*, 앞의 책.
29. Venter, J. C., *A Life Decoded* (Allen Lane, London, 2007).
30. Sinsheimer, R. L., 'The Santa Cruz Workshop—May 1985', *Genomics* 5 (1989), pp. 954-956.
31. 후드는 처음에 '인간 유전체 프로젝트'에 회의적이었다. 그 이유는 프로젝트의 실현 가능성에 관한 것이 아니라 그러한 거대한 사업이 가치가 있는지 여부에 있었다. 샌타크루즈에서 프로젝트의 광범위한 의미에 대해 논의할 때 그는 마음을 바꾸었다.
32. Sulston, J. and Ferry, G., *The Common Thread: A Story of Science, Politics, Ethics and the Human Genome*, (Bantam Press, London, 2002).
33. 리로이 후드와의 인터뷰(2020년 3월 27일).
34. 앞의 인터뷰.
35. The 1000 Genomes Project Consortium, et al., 'A global reference for human genetic variation', *Nature* 526 (2015), pp. 68-74.
36. Sinsheimer, 'The Santa Cruz Workshop …', 앞의 논문.
37. Chen, J. et al., 'Pervasive functional translation of noncanonical human open

reading frames', *Science* 367 (2020), pp. 1140-1146.

38. Hood, L. and Rowen, L., 'The Human Genome Project: big science transforms biology and medicine', *Genome Medicine* 5 (2013), p. 79.
39. Hood, 'Revolutionising Healthcare', 앞의 강연.
40. Angier, N., 'Great 15-Year Project To Decipher Genes Stirs Opposition', *New York Times,* 5 June 1990.
41. 리로이 후드와의 인터뷰(2020년 3월 28일).
42. Roberts, L., 'Caltech deals with fraud allegations', *Science* 251 (1991), p. 1014.
43. Dietrich, B., 'Future Perfect—Thanks To Bill Gates' $12-Million Endowment, Scientist Leroy Hood Continues His Search For A New Genetic Destiny', *Seattle Times*, 9 February 1992.
44. Hood, 'Revolutionising Healthcare', 앞의 강연.
45. Ideker, T., Galitski, T. and Hood, L., 'A new approach to decoding life: systems biology', *Annual Review of Genomics and Human Genetics* 2 (2001), pp. 343-372.
46. 2020년에 후드는 생명공학 연구를 위해 여러 프로젝트에 자신의 자금 중 약 6000만 달러를 기부했다고 나에게 말했다. 루크 티머먼(Luke Timmerman)의 후드 전기에 따르면, 시스템생물학연구소는 후드의 자금 500만 달러로 설립되었으며, 그는 처음 2년 동안 급여를 받지 않았다.
47. *Systems Biology: a vision for engineering and medicine*: report from the Academy of Medical Sciences and the Royal Academy of Engineering, February 2007.
48. King, A. and O'Sullivan, K., 'New "scientific wellness" strategy could cut chronic illnesses and save money', *Irish Times*, 5 September 2018.
49. Leroy Hood, speaking at Geek Wire Summit 2019, Seattle, 7-9 October 2019. 'Power Talk: Leroy Hood'는 온라인에서 확인할 수 있다. https://youtube/bWCwTQ2hXYw.
50. 리로이 후드와의 인터뷰, 앞의 인터뷰.
51. Leroy Hood, speaking at Geek Wire Summit, 앞의 강연.
52. Roberts, P., 'Closure of high-tech medical firm Arivale stuns patients: "I feel

as if one of my arms was cut off '", *Seattle Times*, 26 April 2019.
53. Hou, Y. C. et al., 'Precision medicine integrating whole-genome sequencing, comprehensive metabolomics, and advanced imaging', *Proceedings of the National Academy of the Sciences of the USA* 117 (2020), pp. 3053-3062.
54. Plomin, R. and von Stumm, S., 'The new genetics of intelligence', *Nature Reviews Genetics* 19 (2018), pp. 148-159.
55. Jennifer Doudna: Q and A: 'Towards the end of genetic disease?' Interview by Katia Moskvitch for the World Economic Forum, 20 January 2015. 온라인에서 볼 수 있다. https://www.weforum.org/agenda/2015/01/qa-towards-the-end-of-genetic-disease/.
56. Jolie, A., 'My medical choice', *New York Times*, 14 May 2013.
57. Jolie Pitt, A., 'Diary of a Surgery,' *New York Times,* 24 March 2015.
58. Proctor, R. N., 'The history of the discovery of the cigarette-lung cancer link: evidentiary traditions, corporate denial, global toll', *Tobacco Control* 21 (2012), pp. 87-91.
59. Friend, S. H. et al., 'A human DNA segment with properties of the gene that predisposes to retinoblastoma and osteosarcoma', *Nature* 323 (1986), pp. 643-646.
60. Cohen, J. G., Dryja, T. P., Davis, K. B., Diller, L. R. and Li, F. P., 'RB1 genetic testing as a clinical service: a follow-up study', *Medical and Pediatric Oncology* 37 (2001), pp. 372-378.
61. Kuchenbaecker, K. B. et al., 'Risks of breast, ovarian, and contralateral breast cancer for BRCA1 and BRCA2 mutation carriers', *JAMA* 317 (2017), pp. 2402-2416.
62. Skol, A. D., Sasaki, M. M. and Onel, K., 'The genetics of breast cancer risk in the post-genome era: thoughts on study design to move past BRCA and towards clinical relevance', *Breast Cancer Research* 18 (2016), 99.
63. 이것조차도 거의 영향을 미치지 않을 수 있다. 정자와 난자를 제외하고, 모든 세포에는 모든 유전자의 두 사본이 있으며, 각각 부모로부터 하나씩 유전된다. 따라서 돌연변이가 아무런 영향을 미치지 않을 수 있는 한 가지 이유는 손실을 덮을 만한

또 다른 유전자 사본이 있기 때문이다. 그러나 BRCA 1과 BRCA 2의 경우 단 하나의 사본에 결함이 있어도 암에 걸릴 확률이 높아진다.

64. Tomasetti, C. and Vogelstein, B., 'Cancer etiology. Variation in cancer risk among tissues can be explained by the number of stem cell divisions', *Science* 347 (2015), pp. 78-81.
65. Lynch, T. J. et al., 'Activating mutations in the epidermal growth factor receptor underlying responsiveness of non-small-cell lung cancer to gefitinib', *New England Journal of Medicine* 350 (2004), pp. 2129-2139.
66. Recondo, G., Facchinetti, F., Olaussen, K. A., Besse, B. and Friboulet, L., 'Making the first move in EGFR-driven or ALK-driven NSCLC: first-generation or next-generation TKI?' *Nature Reviews Clinical Oncology* 15 (2018), pp. 694-708.
67. Cieslik, M. and Chinnaiyan, A. M., 'Global genomics project unravels cancer's complexity at unprecedented scale', *Nature* 578 (2020), pp. 39-40.
68. Salvadores, M., Mas-Ponte, D. and Supek, F., 'Passenger mutations accurately classify human tumors', *PLOS Computational Biology* 15 (2019), e1006953.
69. Gerstung, M. et al., 'The evolutionary history of 2,658 cancers', *Nature* 578 (2020), pp. 122-128.
70. Scilla, K. A. and Rolfo, C., 'The role of circulating tumor DNA in lung cancer: mutational analysis, diagnosis, and surveillance now and into the future', *Current Treatment Options in Oncology* 20 (2019), 61.
71. Heitzer, E., Haque, I. S., Roberts, C. E. S. and Speicher, M. R., 'Current and future perspectives of liquid biopsies in genomics-driven oncology', *Nature Reviews Genetics* 20 (2019), pp. 71-88.
72. Melo, S. A. et al., 'Glypican-1 identifies cancer exosomes and detects early pancreatic cancer', *Nature* 523 (2015), pp. 177-182.
73. Sheridan, C., 'Exosome cancer diagnostic reaches market', *Nature Biotechnology* 34 (2016), pp. 359-360.
74. Kottke, T. et al., 'Detecting and targeting tumor relapse by its resistance to innate effectors at early recurrence', *Nature Medicine* 19 (2013), pp. 1625-1631.

75. Helmink, B. A., Khan, M. A. W., Hermann, A., Gopalakrishnan, V. and Wargo, J. A., 'The microbiome, cancer, and cancer therapy', *Nature Medicine* 25 (2019), pp. 377-388.
76. Gopalakrishnan, V., Helmink, B. A., Spencer, C. N., Reuben, A. and Wargo, J. A., 'The influence of the gut microbiome on cancer, immunity, and cancer immunotherapy', *Cancer Cell* 33 (2018), pp. 570-580.
77. Jobin, C., 'Precision medicine using microbiota', *Science* 359 (2018), pp. 32-34.
78. Tanoue, T. et al., 'A defined commensal consortium elicits CD8 T cells and anti-cancer immunity', *Nature* 565 (2019), pp. 600-605.
79. Davis, D. M., *The Compatibility Gene* (Penguin, UK; Oxford University Press, 2013).
80. Mastoras, R. E. et al., 'Touchscreen typing pattern analysis for remote detection of the depressive tendency', *Scientific Reports* 9 (2019), p. 13414.
81. Yurkovich, J. T., Tian, Q., Price, N. D. and Hood, L., 'A systems approach to clinical oncology uses deep phenotyping to deliver personalized care', *Nature Reviews Clinical Oncology* 17 (2020), pp. 183-194.

옮긴이의 글

신체라는 우주를 여행하기 위한 안내서: 인류는 혼자가 아니라 함께이다

신체는 복잡계가 분명하다. 예기치 못한 수많은 변수가 우리 몸 곳곳에 자리하고 있다. 예를 들어, '쓰레기 DNA'는 아무런 역할도 하지 않는 것 같았다. 그런데 2020년 이 DNA는 인류가 알지 못하는 수백 개의 작은 단백질을 암호화하는 걸로 드러났다. 쓰레기 DNA는 인간의 질병에 매우 중요한 역할을 하는 게 '거의' 확실하다고 이 책의 저자 대니얼 마이클 데이비스는 설명한다. 원인과 결과는 일대일 대응이 아니라 일대다 혹은 다대다 아니면 다대일의 상호 작용일 수 있다.

심지어 부모로부터 희귀 질환의 유전자를 물려받았어도 아플 위험이 있는 것이지 반드시 아픈 건 아니다. 데이비스는 루비라는 여성의 사례를 통해 복잡계인 신체의 비밀을 낱낱이 드러낸다. 루비는 심장과 관련한 돌연변이 유전자를 물려받았다는 소식을 듣고 인생이 바뀌었다. 모든 게 불안해진 것이다. 특히 자식에게까지 영향을 끼칠 수 있다는 두려움에 사로잡혔다. 하지만 그녀는 살아남았다. 최근 주목받고 있는 후성유전학이 떠오르는 대목이다.

신체가 여전히 비밀에 머물 수밖에 없는 이유는 정확한 사실들을 아직 발견하지 못했기 때문이다. 어떻게 산소·탄소·수소 같은 원소가 단백질·당·지방 등을 만들어내고, 신체를 만들어내는 것일까? 이러한 비밀은 그 유명한 환원과 창발의 문제다. 데이비스는 "인체는 의식이 있고, 자가 치유되며, 시를 쓸 수 있다"고 말한다. 맞다! 우리 몸이야말로 이 우주에서 가장 신비스러운 존재다.

세포에서 시작한 신체 여행은 생명이 탄생하는 배아를 거쳐 뇌와 장내 미생물에까지 이른다. 마치 은하수를 여행하는 느낌이다. 그런데 아무리 자세히 들여다봐도 신체를 알기 어렵다. 알면 알수록 더욱 모르게 되는 역설이 발생한다. 세균의 발견과 세균 이론에 따라 질병을 규정할 수 있었다. 하지만 데이비스는 "좀더 최근에 우리는 세균조차도 모든 질병의 원인이 아니라는 걸 발견했다"고 지적한다. 이 대목에서 옮긴이는 일종의 쾌감마저 느꼈다. 그렇다! 과학은 나날이 진보하지만, 그 이면에는 어떤 비밀이 도사리고 있다. 데이비스는 모르는 건 모른다고 하면서 과학의 한계를 밝혀낸다. 동시에 과학의 가능성을 고려하고 더 나은 미래를 상상한다.

데이비스의 의도는 명확하다. 그는 "이 책에서 내가 바라는 건 보통 개별적으로 다루어지는 현대 생물학 연구의 여섯 가지 핵심 영역을 통합하는 것"이라며 "이로써 우리는 온전한 신체의 감각을 되찾아 새로운 과학이 보여주는 것뿐만 아니라 그게 의미하는 바를 모두 깨달을 수 있다"고 강조한다. 세포와 DNA, 세균과 바이러스 같은 미생물, 항체와 면역, 뉴런과 시냅스 등은 모두 다 함께 신체라는 우주를 주조한다.

이 책의 장점은 크게 세 가지다. 첫째, 재밌는 이야기가 가득하다. 특히 새로운 관점과 분석이 시선을 사로잡는다. 가령, 혈액에서 순환하는 분자가 당신의 정신 건강에 영향을 끼칠 수 있다거나, 생명에 영향을 끼치는 건 세포가 아니라 소포라는 설명은 흥미진진하다. 둘째, 과학적 성취에 대한 긴장감과 이를 토대로 한 균형감이 돋보인다. 현대인들은 비만으로 인해 고통을 받는다. 비만이라는 꼬리표가 우리를 옥죄지만, 데이비스는 그게 과연 정당한 분류인지 질문을 제기한다. 개인에 대한 데이터가 더 많이 쌓일수록 정상과 비정상, 건강과 쇠약, 비만과 저체중의 경계는 달라질 것이다. 셋째, 인류에 대한 애정과 과학이 펼칠 희망이다. 케디악-히가시증후군을 앓고 있는 아이들의 어려움이나, 다운증후군 아이를 둔 과학자 부부의 이야기에서는 과연 과학이 무엇을 할 수 있는지 고민한다. 아울러 최대 3명에게만 주어지는 노벨상 규정으로 인해 함께 연구했지만 수상에서 제외된 과학자 헤스 등에 대한 사연은 애잔하기까지 하다.

"우리는 사실상 인간생물학의 모든 측면에서 혁명의 정점에 있다." 지금 이 순간 인류는 과학의 최전선에 서 있다. 그런데 알아갈수록 변수도 늘어난다. "우리가 인체를 더 깊이 연구할수록 우리 자신이 그렇게 정밀하게 정의되지 않는다는 걸 더 많이 발견하게 된다." 여기서 중요한 건 다양한 가능성을 인정하고 서로 연결돼 있음을 깨닫는 것이다. 그래야 인류는 혼자가 아니라 함께라는 걸 알 수 있다. 과학, 특히 인체에 대한 새로운 과학이 희망이 될 수 있는 이유다.

2023년 여름에

찾아보기